高等学校教材·基础科学类

DIXIA GONGCHENG TONGFENG YU KONGQI TIAOJIE

地下工程通风与空气调节

主编　刘顺波
编者　刘顺波　李亚奇　李　辉
　　　汪　波　韩晓霞

西北工業大學出版社

【内容简介】 本书系统地介绍了地下工程通风与空气调节技术的基本原理及工程应用。其内容包括湿空气的物理性质和焓湿图，空调房间的热湿负荷与送风量，防护通风原理与设备，空气热湿处理原理与设备，空调系统设计与运行调节，空调房间的气流组织，地下工程防火排烟，空调系统的消声减振，以及空调系统的测定与调整等内容。

本书可作为高等院校地下工程通风与空气调节课程的教材，也可供从事地下工程通风与空气调节工程的设计、施工、工程监理和运行管理等方面的工作人员参考。

图书在版编目（CIP）数据

地下工程通风与空气调节/刘顺波主编．—西安：西北工业大学出版社，2015.8(2024.8 重印)
ISBN 978-7-5612-4586-6

Ⅰ.①地… Ⅱ.①刘… Ⅲ.①地下建筑物—通风设备 ②地下建筑物—空气调节设备
Ⅳ.①TU96

中国版本图书馆 CIP 数据核字(2015)第 210876 号

出版发行： 西北工业大学出版社
通信地址： 西安市友谊西路 127 号　　邮编：710072
电　　话： (029)88493844　88491757
网　　址： www.nwpup.com
印 刷 者： 陕西瑞升印务有限公司
开　　本： 787 mm×1 092 mm　1/16
印　　张： 16.125
字　　数： 390 千字
版　　次： 2015 年 9 月第 1 版　　2024 年 8 月第 5 次印刷
定　　价： 66.00 元

前　　言

地下工程包括人防工程、国防工程、地下铁道和地下商场等。地下工程具有隐蔽、安全、恒温等优点，但也有潮湿、氡浓度偏高、空气品质差的不足，火灾时人员疏散与防排烟困难以及不利于噪声控制等问题。地下工程通风与空气调节系统用于保障环境温湿度和空气质量，也解决火灾时的防排烟以及噪声控制等问题。

本书在突出地下工程专业教材特色的基础上尽量体现新规范、新标准的内容和要求，并力求反映本学科的技术发展和工程应用。

本书由刘顺波、李亚奇、李辉、汪波和韩晓霞分工合作编写，刘顺波担任主编。具体分工：第一至四、七章由刘顺波编写，第五章由汪波编写，第六章由韩晓霞编写，第八、九章由李亚奇编写，第十、十一章由李辉编写。

编写本书曾参阅了相关国家标准、专业规范、设计手册和文献资料等，在此，特对各相关作者表示衷心的感谢。

由于笔者水平有限，书中不妥之处，恳请读者批评指正。

编　者

2015 年 3 月

目　录

第1章　通风空调基础

通风与空气调节的根本意义就在于创造一个适宜的空气环境，为生产、生活、科研等活动中的人和设备提供一个良好的环境保证。

本章介绍地下工程通风与空气调节课程所需的基本知识。

1.1 湿空气

通风与空气调节就是改造空气和利用空气，所以首先要了解空气的组成及其物理性质。

1.1.1 湿空气组成

自然界中的空气是湿空气，由干空气和水蒸气组成的混合气体。干空气由氮(N_2)、氧(O_2)、二氧化碳(CO_2)和稀有气体、微量气体等组成，见表1-1。除表1-1所示成分及其含量比例外，在空调空气中尚不同程度地含有灰尘、微生物和有害气体等杂质，空调工程中虽把干空气当作整体看待，但杂质的处理则是必须要解决的问题。

表1-1　海平面附近清洁干燥大气的主要标准成分

成分气体(分子式)	相对分子质量	体积分数/(%)	质量分数/(%)
氮(N_2)	28.013	78.13	75.55
氧(O_2)	31.999	20.90	23.10
氩等稀有气体		0.94	1.30
二氧化碳(CO_2)	44.010	0.03	0.05
氢(H_2)	2.016		

空气中的水蒸气，是江河湖海中的水分蒸发而形成的，也来自于人们生产、生活过程。空气中的水蒸气含量随海拔、季节、气候、湿源等各种条件而变化。虽然空气中水蒸气含量少，但它对空气状态变化的影响却很大，并且对人体热舒适、产品制造、储存和使用产生直接影响。所以，湿空气中水蒸气的处理是空气调节的一个重要内容。

湿空气可以认为是理想气体，其气体常数 $R=287\ \mathrm{J/(kg \cdot K)}$，摩尔质量 $M=28.96\ \mathrm{kg/kmol}$。

1.1.2 湿空气状态参数

空气的物理性质，用空气的状态参数表示和衡量。与通风空气调节密切关系的状态参数有压力、温度、湿度、焓、密度和比体积等。

1. 空气强力

(1)大气压强(B)

环绕地球的空气层对单位地球表面积形成的压力称作大气压强。大气压强通常用 B 表示,单位为帕(Pa)或千帕(kPa)。

大气压强不是一个定值,它随着各地海拔高度不同而存在着差异,同时,还随着季节的变化和天气的变化而稍有变化。海平面上标准大气压强为 101.325 kPa。大气压强随海拔高度的变化关系如图 1-1 所示。例如上海地区海拔高度为 4.5 m,夏季大气压强为 100.5 kPa,冬季为 102.5 kPa;西宁市海拔高度为 2261.2 m,夏季大气压强值为 77.3 kPa。冬季为 77.5 kPa。大气压强不同时,空气的状态参数也要发生变化,因此,空调系统运行中一些设计参数也就相应地变化,如不考虑当地大气压强高低的影响,就会造成一定的误差。

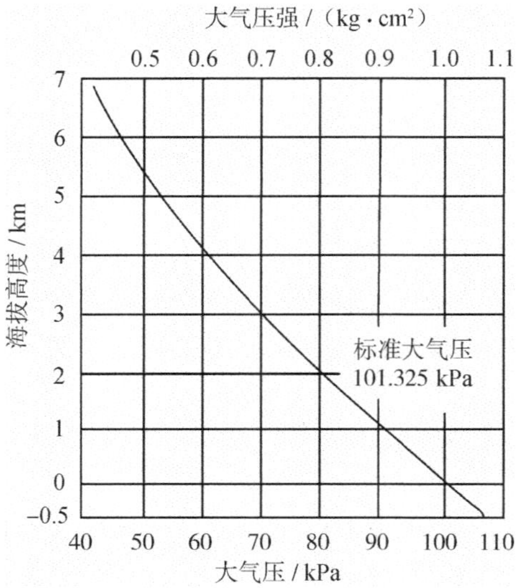

图 1-1 大气压与海拔高度的关系

在空调系统中空气的压强是用压强表测出的,但压强表指示的压强不是空气的绝对压强值,而是空气的绝对压强与当地大气压强的差值,称作工作压强,也叫表压。空气的绝对压强是空气压强的一个基本状态参数。凡未指明工作压强的,均应理解为绝对压强。不同单位制中压强有不同单位和数值,其换算关系见表 1-2。

表 1-2 大气压强单位换算表

物理大气压/atm	毫米水银柱/mmHg	毫巴/mbar	帕斯卡/Pa	毫米水柱/mmH_2O
1	760	1 013.25	101 325	10 332
$1.315\ 79\times10^{-3}$	1	1.333 32	133.332	13.595 1
$9.869\ 23\times10^{-4}$	$7.500\ 62\times10^{-1}$	1	100	10.197 2
$9.869\ 23\times10^{-6}$	$7.500\ 62\times10^{-3}$	10^{-2}	1	$10.197\ 2\times10^{-2}$
$9.678\ 41\times10^{-5}$	$7.355\ 6\times10^{-2}$	$9.806\ 65\times10^{-2}$	9.806 65	1

(2)水蒸气分压强(p_q)

湿空气含有的水蒸气所产生的压强,称为水蒸气分压强。由于大气是由干空气和水蒸气组成的,因而大气压强也就必然是干空气的分压强和水蒸气分压强之和,即

$$B=p_g+p_q \tag{1-1}$$

式中:B 为湿空气的压强即大气压强,Pa;p_g 为干空气的分压强,Pa;p_q 为水蒸气的分压强,Pa。

水蒸气分压强的大小,反映了空气中水蒸气含量的多少。但是空气中水蒸气的含量有一个最大的限度,这个限度决定于空气温度的高低,对应于某一温度数值,空气含有的水蒸气都存在一个最大量值,当空气中水蒸气含量达到最大值时,就再也不能容纳更多的水蒸气了,此时空气的状态称为饱和状态。饱和状态下的水蒸气分压力称为饱和水蒸气分压力,用 $p_{q\cdot b}$ 表

示。不同温度下的饱和水蒸气分压力 $p_{q \cdot b}$ 见表 1－3。当 $t=0\sim200$ ℃时，饱和水蒸气分压力与空气绝对温度的关系为

$$\ln(p_{q \cdot b})=\frac{c_1}{T}+c_2+c_3T+c_4T^2+c_5T^3+c_6\ln(T) \tag{1-2}$$

式中：$p_{q \cdot b}$ 为饱和水蒸气分压力(Pa)；T 为空气的绝对温度(K)；系数 $c_1\sim c_6$ 分别为 $c_1=-5\ 800.220\ 6$，$c_2=1.391\ 499\ 3$，$c_3=-0.048\ 602\ 39$，$c_4=0.041\ 764\ 768\times10^{-4}$，$c_5=-0.144\ 520\ 93\times10^{-7}$，$c_6=6.545\ 967\ 3$。

表 1－3　湿空气的饱和水蒸气分压力

t/℃	$P_{q \cdot b}/10^2$ Pa	t/℃	$P_{q \cdot b}/10^2$ Pa	t/℃	$P_{q \cdot b}/10^2$ Pa	t/℃	$P_{q \cdot b}/10^2$ Pa
−20	1.02	−2	5.16	16	18.13	34	53.07
−19	1.13	−1	5.61	17	19.32	35	56.10
−18	1.25	0	6.09	18	20.59	36	59.26
−17	1.37	1	6.56	19	21.92	37	62.60
−16	1.50	2	7.04	20	23.31	38	66.09
−15	1.65	3	7.57	21	24.80	39	69.75
−14	1.81	4	8.11	22	26.37	40	73.58
−13	1.98	5	8.70	23	28.02	41	77.59
−12	2.17	6	9.32	24	29.77	42	81.80
−11	2.37	7	9.99	25	31.60	43	86.18
−10	2.59	8	10.70	26	33.53	44	90.79
−9	2.83	9	11.46	27	35.56	45	95.60
−8	3.09	10	12.25	28	37.71	46	100.61
−7	3.36	11	13.09	29	39.95	47	105.87
−6	3.67	12	13.99	30	42.32	48	111.33
−5	4.00	13	14.94	31	44.82	49	117.07
−4	4.36	14	15.05	32	47.43	50	123.04
−3	4.75	15	17.01	33	50.18	55	156.94

由于水蒸气分压力反映了空气中水蒸气含量的多少，因此，它也是空气状态的一个基本参数。气象资料中把它称作空气的绝对湿度。

2. 空气温度

空气温度表示空气的冷热程度。一般用 t 表示摄氏温度(℃)，用 T 表示绝对温度(K)，而工程计算中，采用绝对温度。T 与 t 的关系为

$$T=273.15+t\approx273+t \tag{1-3}$$

(1)干球温度(t 或 t_g)

用温度计直接测量出来的空气的温度，称作空气的干球温度，简称干球温度或温度。

(2)湿球温度(t'或 t_{sh})

在温度计的温包上包以湿润的纱布时所测得的空气的温度,称作空气的湿球温度,简称湿球温度。

湿球温度 t_{sh}与水蒸气分压力 p_q的关系为

$$p_q = p_{q\cdot b} - A(t - t_{sh})B \tag{1-4}$$

式中:$A=0.000\ 667$,或根据风速计算,即 $A=\left(65+\frac{6.75}{v}\right)\times 10^{-5}$;$B$为大气压,Pa。

在同一环境下,湿球温度只能低于或等于干球温度。干湿球温度差越大,表明空气越干燥;温差越小,则说明空气越潮湿,如二者相等,则说明此时的空气已达饱和状态。如图 1-2 所示。

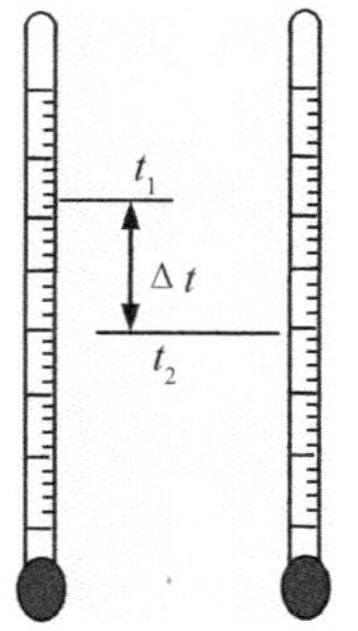

图 1-2　干湿球温度计

(3)露点温度(t_1)

保持某一状态下空气中含水蒸气的量不变而降低其温度至一定程度时,空气中便有水蒸气凝结,呈露状析出,此一开始凝露时的温度,称作该状态下空气的露点温度,简称露点。秋天的白昼草木叶上没有露水而黄昏或早晨出现露珠,就是因空气达到露点温度而结露的现象之一。当 $t_1=0\sim65$ ℃时,有

$$t_l=8.22+12.4\ln p_q+1.9(\ln p_q)^2$$

干球温度、湿球温度及露点温度均能从一个侧面说明空气的一个性质,所以它们都是空气的状态参数。

3. 空气湿度

空气的湿度,有绝对湿度、相对湿度和含湿量等表示方法。

(1)绝对湿度(ρ_s)

单位立方米湿空气中所含有的水蒸气的质量称作湿空气的绝对湿度(g/m^3)。由于湿空气中水蒸气含量不定,湿空气的体积又随温度的变化而变化,所以工程实用中很难测量和计算,故不常使用,此处仅介绍一下它的概念。有时也有称绝对湿度为绝对含湿量。

(2)含湿量(d)

单位质量干空气中所含水蒸气质量称为含湿量,即

$$d = m_q/m_g \tag{1-5}$$

式中:d 为湿空气中水蒸气含量,g/kg;m_q为湿空气中水蒸气的质量,g;m_g为湿空气中干空气的质量,kg。

如用空气的压力表示空气的含湿量时,则有

$$d=622\frac{p_q}{B-p_q} \tag{1-6}$$

式中:d 为湿空气中水蒸气含量,g/kg。

同饱和水蒸气分压力一样,某一温度下每千克干空气的水蒸气含量也有一个极限值,此即为该温度下的饱和含湿量 d_b,表示式为

$$d_b=622\frac{p_{q\cdot b}}{B-p_{q\cdot b}} \tag{1-7}$$

如温度发生变化，空气的饱和水蒸气分压力和饱和含湿量将相应地随着变化，见表 1－4。

表 1－4　空气温度与饱和水蒸气分压力、饱和含湿量的关系（B＝101 325 Pa）

空气温度 t/℃	饱和水蒸气分压力 $p_{q\cdot b}$/Pa	饱和含湿量 d/(g·kg^{-1})
10	1225	7.63
20	2331	14.70
30	4232	27.20

（3）相对湿度（φ）

相对湿度为空气中水蒸气分压力与同温下水蒸气饱和分压力之比，即

$$\varphi=\frac{p_q}{p_{q\cdot b}}\times 100\% \qquad (1-8)$$

式中：p_q，$p_{q\cdot b}$ 含义同前。

由式（1－8）可知，相对湿度表示空气中实际含有水蒸气量接近饱和状态的程度，相对湿度值越小，说明空气离饱和状态越远，越干燥，吸湿能力越强；反之则相反。当相对湿度等于 100% 时，则表明空气已经饱和，不能再吸收水蒸气了。

相对湿度还可近似表示为

$$\varphi\approx\frac{d}{d_b}\times 100\% \qquad (1-9)$$

式中：d、d_b 含义同前，用此式计算会造成 2%～3% 的误差。

用相对湿度表示空气的潮湿程度是比较方便和实用的，空调工程中经常会用到。

4. 空气焓

空气的焓是空气中干空气及其水蒸气所包含的总热量。定义为（1＋d）kg 湿空气的总热量。由于热量是一个相对物理量，所以常取 0 ℃ 时干空气及 0℃ 时水所具有的总热量为零。湿空气焓的计算式为

$$h=1.01t+(2\,500+1.84t)d=(1.01+1.84d)t+2\,500d \qquad (1-10)$$

式中：h 为对应于 1 kg 干空气的湿空气的焓，kJ/kg；1.01，1.84 分别为干空气和水蒸气的比热容，kJ/(kg·℃)；2 500 为水的汽化潜热，kJ/kg；d 为空气的含湿量，g/kg；t 为空气的温度，℃。

式（1－10）中的（1.01＋1.84 d）t 是随温度变化而显现出来的热量，故称为“显热”，而 2 500d 是 0 ℃ 时 d(kg) 水的汽化热，它仅随含湿量 d 大小而变化，与温度无关，故称为潜热。

5. 湿空气密度和比体积

单位容积空气的质量称为空气的密度，而单位质量空气所占有的容积称为空气的比体积。两者互为倒数，互不独立，所以只能视为一个状态参数，有

$$\rho=\frac{1}{v}=m/V=0.034\,84\,\frac{B}{T}-0.001\,34\,\frac{p_q}{T} \qquad (1-11)$$

式中：ρ 为空气的密度，kg/m^3；v 为空气的比体积，m^3/kg；$v=1/\rho=V/m$；m 为空气的总质量，kg；V 为空气的总容积，m^3。

由上述的基本概念可知，湿空气各状态参数间存在着密切的内在联系。就干空气、水蒸气与其共同组成的湿空气来讲，它们的同名状态参数存在如图 1－3 所示的关系。湿空气本身各状态参数之间存在着如图 1－4 的相互关系。

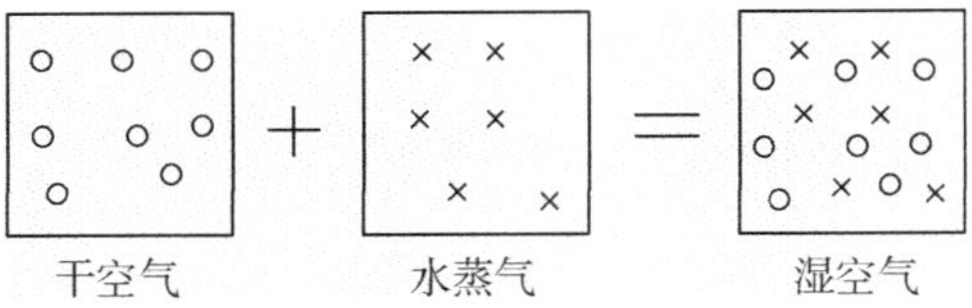

温度：$T_g = T_q = T$；容积：$V_g = V_q = V$；

质量：$m_g + m_q = m$；密度：$\rho_g + \rho_q = \rho$

压力：$p_g + p_q = P$；焓：$h_g + dh_q = h$

图 1-3 湿空气组成

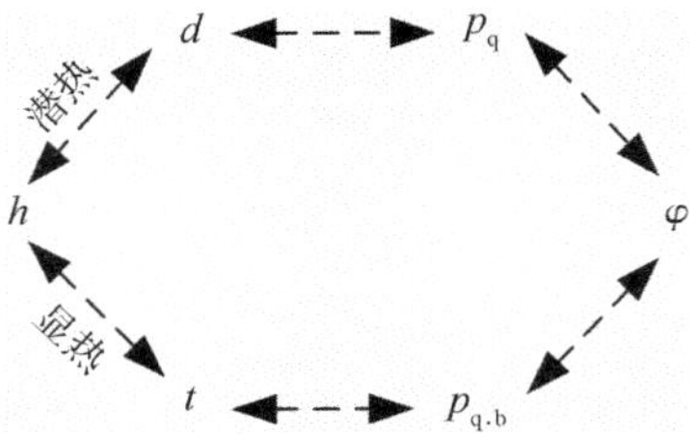

图 1-4 湿空气各状态参数间关系

由图可知 t 与 $p_{q\cdot b}$ 互相对应，不能互相独立，只能算作一个状态参数；d 与 p_q 互相对应，不能互相独立，只能算作一个状态参数，而 $t(p_{q\cdot b})$，$d(p_b)$，h 及 φ 为相互独立的状态参数；只要知道了两个彼此独立的状态参数，空气所处的状态就被确定下来了，其余的状态参数便可以通过一定计算公式计算出来了。

1.2 湿空气焓湿图及其应用

在空调工程的设计或使用管理中，已知一些参数，确定另外一些参数是经常需要的，虽有一些公式可以运用，但计算过程是相当烦琐的。为方便使用，利用空气状态参数之间的一些关系，针对不同大气压力，做出一些既能联系若干参数关系，又能表达空气变化过程的图线来是很有价值的。焓湿图（$h-d$ 图，见图 1-5）即属此类图线。

1.2.1 焓湿图

在湿空气的主要参数 t, d, h, φ, p_q 及 ρ 中，t, d 为基本参数，有了它们，即可决定空气的状态。在 $h-d$ 图中，将 B 定为已知参数；为使用方便用 h 代替 t 作纵坐标，将 d 作横坐标；为解决直角坐标中图线过于集中在左上侧的问题，将 h 与 d 间夹角作成 135°。由此构成的 $h-d$ 图如图 1-5 所示。图中除坐标 h, d 外，还有 t、φ 两组等值参数线。等温线是根据公式 $h=1.01t+d(2\,500+1.84t)$ 绘制的。等温线为一组自左至右略向上倾斜近似平行的直线，每条线代表一个温度值的等相对湿度线是根据公式 $d=0.622\dfrac{\varphi p_{q\cdot b}}{B-\varphi p_{q\cdot b}}$ 绘制的。等相对湿度线为一组由左下方向右上方发散的下弯曲线，每条线代表一个相对湿度值。$\varphi=100\%$ 的相对湿度线为湿空气的饱和线，以 $\varphi=100\%$ 线为界，以上为未饱和区，以下为过饱和区。过饱和区意味着空气中悬浮着水滴，所以又称“雾区”。

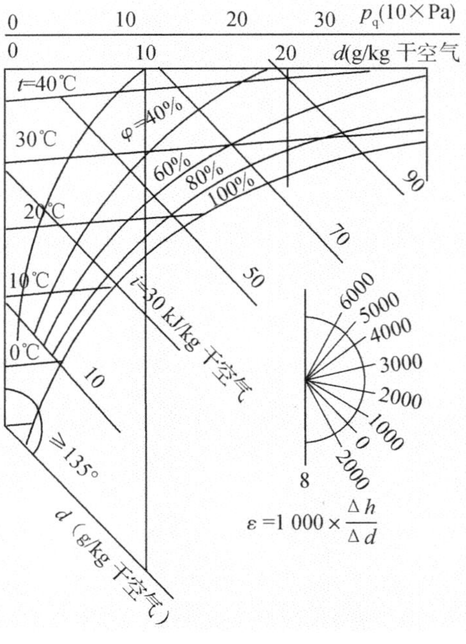

图 1-5 湿空气焓湿图

由公式 $d=0.622\dfrac{\varphi p_{q\cdot b}}{B-\varphi p_{q\cdot b}}$ 变换为 $p_q=\dfrac{Bd}{0.622+d}$ 知，水蒸气分压力 p_q 在 B 已知的情况下仅与 d 有关，因此，在 d 轴的上方作一水平线，标出 d 值对应的 p_q 值得到水蒸气分压力线。

图中未绘等密度线(或等比体积线)，这是因为在空调范围内空气密度在 1.1～1.3 kg/m^3 之间，计算时常取 1.2 kg/m^3 即可满足要求了。

焓湿图上的热湿比线 ε 表示湿空气由一个状态变为另一个状态过程中的焓差与含湿量差之比，即

$$\varepsilon=\frac{Q}{W}=\frac{G\Delta h}{G\Delta d}=\frac{\Delta h}{\Delta d}$$

也表示湿空气状态变化前后的换热量与传湿量之比。热湿比 ε 表示空气状态变化的方向和特征。不同热湿比等值线，一般绘制在 $h-d$ 图的右下角。

1.2.2 空气状态变化过程及热湿比

设某地下工程房间内由于人员的活动和设备的运转，每小时产生热量 Q 和湿量 D(Q,D 通常称为余热、余湿)，因而房间温、湿度不断升高，为保持该房间温湿度条件不变，就需不停地送入温度较低、湿度较小、数量合适的空气去吸收房间内的余热余湿。如果送入房间的空气数量及状态合适，则送入空气就会按照一定的过程由送入状态 S，变化到室内状态 N。将该变化表示在 $h-d$ 图上，如图 1-6 所示。因为状态 S 的空气送入室内后的变化原因是吸收室内余热、余湿所致，所以过程线 SN 的方向(数学上叫斜率)一定与 Q/D 之比有关，如以 ε 表示 Q,D 之比，则

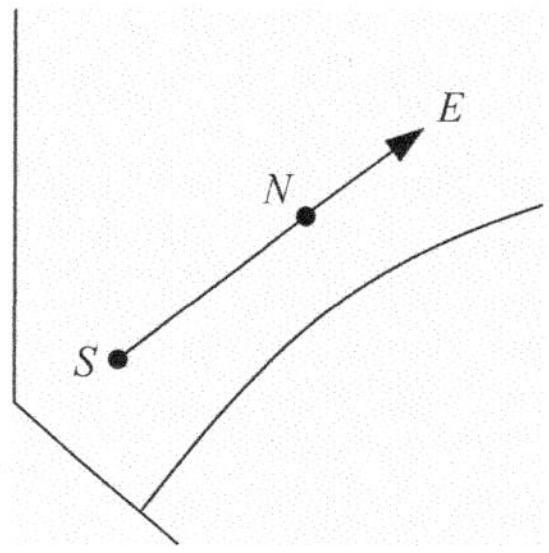

图 1-6 送风状态变化过程图

$$\varepsilon=Q/D \tag{1-12}$$

称为热湿比。

计算与实践均表明：(1) 送入空气的吸热、吸湿过程同时进行；(2) 送入室内的空气吸热、吸湿过程沿 $\varepsilon=Q/D$ 的方向变化，起点为 S，ε 值越大，过程线上倾，ε 值越小则越下斜；(3) 不同的热湿比 ε 可以做成一束过 $h-d$ 图原点($h=0$,$d=0$)的放射形直线。若某状态的送风吸收余热、余湿的热湿比与过原点的某热湿比相等，则两 ε 线必然平行。在 $h-d$ 图上，热湿比线束并不全部作出，有的以短线段表示在边框上，有的则在图面空位处单独做出，这样不仅不妨碍使用，而且还使图面清晰。

1.2.3 焓湿图应用

在空调工程中 $h-d$ 图的应用十分广泛，而且也十分直观和方便。现就常用的几种情况加以介绍。

1. 空气状态及其参数确定

确定空气的状态及其状态参数时，往往是根据容易测量参数，确定难以测量参数。易测参数有干球温度 t、湿球温度 t_s 以及相对湿度 φ 等，难测参数有焓 h、露点温度 t_l、含湿量 d 和 d_b、水蒸气分压力 p_b 和 $p_{q\cdot b}$。

例 1－1　已知某工程所在地大气压力 $B=101\ 325$ Pa(760 mmHg)，测得空气的 $t=$

23 ℃，$\varphi=50\%$。试利用 $h-d$ 图确定该状态下空气的其他状态参数。

解 (1) 在 $B=101\ 325$ Pa 的 $h-d$ 图上，根据 $t=23$ ℃，$\varphi=50\%$，查得该状态下空气的状态点 A(见图 1-7)。

(2) 查得 A 点的其他状态参数为

$h=38.6$ kJ/kg

$d=7.3$ g/kg

$d_b=14.6$ g/kg

$p_q=12.7\times10^2$ Pa

$p_{q\cdot b}=23.5\times10^2$ Pa

$t_l=9.3$ ℃

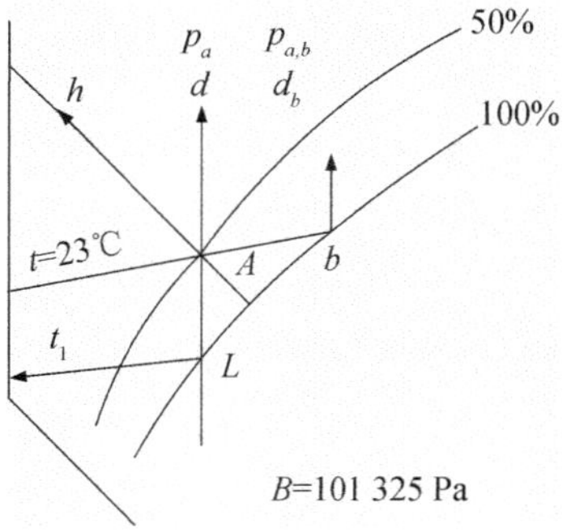

图 1-7　例 1-1 附图

2. 确定两种不同状态空气的混合状态

假设有两种状态的空气 A，B，如图 1-8 所示，其质量分别为 m_A 和 m_B。显然，两种状态的空气混合后，其总质量 $m=m_A+m_B$；其混合状态一定是介于两种空气的状态之间。计算和实践均证明，其混合状态点在原两空气状态点的连线上，如 H 点。但是 H 点的具体位置如何确定呢？

概略的说来，混合后空气的状态点与混合前两种空气份额有关，如 A 状态的空气份额大，其混合状态点靠近 A 点，B 状态空气的份额大则靠近 B 点，如用线段 AH 和 BH 之长短表示其份额比例，则有

$$\frac{AH}{BH}=\frac{m_B}{m_A} \tag{1-13}$$

即线段 AH 与 BH 之比，为两点状态下空气质量的反比。利用这个关系式，H 点的位置就被确定下来了。例如 $m_A=1\ 000$ kg，$m_B=9\ 000$ kg，则有

$$\frac{AH}{BH}=\frac{m_B}{m_A}=\frac{9\ 000}{1\ 000}=\frac{9}{1}$$

这表明，线段 AH 的长度为线段 BH 长度的 9 倍。把 AB 分成 10 等份，则 H 点距 A 点的距离为 9 等份，距 B 点的距离为 1 等份。

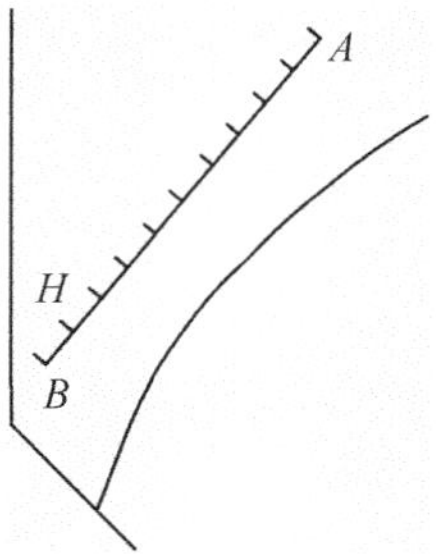

图 1-8　空气混合在 $h-d$ 图上表示

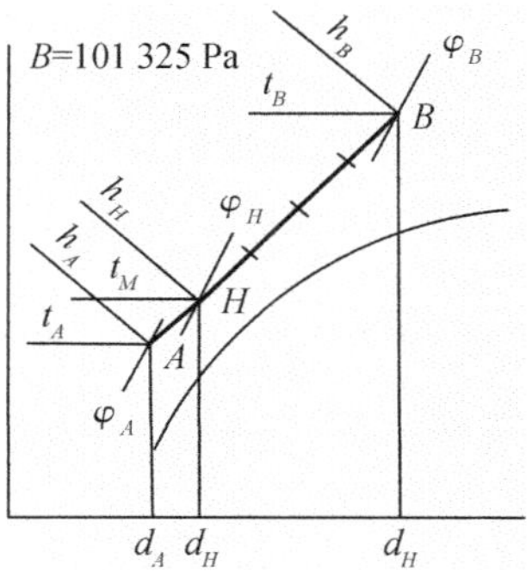

图 1-9　例 1-2 附图

例 1-2　某空调系统采用新风与室内回风进行处理后送至室内。已知大气压力 $B=101\ 325$ Pa，回风量 $m_A=2\ 000$ kg/h，状态 $t_A=20$ ℃，$\varphi_A=60\%$；新风量 $m_B=500$ kg/h，状态 $t_B=35$ ℃，$\varphi_B=80\%$。求混合空气的状态 H。

解　① 在大气压力 $B=101\ 325$ Pa 的 $h-d$ 图上找到状态点 A,B,并以直线相连,如图 1-9 所示。

② 设混合点为 H,则有

$$\frac{BH}{AH}=\frac{m_A}{m_B}=\frac{4}{1}$$

③ 将线段AB 分成 5 等份,则 H 点在靠近 A 点 1 等份处。查得:$t_A=23.1$ ℃,$\varphi_H=73\%$,$h_H=56$ kJ/kg,$d_H=12.8$ g/kg 。

3.空气状态变化过程在 $h-d$ 图上的表示

空气状态的变化是由热、湿因素引起的,如吸热、散热、加湿、减湿等。欲使室内空气状态保持在一定范围之内,在空调工程中其根本手段就是送入一定状态、一定数量的空气,去消除(吸收或加入)热、湿负荷的影响,从而达到保持室内空气状态在一定范围之内的目的。6 种典型的空气状态变化过程如图 1-10 所示。

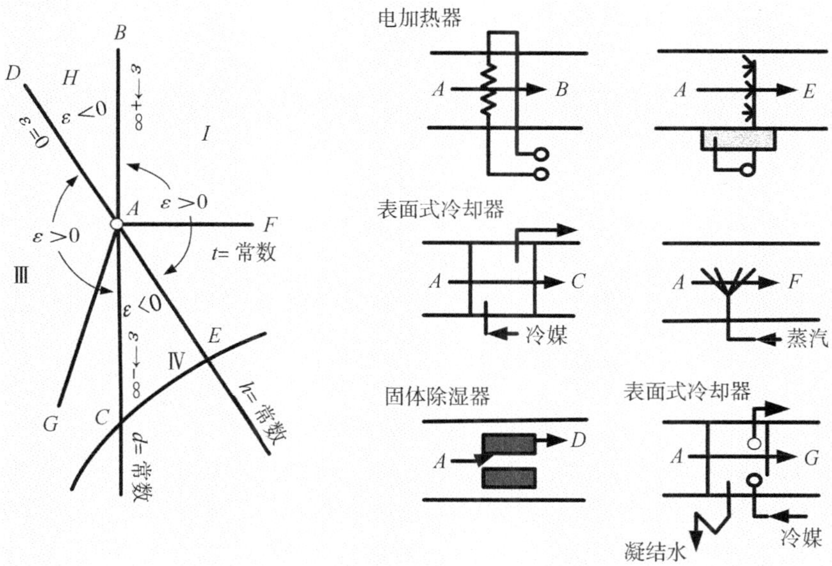

图 1-10　6 种典型的空气状态变化过程

(1) 等湿加热过程

等湿加热过程为空气的焓增加而含湿量不变的过程,又称为干式加热过程。空气通过表面式换热器或电加热器被加热的过程即为等湿加热过程,该加热过程的热湿比为

$$\varepsilon=\Delta h/\Delta d=\Delta h/0\rightarrow+\infty$$

此过程在 $h-d$ 图上表示为过程线 $A\rightarrow B$。

(2) 等湿冷却过程

干式冷却过程为空气的焓减少而含湿量不变的过程,又称为等湿冷却过程。空气通过表面式换热器冷却,而且换热器表面温度高于空气的露点温度,则此冷却过程即为干式冷却过程。干式冷却过程的热湿比为

$$\varepsilon=\Delta h/\Delta d=-\Delta h/0\rightarrow-\infty$$

此过程在 $h-d$ 图上表示为过程线 $A\rightarrow C$。

(3) 等焓减湿过程

如使用固体吸湿剂(硅胶或氯化锂)除湿时,被处理的空气失去水蒸气,同时也失去了水蒸气所具有的潜热,而水蒸气被吸附后凝结在固体吸湿剂中又放出冷凝潜热,冷凝潜热又传还给空气,于是空气在干燥过程中得失热量基本保持平衡,所以焓值不变,有

$$\varepsilon = \Delta h/\Delta d = 0/-\Delta h \to -\infty$$

此过程在 $h-d$ 图上表示为过程线 $A \to D$。

(4) 等焓加湿过程

用喷淋室喷循环水处理空气使空气加湿时,空气传给水的热量促使水分蒸发,蒸发后的水蒸气又进入空气中以潜热形式将热量带回。由于循环水始终保持在湿球温度水平上,其蒸发带到空气中的液体热而使空气焓增加很少,所以空气焓值基本保持不变。等焓加湿过程由于空气与外界没有换热,故称绝热加湿过程,该过程热湿比为

$$\varepsilon = \Delta h/\Delta d = 0/\Delta d = 0$$

此过程在 $h-d$ 图上表示为过程线 $A \to E$。

(5) 等温加湿过程

通过向空气中喷蒸汽实现等温加湿过程。空气中增加水蒸气后,其焓和含湿量都将增加,焓的增加量为

$$\Delta h = \Delta d h_q \tag{1-14}$$

式中:Δh 为每千克干空气增加的焓,kJ/kg;Δd 为每千克干空气增加的含湿量,kg/kg;h_q 为水蒸气的焓,$h_q = 2\ 500 + 1.84t_q$。

此过程的热湿比为

$$\varepsilon = \frac{\Delta h}{\Delta d} = \frac{\Delta d h_q}{\Delta d} = h_q = 2\ 500 + 1.84t_q$$

如果喷入蒸汽为 100 ℃,则 $\varepsilon = 2\ 684$,该过程线与等温线近似平行,所以称为等温加湿过程。

(6) 降温减湿过程

当用表面冷却器(或喷水室)处理空气时,如果冷却器表面温度(或喷水室水温)低于空气露点温度,那么空气中的水蒸气将凝结为水,从而使空气减湿。此空气变化过程称为降温减湿过程,该过程热湿比为

$$\varepsilon = \frac{h_G - h_A}{d_G - d_A} = \frac{-\Delta h}{-\Delta d} > 0$$

此过程在 $h-d$ 图上表示为过程线 $A \to G$。

空气处理过程及处理方法见表 1-5。

表 1-5 空气处理过程及处理方法

过程线	热湿比	空气处理过程	处理设备	处理方法
A—1	$\varepsilon > 0$	减焓降温减湿(冷却干燥)	喷水室	用低于空气露点温度的水喷淋
			表面冷却器	用低于空气露点温度的水或蒸发温度低于空气露点温度的制冷剂通过冷却器

续表

过程线	热湿比	空·气处理过程	处理设备	处理方法
A—2	$\varepsilon \to -\infty$	减焓等湿冷却（等湿冷却）	喷水室	用等于或稍低于空气露点温度的水喷淋
			表面冷却器	用水的平均温度或制冷剂蒸发温度低于空气露点温度的水或制冷剂通过冷却器
A—3	$\varepsilon < 0$	减焓加湿冷却（加湿冷却）	喷水室	用低于湿球温度，高于空气露点的水喷淋
A—4	$\varepsilon = 0$	等焓加湿冷却（绝热加湿）	喷水室	用循环水喷淋（水温等于空气湿球温度）
			喷雾设备	用压缩空气或电动喷雾机向空气中喷入常温的水雾
A—5	$\varepsilon > 0$	增焓加湿降温	喷水室	用低于空气干球温度，高于空气湿球的水喷淋
A—6	$\varepsilon > 0$	增焓加湿等温（等温加湿）	喷水室	用等于空气温度的水喷淋
			喷水蒸气装置	喷低压饱和蒸汽或用电极、电热式加湿器加湿空气
A—7	$\varepsilon > 0$	增焓加湿升温	喷水室	用高于空气温度的水喷淋
A—8	$\varepsilon \to +\infty$	增焓等湿升温（等湿加热）	空气加热器	用各种热煤（蒸汽、热水）的加热器或电加热器加热
A—9	$\varepsilon < 0$	等焓降湿升温	固体吸湿装置	用硅胶吸湿
A—10	$\varepsilon = 0$	减焓降湿升温（升温降湿）	液体吸湿装置	用高于空气温度的盐水溶液喷淋或以温度等于空气初温的少量溶液与空气接触
A—11	$\varepsilon > 0$	减焓降湿等温（等温降湿）	液体吸湿装置	用等于空气初温的大量溶液喷淋
A—12	$\varepsilon > 0$	减焓降湿降温（降温降湿）	液体吸湿装置	用低于空气终温的适量溶液喷淋或与空气接触

1.3 环境空气对人与物资贮存的影响

1.3.1 环境空气对人员健康的影响

日常生活实践告诉我们，舒适的环境使人心情愉快，工作精力集中，思维敏捷，动作迅速而准确，否则，就会差错频出，效率低下，甚至造成事故。经验还告诉我们，构成环境条件的因素是非常复杂的，它不仅与环境空气的状态有关，而且还与环境空间的组合、光线色调的配置、周围人际关系等有关。如果其中一个因素不协调，环境的平衡就会遭到破坏，人就会感到不舒适。应当承认，人有很强的环境适应能力，但这种适应能力是以损害人的生理健康为代价的。

全面讨论人的舒适感与环境因素的关系是很复杂的，这里仅就环境空气的存在状态对人员健康与舒适感的影响加以简要介绍。

1.人的舒适感与人体热平衡

多数研究表明，人的舒适感与人体的热平衡有着重要关系。正常情况下，人体的温度在一定热环境条件中，通过自身的调节作用维持在 36.5 ～ 37.0 ℃ 间，如果环境提供的条件超过了自身的调节能力，从而影响人体保持这一温度范围，则人的舒适感就遭到了破坏。人的健康就受到了威胁，这就是生病。

应当指出，热平衡与舒适感是既有联系又有区别的两个概念。人体热平衡是人摄取的热量与从事各种活动所付出的热量以及向外界散发的热量之间的平衡，如果保持了这个平衡，人就感到舒适，否则就不舒适。人的活动强度不同，环境条件不同，这种付出和散发的热量也就不同。在热平衡的条件下，人体温度一天 24 h 时内变化范围不超过 1 ℃，清晨最低，下午 3:00 ～ 5:00 时最高。

对于舒适感来说，热平衡是基本要求，但热平衡可以在不舒适的条件下通过人体的调节功能实现，这就是说，热平衡是舒适感的必要条件，但不是充分条件。这里的舒适感是指人体调节机能处于最低状态下的热平衡。

2.环境空气状态对人体舒适感及热平衡的影响

环境空气对人体舒适感的影响，除了空气中应有固定的氧、纯净、清新外，主要是通过其温度、湿度及流动速度等对人体散热量的影响而产生作用的。人体向周围环境散热，一般有 3 种形式，即对流、辐射与汗液蒸发。

(1) 空气温度的影响

在舒适的环境条件下，人体温度随新陈代谢的生理机能快慢而略有变化，并不取决于环境温度。如果超出了舒适环境条件，人体就开始在中枢神经的统一指挥下发挥调节作用。当环境温度变冷时皮肤也冷，近表皮的毛细血管收缩，使血液流动得到控制从而减少热损耗，“起鸡皮疙瘩”就是毛细血管收缩，阻止血液流动的表象；更冷时的不断打哆嗦，就是增加肌肉运动以加强热能供给的表象。而环境空气变暖变热时人体的反应情况则与此相反，即环境温度升高时，皮肤温度也升高，但人体与环境温度的温差则减小了，因而向外界辐射散热的热量就减少，如温度再升高，皮肤与环境温差将更小，散热量就更小。此时人体散热就要通过排汗实现。在一定的温度范围内，汗液蒸发的散热量，可以补充对流、辐射散热量的减少，从而保持人体的热平衡，但此时已感到不舒适了。如果环境温度过高，人体的多余热量就难以排散了，积聚在体内的多余热量就迫使体温升高，这就是发烧，此时的热平衡已遭破坏，因而也就无舒适感了。当体温升至 40 ℃，排汗将停止，体温迅速升高，高至43.5 ℃ 时，人体即因热平衡的彻底破坏而死亡。

(2) 空气相对湿度的影响

空气相对湿度同样也会影响人体的散热，从而影响人体的热平衡和舒适感。这是因为，在一定温度下，空气相对湿度增加，空气中水蒸气分压力就增加，因此汗液从皮肤表面蒸发的水分子向空气中扩散就困难，因而汗液蒸发量和散热量减少，其结果是人体正常热平衡也受到影响。所以在同样的高温环境中，空气的相对湿度越高，人体的感觉是更热，在同样的低温环境中，相对湿度高时，由于空气中水分子多而向人体吸收的辐射热也多，会使人体感到更冷。可见，相对湿度增加时，在高温环境中会增加空气的热作用，在低温环境中会增加空气的冷作用。

(3) 空气流动速度的影响

空气流动速度提高时，其主导作用是促进皮肤表面汗液蒸发而增加散热量，低温时，气流能直接过多地带走人体热量使人感到寒冷。

综合空气温度、湿度及流动速度对人体热舒适的影响见表 1－8。

表 1－8 空气环境条件对人体热舒适实验

温度 /℃	相对湿度 /(%)	人的衣着和感觉
25	60 ～ 85	着中山装、夏常服：工作愉快
26	60 ～ 85	着中山装、夏常服：工作舒适
27	60 ～ 85	着衬衣、微风：清凉、工作不感热、吃饭不出汗；无风时工作尚可
28	60 ～ 85	着衬衣、微风：工作适宜、睡觉好；无风时中午吃饭时有微汗
29	60 ～ 85	着衬衣、微风：工作尚舒适；无风时较热，尚可工作，吃饭时有微汗，不大易睡觉
30	75 ～ 85	较热、不好睡觉、微汗；有风时尚可工作
31	75 ～ 85	有风仍感热，勉强可工作；微风亦出汗，难睡觉；无风出汗，难工作
32	75 ～ 85	有风勉强可工作；无风较热、出汗
33	75 ～ 85	出汗，难工作

1.3.2 环境空气温湿度对物资贮存的影响

1. 国内外研究结果介绍

影响物资装备使用性能和可靠性的因素很多，但温度、湿度是经常发生作用的主要因素。温湿度对物资装备的金属、非金属零件的影响往往是互相促进，共同发生作用的，主要是使金属材料生锈腐蚀，非金属材料老化变形失效。国内外研究资料表明，对大多数技术设备、物资的储存、使用来说，在温度基本稳定的情况下，相对湿度在 40%～65% 范围内都可以满足要求，只有低碳钢制品例外，它要求的相对湿度范围更低，但是如果将低碳钢小器械涂以防锈油，也可以提高其耐湿性，即可由 15% 的允许相对湿度提高到容许 65% 的相对湿度。现将国外一些军事装备使用部门及机械加工行业的实验资料介绍如下，以资借鉴。美国海军 30 个月，对一些材料容许的相对湿度试验结果如表 1－9 所示。日本有关文献介绍的金属材料锈蚀、长霉温湿度条件如图 1－11 所示。

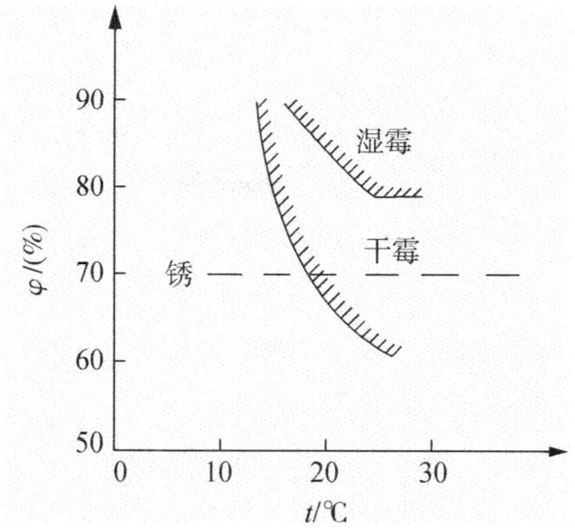

图 1－11 温湿度对金属材料锈、霉的影响

由表 1－9 及图 1－11 可见，从防霉角度出发，相对湿度应控制在 60% 以下，从防锈角度出

发，相对湿度应控制在45%以下。在工程使用中，设备储存使用环境往往是与人的工作环境在一起的，考虑到物资装备的需要与人的舒适条件相配合，取 $\varphi=45\%\sim65\%$ 左右较好。

表 1-9 美海军实验资料

试验器材	相对湿度/(%)			损伤性质
	无可见损伤	轻微损伤	严重损伤	
无防护的抛光软钢件	15	30	65	生锈
钢(滚珠轴承，涂防锈剂)		65	90	生锈
镀锌钢		65	90	霉暗、生锈
铝及其合金		90		霉暗
橡胶、塑料、人造丝		90		发霉
木材		65	90	发霉
肥皂			90	解体
铝皮罐头		45		
织品		65	90	表面枯萎
涂油小军械		65	90	发霉、生锈
仪表		45		

2. 地下工程内部环境条件的特点

建筑在山体内部的坑道等地下工程与地面工程相比，其内部环境条件有下述特点。

(1) 工程内部温度比较恒定

由于工程被厚厚的岩石或土壤覆盖，太阳的照射影响就小而且滞后，工程内部是一个较为稳定的“恒温空间”，常年气温的变化只在当地地表年平均气温值附近波动，因而与地面四季变化着的气温相比，给人以“冬暖夏凉”的感觉。这种较为恒定的内部气温对人的健康和武器装备的贮存，有其有利的一面，但也正是这个较为稳定的气温却造成了工程内外温差较大的缺点，特别是夏季，使进出工程的人员易患感冒，还可能诱发其他病变。

(2) 工程内部湿度较大

由于坑道受山体水、地下水渗透的影响，夏季又有热湿空气涌入，致使坑道工程内部空气往往相当潮湿，有时甚至可能达到饱和结露状态。这种潮湿的环境，既有害人体的健康，也有害于武器装备、物资器材的贮存。因而防潮降湿是地下工程环境管理中的主要工作。

(3) 工程内部空气流动困难

工程内部空气流动困难由于坑道工程，尤其是大型坑道工程自然通风困难，机械通风又由于代价较高而受到严格控制造成的，因而进入工程的人员往往感到闷气。

(4) 工程内部壁面冷辐射作用强

由于工程内部岩石或土壤被覆壁面温度在夏季时较低，吸收人体辐射热量的作用就强烈，因而进入工程内部的人员会因为突然失热过多而感到寒冷，与空气的潮湿综合在一起，往往使人感到阴冷潮湿。

(5) 噪声影响大

由于岩石或被覆吸音效果差,因而声能的反射量大,能量反复传递的时间、距离都长。因此,同等声源造成的噪声影响要比地面建筑内大得多。

综上所述,在工程内部长期工作的人员突出的感觉是阴冷、潮湿、沉闷,有运转设备的房间噪声强烈。

部分地下工程内部使用房间的温湿度标准见表 1－10。

表 1－10 各类房间夏季温湿度要求

房间名称	温度 /℃	相对湿度 /(%)
生活、办公休息间	24 ～ 28	40 ～ 70
通信机房	24 ～ 30	40 ～ 70
控制室、配电室	24 ～ 30	$\not>$ 70
柴油发电机房	$\not>$ 32 ～ 35	$\not>$ 75
一般库房	10 ～ 28	$\not>$ 70

工程管理人员的任务就是根据自己管辖工程具体地质、气象条件,按照设计标准要求,确保各类使用房间空气环境条件的实现。

1.4 地下工程内空气质量

随着经济与社会的快速发展和地铁、人防工程应用范围的逐步扩大,人们对地下工程室内空气质量越来越重视。与地面建筑相比,地下工程由于受土壤、岩石等覆盖以及空间密闭、空气流通困难等因素的影响,其热湿环境和空气质量更容易恶化。最突出的是地下工程内湿度大、细菌污染严重和氡及其子体浓度高的问题。由此引起室内生物、化学和放射性有害物质增加,造成室内空气品质差,引发人们眼红、头痛、呼吸系统感染等症状,影响地下工程内人员的工作和生活。改善室内空气质量,无论是采用通风还是净化手段,都要排除建筑物使用过程中产生的污染物,保持室内空气新鲜。

地下工程内的空气环境要素包括由空气温度、相对湿度、空气流速和壁面温度等组成的热环境指标;由 CO_2,CO,含尘量、微生物或细菌、挥发性有机化合物 VOCs、氡及其子体等组成的空气品质指标;由噪声、照明和电磁辐射等组成的物理环境指标等。其中热环境指标决定了工程内人员的热舒适性,由空气调节系统保障。

在地面建筑室内污染空气的 SO_2,NO_2、可吸入颗粒物等污染物,对于地下工程来说并不严重,而需要重点关注的是CO,CO_2、挥发性有机化合物VOCs含量、菌落总数、甲醛浓度和氡浓度等参数。地下工程空气质量标准见表 1－11。

表 1-11 地下工程空气质量标准

序号	参数类型	参　　数	单　　位	标准值	备　　注
1	热湿环境	温度	℃	≤28	夏季空调
				≥16	冬季采暖
2		相对湿度	(%)	40～80	夏季空调
				30～60	冬季采暖
3		空气流速	m/s	≤0.3	夏季空调
				≤0.2	冬季采暖
4	空气品质	新风量	$m^3/(h \cdot p)$	≥30 [a]	
5		一氧化碳 CO 质量浓度	mg/m^3	≤10	1h 均值
6		二氧化碳 CO^2 体积分数	(%)	≤0.10	日平均值
7		甲醛 HCHO	mg/m^3	≤0.08	1h 均值
8		可吸入颗粒 PM10	mg/m^3	≤0.15	日平均值
9		总挥发性有机化合物 TVOC	mg/m^3	0.60	8h 均值
10		菌落总数	cfu/m^3	≤2500	依据仪器定[b]
11		氡 222Rn	Bq/m^3	≤200	年平均值（行动水平）[c]

注：a. 新风量要求小于平均值，除温度、相对湿度外的其他参数要求不大于标准值；b. 见 GB/T18883—2002 附录 D；c. 行动水平即达到此水平建议采取干预行动以降低室内氡浓度

1.4.1 地下工程内空气主要污染物及其危害

地下工程中的有害气体种类很多，不同地区、不同功能地下工程内所含的有害气体也不相同，但可分为化学污染、微生物污染和放射性污染三部分。本节着重介绍地下工程中几种常见的有害气体的性质、危害和主要来源。

1. 二氧化碳（CO_2）

空气中的 O_2 和 CO_2 与我们日常生活的关系最为密切，因为人需要从空气中吸取新陈代谢所需要的 O_2，排出 CO_2。成年人在静止状态下每一次呼吸的空气量大约是 300～800 mL（平均约500 mL），如果每分钟平均呼吸 16 次，那么1 min呼吸的空气量为 8 L。成年人每小时呼吸消耗的氧气量约为 20～30 L。在一个密闭工程内，人员生存要消耗 O_2，产生 CO_2，这样，O_2 浓度逐渐降低，CO_2 浓度逐渐升高，并将继续下去。此时，如向该密闭工程内通风，其 O_2 浓度会有所升高，CO_2 浓度有所下降，并最终达到平衡。显然，通入的新风量越大，工程内 CO_2 浓度就越低，O_2 浓度也越高，反之则相反。空气中不同 CO_2 含量对人体的影响见表 1-12，人员在不同情况下每人每小时消耗 O_2、放出 CO_2 的量见表 1-13。

地下工程空气质量标准要求工程内 CO_2 浓度不超过 0.1%。空气中 2% 的 CO_2 浓度是维持人体正常生理活动的极限值；当 CO_2 浓度超过 3% 时，人体机能产生明显不良影响，表现为头疼、呼吸急促等；当 CO_2 浓度为 10% 时，人即处于昏迷状态。

表 1－12 空气中不同 CO_2 含量对人体的影响

空气中 CO_2 体积分数 /(%)	在标准大气压下的影响
0.03	常态空气
0.05	8h 内没有有害影响
1.0	呼吸较深，肺换气量稍微增加
2.0	呼吸较深，肺换气量增加 50%
3.0	呼吸较深，不舒服，肺换气量增加 100%
4.0	呼吸吃力，速率加快，相当不舒服，肺换气量增加 200%
5.0	呼吸极端吃力，剧烈头痛、恶心，肺换气量增加 300%
7.0 ～ 9.0	容忍限度(个别人可能发生昏迷)
10.0 ～ 12.0	失调，瞬间失去知觉
15.0 ～ 20.0	症状增加，时刻有致命危险
25.0 ～ 30.0	呼吸减少，血压下降，昏迷，有致命危险

表 1－13 人呼吸耗氧气、排 CO_2 量

活动状态	消耗 O_2/(L/h)	放出 CO_2/(t/h)
睡眠(安静)	20	16
脑力劳动	25 ～ 30	20 ～ 25
一般劳动	35	30
不同程度的体力劳动	60 ～ 120	50 ～ 100

2. 一氧化碳(CO)

CO 是一种无色、无味、比空气略轻，对血液、神经有害的气体。煤、石油及木炭等在燃烧不充分时，可产生大量的 CO。地下工程中 CO 主要来源于燃烧不充分产生的废气，如工程内汽车尾气、柴油发电站排烟以及人员吸烟等。

CO 对人的危害主要表现在损害血液输运 O_2 的能力。CO 同人体中血红蛋白的结合能力是 O_2 的 200 多倍。CO 与血红蛋白结合形成碳氧血红蛋白，当人体血液中碳氧血红蛋白含量达到 5% 时会产生慢性影响，如头痛、头晕等，达到 60% 时就会昏迷，达到 90% 时很快死亡。

CO 对人体的危害，主要取决于环境中 CO 浓度和接触时间。当空气中 CO 质量浓度为 100 mg/m^3 时，接触 2 h 就会出现头痛、头晕等症状；浓度为 500 mg/m^3 时，接触 2 h 出现恶心、呕吐、虚脱等症状；质量浓度为 1 000 mg/m^3 时，接触 1 h 出现昏迷等急性中毒症状。CO 对人体的影响程度见表 1－14。

地下工程空气质量标准要求工程内的 CO 质量浓度应不大于 10 mg/m^3。

表 1-14 一氧化碳对人体的影响

空气中 CO 体积分数 /(%)	对人体的影响程度
0.01	数小时内安全,对人体影响小
0.05	1 h 内安全
0.1	1 h 以后,引起人体头疼,呕吐
0.15 ~ 0.2	接触 0.5 ~ 1.0 h 人员有危险,呼吸困难,接触 2 h 后死亡
0.3	30 min 可致人死亡
≥1.0	呼吸数次便失去知觉,经 1 ~ 2 min 即可能死亡

3. 挥发性有机化合物(VOCs)

地下工程如果维护管理不当,或者通风量(主要是新风量)不足,进入工程就会使人闻到一股霉味或其他异味,给人以不愉快的感觉,长期在这样的环境中工作,对人体的健康会产生不利影响,比如头痛、头晕、恶心、胸闷、乏力、皮肤干燥、嗜睡、烦躁等症状,统称为"病态建筑综合征",严重影响人的身体健康和工作效率。工程产生异味的主要原因是空气中含有多种低浓度的挥发性有机化合物,总称为 VOCs。室内空气中有几百种挥发性有机物,单一的成分在空气中的浓度均非常低,根本不足以危害到人类健康。当各种不同的 VOCs 混在一起后,就会影响长期生活和工作在里面的人体的健康。由于人的鼻子十分灵敏,能感觉出空气的清新度和众多的用现代化的精密仪器也难于测量的挥发性有机物,人们如长时间处于令人讨厌的低浓度污染的霉腐气味中,将对人体的健康产生不利的影响。因此出现病态建筑综合征可以说是各种 VOCs 对人体综合作用的结果。

对地下工程而言,挥发性有机化合物的主要来源有:通风空调系统自身污染,如经污染的通风换气装置将 VOCs 带入室内;人体本身散发或吸烟产生,如丙酮、异戊二烯、乙醛、丙烯醛等;办公或装潢材料,如地毯、油漆、胶水、墙板、地砖、新家具等释放混杂的有机化合物;工程中大量采用的绝缘材料,也释放挥发性有机化合物。因此工程内 VOCs 污染对人体健康的影响,既有气味和感觉效应,也有黏膜刺激作用,最主要的是致癌性。据现场调查,有 50 多种挥发性有机物在室内普遍存在。

4. 尘埃与细菌

地下工程中的尘埃和细菌污染往往很严重,工程内空气中的尘埃和细菌主要来自人体活动,部分也来自于新风。呼吸、说话、咳嗽、吸烟与走动,皮肤与服装等均会散发有害物。空气中的灰尘微粒和飞沫是空气微生物致病的主要媒介。人们在讲话、咳嗽、打喷嚏时,由鼻腔、口腔中喷出的飞沫进入空气。飞沫进入空气后很快就会蒸发变成"飞沫粒","飞沫粒"可长时间悬浮于空气中。人通过呼吸可把带有病原微生物的小粒灰尘吸入呼吸道、肺部,引起感染而患病。

地下工程常年保持恒定的温度和较高的湿度,为细菌和微生物的繁殖提供了适宜的环境。工程中也常见气流在未衬砌的建筑通道或机房内流动,造成空气的二次污染。

5. 氡及其子体

(1) 氡及其子体的危害

氡是由镭衰变产生的自然界唯一的天然放射性惰性气体,无色无味。当室内氡的浓度超过一定水平时就会产生不同程度的危害。在高浓度氡的暴露下，机体出现血细胞的变化。氡对人体脂肪有很高的亲和力，特别是氡与神经系统结合后，危害更大。由于氡是放射性气体，当人们吸入体内后，氡衰变产生的微粒子可对人体的呼吸系统造成辐射损伤，诱发肺癌。氡诱发致病的潜伏期可达15～40年，以至于人们难于发现它，有此人们称氡为隐形杀手。

(2) 地下工程中氡污染的主要来源

地下工程中氡的主要来源是工程周围的岩石、土壤、地下水及工程建筑材料。工程处于岩石、土壤、地下水的包围之中，岩石和地下水中的一部分氡可在压力差、浓度差及温差作用下，通过扩散、对流、毛细管水流渗透等方式穿过工程衬砌进入到工程内部。工程内表面的氡析出率与岩石、土壤、地下水、建材等的氡含量、孔隙大小、空隙率以及透气能力有关，特别是与工程围护结构的密封性能、密实程度密切相关。

就世界平均而言，来源于工程围护结构的约占室内氡的60.4%，来自建筑材料和室外空气的分别占19.5%和17.8%，其他占2.3%。

(3) 氡及其子体浓度及其有关标准

氡对人体健康的危害是浓度和对人体照射时间综合作用的结果，只要其浓度低于某一个值，长期生活在这个环境中，对于人体健康就不会产生危害。为此，对地面建筑和平时使用的地下工程制定了相应的标准。氡及其子体浓度用单位体积空气中所含放射性物质的放射性强度度量。其单位为Bq/m^3。2003年我国颁布实施的《室内空气质量标准》(GB/T1883—2002)将氡的室内防护标准规定为200 Bq/m^3。

1.4.2 地下工程内空气污染的控制

地下工程内空气污染包括化学污染、微生物污染和放射性污染三部分。改善和提高室内空气质量应从室内污染源控制、通风换气、合理使用空调、采用空气净化装置等诸多方面综合考虑。污染源控制要求在工程建设和整修过程中选用绿色环保材料，对工程被覆面涂抹防氡涂料等；通风换气用于稀释空气中的CO_2，CO及氡等气体污染物；中、高效纤维过滤器用于过滤PM10等可吸入颗粒物，紫外线用于杀菌消毒，活性炭复合光催化技术用于去除空气中的甲醛和挥发性有机化合物VOCs。光催化型空气净化装置对细菌也有较好的净化作用，吸附反应型净化装置对污染物VOCs处理效果最好。

1. 控制污染源

只有消除和减少工程内污染源，掌握各种空气污染物的发生机理，才能从根本上减少空气污染物的发生，这是改善工程内空气质量最经济有效的途径。

工程内空气中化学污染物的来源是多方面的，而地下工程中主要是建筑材料、装饰材料和办公家具等释放的有害气体。为了从源头上控制工程内污染，应选择绿色环保的建筑装饰材料。此外还应科学确定装修设计方案。一定要考虑空间的承载量，否则也可能由于某种有害物质积聚过多而造成污染；房间的装饰设计不要为片面追求色彩而大量使用颜色漆，防止造成工程内铅污染；对产生凝结水的设备，应及时排除积水，保持干燥，以免滋生微生物。

地下工程内的氡主要通过被覆表面而进入工程内，如果增加被覆材料的厚度，在工程表面涂上一层密封性能好的材料，则可以阻止部分氡的析出。实验表明，防水性能好的材料，防氡效果也较好，因此，可以结合工程防水，做好防氡工作。

2. 加强通风

采用规范规定的通风量,能够使工程内空气中的卫生标准符合要求,可有效降低空气中有害气体浓度和微生物含量。加强通风也容易使空气中带有细菌的颗粒物表面水分迅速蒸发,使不耐干燥的微生物迅速死亡或丧失感染能力。对大多数通风空调系统来说,由于通风设计不合理或者运行管理不完善,空调房间换气次数往往过低,新风量不足。有的还因为工程内气流组织分布不合理,存在短路现象,由送风口送入的空气还未到达人体呼吸区就又经排风口排走,使得工程内的有害污染物得不到及时排除而滞留在工程内,久而久之,空气质量恶化,长期工作在该环境下的工作人员因得不到足够的新鲜空气而引起各种生理性和病理性反应。此外,管理不善的空调系统的管道内积尘和冷凝器的水污染等,也会对工程内空气质量带来严重的影响。

降低工程内氡浓度最为有效的方法就是进行置换式通风,因为工程外新风的氡含量非常低,通过进排风可以稀释工程内较高的氡浓度,良好的通风能使氡浓度降低 70% ~ 80%。但在地下工程使用过程中,有的业主为了节能降耗,大量采用回风而减少新风,使工程内氡浓度偏高,危害人体健康。为此,必须综合考虑,对于平时使用的工程,应严格按有关卫生标准进行控制,对于指挥工程,如平时不使用,可以减少新风量,但在启用(会议、演习、参观)前必须提前通风,以降低氡浓度。

3. 采用空气净化器

消除工程内空气污染和气味,除了通风的方法外,还可以利用工程内空气净化器。按作用原理不同,空气净化器可分为物理、化学和生物等类。物理法包括过滤,活性炭吸附;化学法包括氧化、还原、中和、离子交换和光催化等方法;生物法包括杀菌、生物氧化等方法。空气净化器既有采用单一净化原理的,也有采用两种或几种净化原理的,见表 1-15。

表 1-15 空气净化器

<table>
<tr><td rowspan="5">空气净化器</td><td rowspan="2">除尘式</td><td>静电式空气净化器</td></tr>
<tr><td>机械式空气净化器</td></tr>
<tr><td rowspan="3">除尘除气式</td><td>物理吸附式空气净化器</td></tr>
<tr><td>化学吸附式空气净化器</td></tr>
<tr><td>离子化式空气净化器</td></tr>
</table>

(1) 过滤法

对于工程内空气中的尘埃、生物气溶胶及其他一些过敏因子等,主要采取过滤净化方法,除去空气中的微生物粒子,降低微生物含量。有时还结合吸附、化学消毒剂、紫外线及臭氧等杀菌方法,在过滤净化的同时杀灭空气中的微生物,达到消毒的目的。此外,高压静电以及织物过滤对氡子体也有明显净化效果。实验表明,当过滤风速小于 0.1 m/s 时,高效过滤纸对氡子体净化效率大于 80%。

1) 机械式。采用多孔性过滤材料,如无纺布、滤纸和纤维材料等,把气流中的颗粒物截流下来,使空气净化。机械式空气净化过滤器的除尘效率高、容尘量大、使用寿命长。一般地下工程内空气中颗粒物浓度较低,长时间运行可以不用更换过滤材料,但是使用时噪声较大。

2) 静电式。利用阳极电晕放电原理,使气流中的颗粒物带正电荷,然后借助库仑力的作用，将带电颗粒物捕集在集尘装置上，使空气净化。静电式空气净化器由离子化装置、集尘装置和送风机等部件构成，能够捕集小于 0.01 ～ 0.1μm 的微粒，除尘效率大于 90%，并且压力损失小；但是需要高压电源，集尘量小（1 ～ 2 周需将集尘装置清洗一次），而且要求出风口臭氧的质量浓度不大于 0.1 mg/m^3。

（2）吸附法

吸附法用于处理低浓度的 VOCs，SO_2，NO_x 和异味。吸附分为物理吸附和化学吸附两种。

物理吸附使用吸附剂，吸附剂具有很大的比表面积。在吸附剂达到饱和后，采用水蒸气对其进行解吸再生，以便重复使用。活性炭是目前使用最广泛的吸附剂。活性炭对浓度在 100 mg/m^3 左右的 VOCs 有较好的净化效果；对氡具有很强的吸附能力，用 2.5 g 活性炭能够吸附氡 10 ～ 100 Bq。

化学吸附是在物理吸附材料表面浸泡活性化学物质以及分子筛，伴随吸附有害气体时发生化学反应以催化分解、中和有害气体。用分子筛和经过改性处理的活性炭进行吸附，因属于化学性吸附，因而吸附稳定不易脱附。化学吸附可以对工程内空气中不同特性的有害物质选择性吸附净化。化学吸附剂视工程内空气中有害气体的浓度确定更换周期，但不能解吸再生。

（3）光催化氧化法

光催化净化空气技术是指在光的照射下（如 365 nm 的紫外线），在催化剂的表面将地下工程内一些有害的有机物氧化为 CO_2 和水，从而消除其对环境的污染。

常用的光催化剂是 TiO_2，它利用光中的紫外线，将空气中一些有害气体及异味气体进行不可逆的彻底分解，转化为无臭、无害的无机物。另外，光催化剂在工作过程中，还可以对工程内空气中的细菌和病毒进行杀灭。

（4）低温等离子体法

低温等离子体法依赖于粒子的非弹性碰撞。低温等离子体内部富含电子、离子、自由基和激发态分子，其中的高能电子与气体分子（原子）发生非弹性碰撞，将能量转变成基态分子（原子）的内能，经历激发、离解和电离等一系列过程，使气体处于活化状态，促使某些有毒物质和难降解物质发生反应，转变为一些单原子分子和固体颗粒，从而达到净化环境的目的。常压下产生低温等离子体有电晕放电和介质阻挡放电两种方法，这两种方法各有其特点。

与其他污染治理方法相比，低温等离子体法具有高效率、低能耗的特点，因而在地下工程空气污染治理中具有巨大的应用潜力。

4. 空气净化器的性能

（1）洁净空气量

空气净化器的性能，用洁净空气量指标来表示时，按式（1－15）计算，有

$$\mathrm{CADR} = V(K_e - K_n) \qquad (1-15)$$

式中：CADR 为洁净空气量，m^3/min；V 为试验室容积，m^3；K_e 为总衰减常数，1/min；K_n 为自然衰减常数，1/min。

洁净空气量适用于评价采用任何已知原理制作的空气净化器，包括配置有送风机的和不配置送风机的空气净化器。不仅适用于评价空气净化器去除悬浮颗粒物的能力，也适用于评价去除其他空气污染物的能力。空气净化器可去除的每一种空气污染物都有一个相应的洁净

空气量数值。

(2) 净化效率

净化效率是指空气净化器在额定风量之下除去空气污染物的效率，是一项衡量工程内空气净化器质量的性能指标。

空气净化器的净化效率，采用洁净空气量与额定风量的比值表示，有

$$y = CADR/Q \tag{1-16}$$

式中：y 为净化效率，%；$CADR$ 为洁净空气量，m^3/min；Q 为额定风量，m^3/min。

思考题与习题

1. 如何表示空气的湿度？

2. 说明影响空气密度大小的主要因素。压力和温度相同的干空气与湿空气相比较，哪种空气密度大？为什么？

3. 已知空气压力为 101 325 Pa，温度为 20 ℃，水蒸气分压力为 1 600 Pa，试用公式求出空气的含湿量和相对湿度。

4. 向 1 000 kg 状态为 $t=24$ ℃，$\varphi_1=60\%$ 的空气中加入 2 500 kJ 的热量，并喷入 2 kg 温度为 20 ℃ 的水蒸气，试求空气的终状态？

5. 为什么向空气中喷入 100 ℃ 的水蒸气，如果不产生凝结水，则空气温度不会明显升高？

6. 状态为 $t_1=26$ ℃，$\varphi_1=60\%$ 和 $t_2=13$ ℃，$\varphi_2=95\%$ 两部分空气混合至具有 $t=20$ ℃ 的混合状态，试求这两部分空气的质量比。

7. 压力为 101 325 Pa、温度为 32 ℃、相对湿度为 50% 的 2 kg 湿空气，经处理后温度变为 22 ℃、相对湿度变为 85%。试求：(1) 状态变化过程的热湿比；(2) 空气处理过程中的热交换量和湿交换量。

8. 计算某风道中一条宽 0.3 m，长 200 m 的排水明沟的水蒸气蒸发量。已知水温为 30 ℃，空气温度为 20 ℃，空气的相对湿度为 75%，当地大气压为 103 896 Pa，风速为 3m/s。

9. 供人员呼吸及其他需要所消耗的氧气量可折算成每人 30 L/min。求每人所需的新鲜空气量为多少？

10. 由于地下工程中人员及其他作业产生的 CO_2 量为 5.52 m^3/min。求稀释 CO_2 到允许浓度所需风量。

第2章　地下工程热湿负荷计算

热湿负荷是为满足房间温湿度要求而需要处理的负荷，分为热负荷、冷负荷和湿负荷。热负荷是在单位时间内向房间供应的热量，而冷负荷是在单位时间内向房间供应的冷量；湿负荷是在单位时间内从房间除去的湿量，而加湿量是在单位时间内向房间供应的湿量。热湿负荷计算是暖通空调系统设计的基础。

地下工程热湿负荷计算要考虑围护结构热湿传递，工程内部热湿源的散热量和散湿量，以及工程外新风带进的热湿负荷。

围护结构传热计算，根据埋深分为深埋和浅埋两种类型。当地下工程覆盖层厚度大于6 m时为深埋，此时地表面温度年周期性变化，对围护结构传热的影响可以忽略不计；而浅埋工程则要考虑地表面温度年周期性变化的影响。本章重点阐述计算公式的物理意义，并举例说明使用方法。至于公式的推导过程，这里不作论述。

工程内热源散热包括人体、仪器、电器及照明设备散热等，其散热量是工程内通风空调系统冷负荷的重要组成部分。工程内湿源包括围护结构、人体、水槽等。

新风带进的热湿负荷与工程内外空气焓差、含湿量差以及新风量有关，冬、夏季室内外焓差比较大，新风热负荷、冷负荷就大；过渡季节室内外焓差比较小，新风热负荷、冷负荷就小；冬季新风含湿量小，通风将使工程湿负荷减小；夏季新风含湿量大，通风将使工程湿负荷增大。

2.1 室内外空气计算参数与地层温度

2.1.1 室内空气计算参数

室内空气计算参数确定，依赖于空调房间使用性质和功能要求。对于舒适性空调，影响人体热舒适性的主要参数包括室内空气温度、湿度、室内各表面温度和空气流动速度，以及人体着衣量和活动量。室内温湿度计算参数的确定应满足人体热舒适性要求，除此之外，还应根据地区、冷热源、经济条件和节能要求等因素进行综合考虑。对于工艺性空调，主要考虑工艺对空气温湿度的要求，包括温湿度基数和允许波动范围。

地下工程室内空气计算参数要考虑地下工程的使用特点，具体规定见表2-1和表2-2。设计时不宜取上限值作为计算取值。

表 2-1　平时室内空气温度和相对湿度

工程及房间类别	夏　季		冬　季	
	温度/℃	相对湿度/(%)	温度/℃	相对湿度/(%)
旅馆房间、会议室、办公室、多功能厅、图书阅览室、文娱室、商场、影剧院	≤28	≤75	≥16	≥30
舞厅	≤26	≤70	≥18	≥30
餐厅	≤28	≤80	≥16	≥30
手术室、急救室	22～28	50～60	20～24	30～60

表 2-2 战时清洁通风时室内空气温度和相对湿度

<table>
<tr><th colspan="3" rowspan="2">工程及房间类别</th><th colspan="2">夏　季</th><th colspan="2">冬　季</th></tr>
<tr><th>温度/℃</th><th>相对湿度/(%)</th><th>温度/℃</th><th>相对湿度/(%)</th></tr>
<tr><td colspan="3">专业队队员掩蔽部工程</td><td colspan="4">自然温度及相对湿度</td></tr>
<tr><td rowspan="3">柴油发电站</td><td rowspan="2">机房</td><td>人员直接操作</td><td>≤35</td><td>—</td><td>—</td><td>—</td></tr>
<tr><td>人员间接操作</td><td>≤40</td><td>—</td><td>—</td><td>—</td></tr>
<tr><td colspan="2">控制室</td><td>≤30</td><td>≤75</td><td>—</td><td>—</td></tr>
</table>

2.1.2 室外空气计算参数

《人民防空地下室设计规范》(GB 50038—2005) 关于室外空气计算参数的规定，与《民用建筑供暖通风与空气调节设计规范》(GB 50019—2012) 相一致。一般地下工程室外的空气计算参数应选用上述规范规定的数据。附录中摘录了一些主要城市的室外空气计算参数。

供暖室外计算温度，采用历年平均不保证 5 d 的日平均温度；冬季通风室外计算温度 t_{wd}，采用累年最冷月平均温度；冬季空调室外计算温度，采用历年平均不保证 1 d 的日平均温度；冬季空调室外计算相对湿度，采用累年最冷月平均相对湿度。

夏季空调室外计算干球温度，采用历年平均不保证 50 h 的干球温度；夏季空调室外计算湿球温度，采用历年平均不保证 50 h 的湿球温度；夏季通风室外计算温度 t_{wx}，采用历年最热月 14 时的月平均温度平均值；夏季通风室外计算相对湿度，采用历年最热月 14 时的月平均相对湿度平均值。夏季最热月的日平均温度 t_{wp}，采用夏季最热月的月平均温度。

室外年平均气温 $t_{wm}=\frac{1}{2}(t_{wp}+t_{wd})$。地下工程外空气温度年周期性变化示意图，如图 2-1 所示。

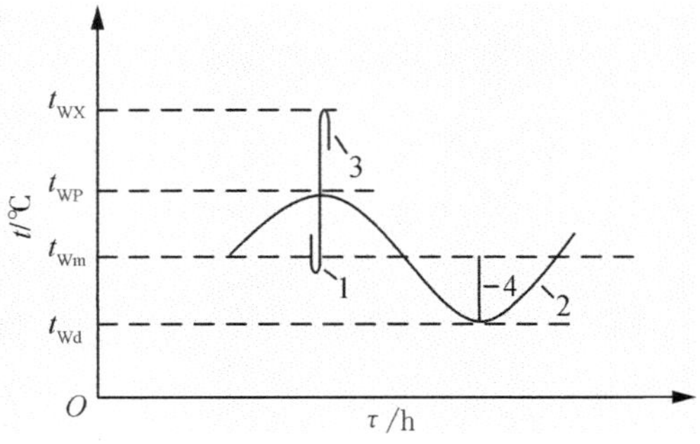

图 2-1　室外气温变化示意图

1— 温度日波动曲线；2— 温度年波动曲线；
3— 温度日波幅 $\theta_2=t_{wx}-t_{wp}$；
4— 温度年波幅 $\theta_1=(t_{wp}-t_{wd})/2$

2.1.3 地层温度

地温受地表面温度年周期性变化和日周期性变化的影响，发生周期性变化。由于地温日周期性波动小，所以工程上只考虑地表面温度年周期性变化对地温的影响。

地温 $t(y,\tau)$ 随地层深度 y 和时间 τ 的变化，按式(2－1)计算，有

$$t(y,\tau)=t_{\mathrm{o}}+\theta_{\mathrm{d}}e^{-\sqrt{\frac{\omega_1}{2a}}y}\cos\left(\omega_1\tau-\sqrt{\frac{\omega_1}{2a}}y\right) \tag{2－1}$$

式中：y 为从地面算起的地层深度，m；τ 为从地表面温度年周期波动波峰时刻算起的时间，h；$t(y,\tau)$ 为在 τ 时刻，地层深度 y 处的地温，℃；t_0 为地表面年平均温度，℃；θ_d 为地表面温度年周期波动的波幅，℃；a 为地层导温系数，m^2/s；ω_1 为地表面温度年周期波动的频率，1/s，$\omega_1=\frac{2\pi}{T}=1.99\times10^{-7}$；$T$ 为地表面温度年周期波动的周期，s，$T=365\times24\times3\,600=3.153\,6\times10^7$ s。

令 $\theta_{\mathrm{d}}=\theta_{\mathrm{d}}e^{-\sqrt{\frac{\omega_1}{2a}}y}$，则 $\theta_{\mathrm{d}}(y)$ 为地层深度 y 处的地温年周期波动波幅。$\theta_{\mathrm{d}}(y)$ 与 θ_{d} 之比为 $e^{-\sqrt{\frac{\omega_1}{2a}}y}$，即随着地层深度增加，地温变化幅值按自然指数规律减小。如果 $\theta_{\mathrm{d}}(y)$ 已确定，则地层深度可按式(2－2)计算，有

$$y=\left(\frac{2a}{\omega_1}\right)^{\frac{1}{2}}\ln\frac{\theta_{\mathrm{d}}}{\theta_{\mathrm{d}}(y)} \tag{2－2}$$

式(2－2)可以用来确定深埋地下工程与浅埋地下工程的界限。

2.2 围护结构传热计算

地下工程具有蓄热能力强，热稳定性好，温度变化幅度小和夏季潮湿等热特点。地下工程受进风温度、通风班制、通风量、生产班制、埋深、工程尺寸和几何形状等因素的影响，围护结构的传热过程是比较复杂的。

在热工计算中，一般是根据地下工程的几何尺寸，将建筑物简化成“当量圆柱体”和“当量球体”两类。所谓“当量圆柱体”，是指建筑物长宽比大于 2，而长宽比小于 2 的地下工程则视为“当量球体”。

地下工程围护结构在传热的同时，还伴随着传湿过程，但蒸汽渗透的存在对壁面温度的影响较小。因此，在围护结构传热计算中，湿传导对热传导的影响可以忽略不计(严重的地下水运动和裂隙水除外)。

围护结构表面散湿受工程内温湿度、气流速度及水文地质条件的影响是不稳定的。壁面作过防潮处理或作衬套的地下工程，壁面散湿量一般不大。但对于一般通风地下工程，夏季工程内潮湿的主要原因是由于通风带进湿源及壁面传热，使工程内空气温度偏低。

地下工程内表面一般都作衬砌，其导热系数 λ_b 和导温系数 a_b 与基岩(或土壤)的导热系数 λ 和导温系数 a 往往不同。在热工计算中，如果二者相差不大时，可取 λ 和 a；如果二者分别相差较大时，则应根据热作用周期长短来确定。对于计算年平均和年周期性波动传热时，热物理系数应取基岩(或土壤)数值；对于计算日周期性波动传热时，应取衬砌数值，即 λ_b 和 a_b；无衬砌时，取 λ 和 a。岩石和土壤的热物理性能见表 2－3。

表 2-3　岩石和土壤的热物理性能

序号	材料名称	密度 ρ kg/m³	导热系数 λ W/(m·℃)	比热容 C kJ/(kg·℃)	换热系数 α W/(m²·℃)	蒸汽渗透系数 $\mu \times 10^{11}$ kg/(m·s·Pa)	导温系数 a $\times 10^7$ m²/s	蓄热系数 S(24h) W/(m²·℃)
1	砂岩	2 250	1.84	837.36	—	—	9.92	31.40
2	密实硅质砂岩	2 360	2.01	962.96	—	—	7.92	37.22
3	砂岩、石英岩	2 400	2.04	921.10	18.3	0.005	9.17	34.89
4	石灰岩	2 250	1.28	837.36	—	—	6.81	25.59
5	石灰岩	2 478	0.98	887.60	—	—	4.61	24.42
6	石灰岩	2 000	1.16	921.10	12.44	0.008	6.30	24.42
7	石灰岩	1 700	0.93	921.10	10.23	0.01	5.94	19.77
8	介壳石灰岩	1 400	0.64	921.10	7.73	0.02	4.97	15.12
9	石灰质凝灰岩	1 300	0.52	921.10	6.75	0.02	4.36	12.79
10	阿尔蒂克凝灰岩	1 200	0.47	921.10	6.11	0.018	4.22	11.63
11	灰质页岩	1 760	0.84	1 004.8	—	—	4.61	20.93
12	大理岩、花岗岩	3 000	3.61	837.36	—	—	14.36	50.01
13	大理岩、花岗岩	2 800	3.49	921.10	25.47	0.005	13.53	50.01
14	大理岩、花岗岩	2 722	2.21	916.91	—	—	8.83	39.54
15	片麻岩	2 700	3.49	1 004.8	—	—	12.86	51.17
16	黄铁矿	4 660	4.19	895.98	—	—	10.0	69.78
17	黄铜矿	4 716	4.21	862.48	—	—	10.36	68.62
18	建筑物下的种植土	1 800	1.16	837.36	—	—	7.72	22.10
19	干砂填料	1 600	0.58	837.36	—	—	4.34	15.12
20	石灰土（43% 湿度）	1 670	1.98	2219.0	—	—	5.28	45.36
21	干石英砂	1 650	0.73	795.49	—	—	5.56	16.28
22	石英砂（8.3% 湿度）	1 730	1.63	1 004.8	—	—	9.17	27.91
23	砂质黏土（15% 湿度）	1 780	2.56	1 381.6	—	—	10.28	41.87

2.2.1 地下工程内空气温度

在一般通风(指进风不经人工处理)情况下,工程外温度近似按余弦规律变化的空气进入工程内,引起工程内的空气温度发生周期性变化。工程外空气温度日波幅 θ_2,在工程内将发生显著衰减,出现的时间也有所延迟。下面介绍在连续进排风情况下,分别对"当量圆柱体"(长宽比大于 2)和"当量球体"(长宽比小于等于 2)的工程进行室内空气温度日波动值 $\theta_{n2}(\tau)$ 计算。

1."当量圆柱体"地下工程

根据传热微分方程及其定解条件,得到深埋"当量圆柱体"工程内空气温度 $\theta_{n2}(\tau)$ 为

$$\theta_{n2}(\tau)=\frac{\theta_2}{v}\cos(\omega_2\tau-\beta) \tag{2-3}$$

$$v=\frac{A_2E_2+GC}{GC} \tag{2-4}$$

$$\beta=\arctan\frac{B_2E_2+\omega_2MC}{A_2E_2+GC} \tag{2-5}$$

式中:θ_2 为室外空气日周期性波动幅度,℃;v 为室外空气日周期性波动幅度 θ_2 在室内的衰减倍数;A_2,B_2 为日周期性波动传热计算参数,根据 $\xi=r_0\sqrt{\dfrac{\omega_2}{a_b}}$ 和 $\eta=\dfrac{\lambda_b}{\alpha}\sqrt{\dfrac{\omega_2}{a_b}}$ 值,分别如图2－2和图 2－3 所示;λ_b 和 a_b 分别为衬砌材料的导热系数和导温系数,W/(m·℃) 和 m^2/s;α 为围护结构内壁面换热系数,一般取 5.8 ～ 8.2 W/(m^2·℃);ω_2 为温度日周期性波动频率,1/s,$\omega_2=\dfrac{2\pi}{\tau_0}=\dfrac{2\pi}{24\times3\,600}=7.272\times10^{-5}$;$r_0$ 为工程当量半径,$r_0=\dfrac{P}{2\pi}$,P 为周长,m;E_2 为日周期性波动的传热计算参数,$E_2=2\pi\lambda_b l$,W/℃;l 为工程长度,m;β 为工程外气温日波幅出现的相位差,弧度;G 为通风量,kg/s;C 为空气比热容,J/(kg·℃);m 为工程内所容纳的空气质量,kg;τ 为室外空气温度日波幅 θ_2 出现时刻为计算起点的时刻,h。

当室内空气温度日波动达到峰值时,时间 $\tau=\tau_i=\dfrac{\beta}{\omega_2}$,此时波幅 θ_{n2} 的计算式为

$$\theta_{n2}=\frac{\theta_2}{v} \tag{2-6}$$

例 2－1　某深埋地下车间,长 l 为 100 m,宽 b 为 9 m,高 h 为 7 m,车间内表面积 F 为 3 200 m^2,体积 6 300 m^3。建筑物周围为岩石,导热系数 λ 为 2.6 kcal/(m·h·℃)*,导温系数 a 为 0.004 5 m^2/h。围护结构为400 mm厚的钢筋混凝土衬砌,其导热系数 λ_b 为 1.3 kcal/(m·h·℃),导温系数 a_b 为 0.003 m^2/h,进风温度日波幅为5℃。通风量 G 为 4.8×10^4 kg/h,换热系数 α 为 7 kcal/(m^2·h·℃)。根据上述条件,在均匀进排风情况下,计算车间空气温度日周期性波动波幅 θ_{r2}(进风空气未经处理)。

解　因 $l/b=100/9>2$,所以该车间可视为"当量圆柱体"地下工程。当量半径 r_0 为

$$r_0=\frac{P}{2\pi}=\frac{2(9+7)}{2\pi}=5.09(\text{m})$$

* 1 kcal = 4.1868 kJ.

在日周期性波动传热计算中，应由衬砌材料的热物性参数 λ_b 和 a_b，计算参数 A_2，B_2 和 E_2 值。因为

$$\xi = r_0 \sqrt{\frac{\omega_3}{a_b}} = 5.09\sqrt{\frac{0.262}{0.003}} = 47.57$$

$$\eta = \frac{\lambda_b}{a}\sqrt{\frac{\omega_b}{a_b}} = \frac{1.3}{7}\sqrt{\frac{0.262}{0.003}} = 1.75$$

根据 $\xi = 47.57$ 和 $\eta = 1.75$，分别如图 2-2 和图 2-3 所示，得 $A_2 = 18$，$B_2 = 5$。

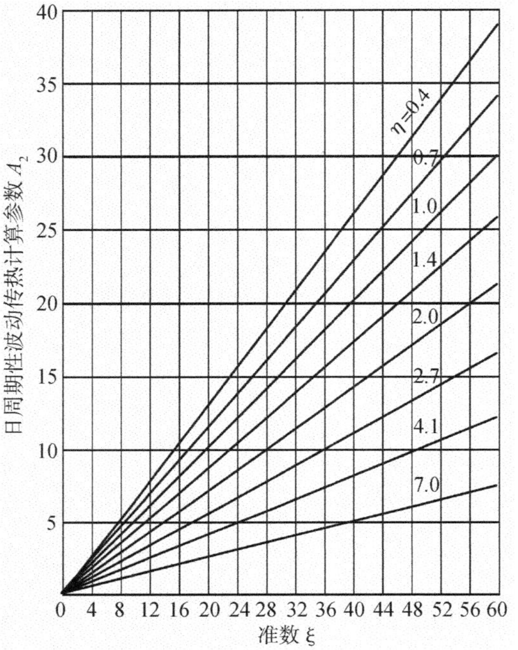

图 2-2　参数 A_2 与准数 ξ 和 η 的关系

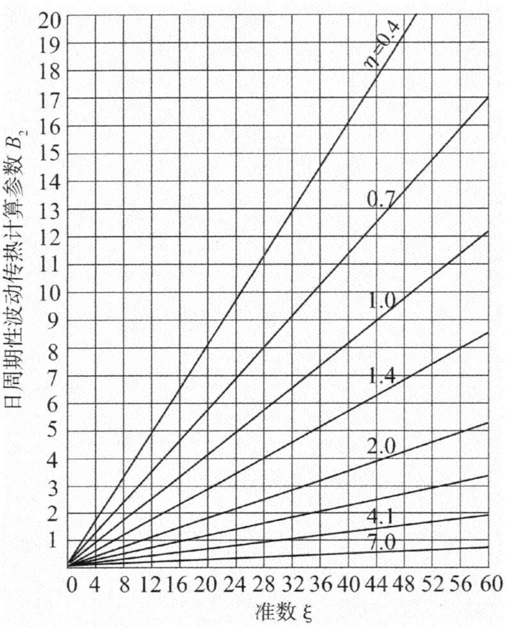

图 2-3　参数 B_2 与准数 ξ 和 η 的关系

$E_2 = 2\pi\lambda_b l = 2 \times 3.1416 \times 1.3 \times 100 = 0.0817 \times 10^4$ (kcal/(h·℃))

$GC = 4.8 \times 10^4 \times 0.24 = 1.152 \times 10^4$ (kcal/(h·℃))

$G'C = \pi r_0^2 C = 3.1416 \times 5.09^2 \times 100 \times 1.2 \times 0.24 = 0.2344 \times 10^4$ (kcal/(h·℃))

根据式(2－4)和(2－5)，分别计算 υ 和 β 值：

$$\upsilon = \frac{A_2 E_2 + GC}{GC} = \frac{(18 \times 0.0817 + 1.152) \times 10^4}{1.152 \times 10^4} = 2.277$$

$$\beta = \arctan\frac{B_2 E_2 + \omega_2 G'C}{A_2 E_2 + GC} = \arctan\frac{(5 \times 0.0817 + 0.262 \times 0.2344) \times 10^4}{(18 \times 0.817 + 1.152) \times 10^4} =$$

0.1774(弧度)

工程内空气温度日周期性波动波幅 Q_{n2} 和延迟时间 τ_h 分别为

$$\theta_{n2} = \frac{\theta_2}{\upsilon} = \frac{5}{2.277} = 2.2(℃)$$

$$\tau_h = \frac{\beta}{\omega_2} = \frac{0.1774}{0.262} = 0.677(h) = 41\ \text{min}$$

计算结果表明，工程外空气进入工程内，温度日波幅由 5 ℃ 衰减为 2.8 ℃，而工程内空气

温度日波动波峰出现的时间，则延迟了 41 min。

2."当量球体"地下工程

对于当量球体的地下工程来说，室内空气温度日波幅出现的时间延迟很短，即 β 值很小，近似认为地下工程室内外空气温度日波幅同时出现。但空气温度日波动幅值 θ_{n2} 有所衰减，即

$$\theta_{n2}(\tau) \approx \frac{\theta_2}{\upsilon}\cos\omega_2\tau \tag{2-7}$$

$$\tau = \frac{GC + 4\pi\alpha r_0^2 f(\xi, B_i)}{GC} \tag{2-8}$$

$$f(\xi, B_i) = 1 - \frac{B_i(1 + B_i + 0.707\xi)}{(1 + B_i + 0.707\xi)^2 + 0.5\xi} \tag{2-9}$$

式中：r_0 为当量球体工程当量半径，$r_0 = 0.62\sqrt[3]{V}$，m；V 为工程容积，m^3；B_i 为比欧准数，$B_i = \alpha r_0/\lambda$。

当时间 $\tau = 0$ 时，由式(2－7)可得工程内空气温度日波幅 θ_{n2} 计算式为

$$\theta_{n2} = \frac{\theta_2}{\upsilon} \tag{2-10}$$

当工程内发热量不变时，室外气温日波幅在室内衰减的程度，与很多因素有关，但主要取决于风量的大小。风量越大，衰减越小，反之衰减越大，而与室内的发热量无关。

2.2.2 预热期负荷的确定

地下工程竣工后，由于围护结构内部存在着大量的施工余水，工程内温度较低、湿度大，不宜立即投入使用。需要经过一段时间预热，提高围护结构温度，并配合适当通风，带走围护结构散发到工程内的水分，使工程内空气温湿度达到使用要求。

预热负荷的大小主要取决于预热期的长短和预热温度。预热负荷的确定，应与平时使用的加热负荷结合起来考虑。如果预热负荷大于平时使用负荷，预热时可增加临时性加热设备。为了获得一定的加热深度，预热期不宜太短，一般为 1 ～ 3 个月。

预热有两种方式，一种是恒热预热，另一种是非恒热预热。恒热预热适用于干燥而室温偏低的工程，非恒热预热(通风预热)适用于潮湿工程。

1. 恒热预热

恒热预热过程，壁面热流强度和壁面温度分别由下式计算，即

$$q = k(t(\tau) - t_0) \tag{2-11}$$

$$t(r_0, \tau) = t_0 + \left(\frac{1}{k} - \frac{1}{\alpha}\right)q \tag{2-12}$$

式中：q 为恒热预热壁面热流强度，W/m^2；k 为壁面传热系数，$W/(m^2 \cdot ℃)$；$t(\tau)$ 为工程内空气温度，℃；t_0 为年平均地温(岩石初始温度)，℃；$t(r_0, \tau)$ 为壁面温度，℃；α 为内壁面换热系数，一般取 5.8 ～ 8.2 $W/(m^2 \cdot ℃)$。

从式(2－11)和式(2－12)可知，地下工程内空气温度与壁面温度之差 $t(\tau) - t(r_0, \tau)$ 为常数 $\frac{q}{\alpha}$。k 值视情况而定。

(1) 若衬砌材料热物理系数 λ_b 和 a_b 与基岩的热物理系数 λ 和 a 相差不大，则 k 值为

$$k=\frac{1}{\frac{1}{\alpha}+\frac{1.13\sqrt{a\tau}}{\beta\lambda}}=\frac{1}{\frac{1}{\alpha}+\frac{1.13r_0\sqrt{Fo}}{\beta\lambda}} \tag{2-13}$$

式中：Fo 为傅里叶准数，$Fo=\frac{a\tau}{r_0^2}$；τ 为预热时间，h；β_b 为建筑物形状系数，平壁 $\beta=1$，当量圆柱体 $\beta=1+0.38\sqrt{Fo}$，当量球体 $\beta=1+\sqrt{Fo}$。

(2) 若衬砌材料的热物理系数 λ_b 和 a_b 与基岩(或土壤)的热物理系数 λ 和 a 相差较大，则系数 k 分两种情况来考虑：

1) 当加热计算深度 $\delta(\delta=1.13\sqrt{a_b\tau})$ 小于或等于衬砌厚度 δ_b 时，k 值仍按式(2－14)计算。不过式中的热物理系数应取 λ_b 和 a_b 值。

2) 当 $\delta>\delta_b$ 时，系数 k 值应按下式近似计算，有

$$k=\frac{1}{\frac{1}{\alpha}+\frac{\delta_b}{\beta_b\lambda_b}+\frac{1.13r_0\sqrt{Fo_b}}{\beta\lambda}\left(1-\frac{\delta_b}{1.13r_0\sqrt{Fo_b}}\right)} \tag{2-14}$$

式中：δ_b 为衬砌厚度，m；Fo_b 为傅里叶数，$Fo_b=\frac{\alpha_b\tau}{r_0^2}$；其余符号含义同前。

例 2－2 某深埋地下车间，长 $l=190$ m，宽 $b=12$ m，高 $h=4$ m，建筑物周围为岩石，导热系数 $\lambda=3.49$ W/(m·℃)，导温系数 $a=1.353\times10^{-6}$ m²/s。围护结构钢筋混凝土衬砌厚度 $\delta_b=0.4$ m，导热系数 $\lambda_b=1.151$ W/(m·℃)，导温系数 $a_b=8.333\times10^{-7}$ m²/s。恒温预热两个月，将地下工程内空气温度预热到 22 ℃，年平均地温 $t_0=14$ ℃，内壁面换热系数 $\alpha=8.0$ W/(m²·℃)，求预热负荷 Q、壁面温度 $t(r_0,\tau)$ 及加热深度 δ。

解 因 $l/b=190/12>2$，该工程可视为当量圆柱体，其当量半径 r_0 为

$$r_0=\frac{P}{2\pi}=\frac{2\times(12+4)}{2\times3.1416}=5.093(m)$$

预热两个月后的热作用深度 δ 为

$$\delta=1.13\sqrt{a_b\tau}=1.13\times\sqrt{8.333\times10^{-7}\times720\times2\times3600}=2.078(\text{m})$$

因为 $\delta>\delta_b$，所以系数 k 值按式(2－12)计算，得

$$\sqrt{Fo}=\sqrt{\frac{a\tau}{r_0^2}}=\sqrt{\frac{1.353\times10^{-6}\times720\times2\times3600}{5.093^2}}=0.52$$

$$\sqrt{Fo_b}=\sqrt{\frac{a_b\tau}{r_0^2}}=\sqrt{\frac{0.8333\times10^{-6}\times720\times2\times3600}{5.093^2}}=0.4081$$

$$\beta=1+0.38\sqrt{Fo}=1+0.38\times0.52=1.1976$$

$$\beta_b=1+0.38\sqrt{Fo_b}=1+0.38\times0.4081=1.1551$$

$$k=\frac{1}{\frac{1}{\alpha}+\frac{\delta_b}{\beta_b\lambda_b}+\frac{1.13r_0\sqrt{Fo}}{\beta\lambda}\left(1-\frac{\delta_b}{1.13r_0\sqrt{Fo_b}}\right)}=$$

$$\frac{1}{\frac{1}{8}+\frac{0.4}{1.1551\times1.51}+\frac{1.13\times5.093\times0.52}{1.1976\times3.49}\left(1-\frac{0.4}{1.13\times5.093\times0.4081}\right)}=1.0544$$

$$t(r_0,\tau)=t(\tau)-\frac{q}{\alpha}=22.0-\frac{1.054\ 4\times(22-14)}{8}=20.95$$

加热深度 δ 为

$$\delta=1.13\sqrt{a\tau}\left(1-\frac{\delta_b}{1.13\sqrt{a_b\tau}}\right)+\delta_b=1.13\sqrt{1.353\times10^{-6}\times720\times2\times3\ 600}\times$$

$$\left(1-\frac{0.4}{1.13\times\sqrt{8.333\times10^{-7}\times720\times2\times3\ 600}}\right)+0.4=2.88\ \text{m}$$

预热负荷 Q 为

$$Q=qF=k(t(\tau)-t_0)F=1.054\ 4\times(22-14)\times6\ 080=51\ 286(\text{W})=51.286\ \text{kW}$$

如果不考虑衬砌的影响，那么系数 k 值为

$$k=\frac{1}{\dfrac{1}{\alpha}+\dfrac{1.13r_0\sqrt{Fo}}{\beta\lambda}}=\frac{1}{\dfrac{1}{8}+\dfrac{1.13\times5.093\times0.52}{1.197\ 6\times3.49}}=1.189\quad \text{W/(m}^2\cdot℃)$$

预热负荷 Q' 为

$$Q'=qF=k'(t(\tau)-t_0)F=1.189\times(22-14)\times6\ 080=57\ 833(\text{W})=57.833\ \text{kW}$$

则
$$\frac{Q'-Q}{Q}\times100\%=\frac{57.833-51.286}{51.286}\times100\%=12.8\%$$

计算结果表明：如果忽略衬砌材料热物理系数对传热的影响，预热负荷比考虑衬砌材料影响时增大 12.8%。

2. 非恒热预热

一般通风情况下的预热过程为非恒热预热。工程内的空气温度受进风温度周期性变化的影响，发生周期性变化。由于预热期相对不长，因此，进风温度年变化对工程内空气温度的影响可以忽略不计，只考虑进风温度日变化的影响。

设进风日平均温度为 t'_{wp}(℃)，温度日波幅为 θ_2(℃)，通风量为 G(kg/h)，空气比热容为 C(kJ/(kg·℃))，换热系数为 α(W/(m^2·℃))，预热负荷为 Q(kW)，工程内表面积为 F(m^2)，年平均地温为 t_0(℃)。在连续均匀送排风情况下顶热，当量圆柱体地下工程内，白天空气最高温度和晚上空气最低温度按下式计算，有

$$t(\tau)=t'_{wp}+\theta_{n2} \tag{2-15}$$

$$t'_{np}=\left(t'_{wp}+\frac{Q}{GC}\right)\frac{f(Fo,B'_i)+H}{H}+\frac{(1-f(Fo,B'_i))t_0}{1+H} \tag{2-16}$$

式中：$t(\tau)$ 为通风预热过程中工程内空气温度，℃；t'_{np}为通风预热过程中，工程内空气日平均温度，℃；H 为无因次参数，$H=\dfrac{GC}{\alpha F}$；B'_i 为准则数，$B'_i=\dfrac{HB_i}{1+H}$；θ_{n2} 为工程内空气温度日波幅，℃，按式(2－3) 计算；$f(Fo,B'_i)$ 为参数，根据准数 Fo 和 B'_i 查表 2-4。

由于预热时间不长，因此，上面介绍的预热计算方法，也可以用来估算浅埋地下工程的预热负荷。

从式(2－16) 可以看出，通风预热过程地下工程内空气温升速度，不仅取决于通风量和预热负荷的大小，而且也取决于进风日平均温度的 t'_{wp}高低，故夏季通风预热比冬季有利。

2.2.3 围护结构传热量计算

地下工程内空气温度与围护结构温度存在差异时，就会发生热量传递。地下工程围护结构的温度比较恒定，通常夏季低于工程内要求的温度，热量由空气传给壁面，围护结构的散热量为负值。而地面工程夏季由于壁面温度高于室内温度，所以热量由壁面传给空气，围护结构的散热量为正值，因此，地下工程夏季总的冷负荷比地面工程小。与此相反，地下工程冬季围护结构温度高于地面工程，因此，其总的热负荷也比地面工程小。

深埋地下工程围护结构的传热主要受工程内空气温度变化的影响，而浅埋地下工程围护结构的传热，除了受工程内温度变化的影响外，还受地表面温度年周期性变化的影响，传热过程较为复杂。下面分别介绍深埋和浅埋地下工程壁面传热量的计算方法。

1. 深埋地下工程壁面传热量

(1) 恒温地下工程

恒温地下工程是指工程内的空气温度恒定不变的地下工程。恒温过程中，围护结构传热量 Q_1 和壁面温度 $t(r_0,\tau)$，分别由下式计算，即

$$Q_1 = \alpha mF(t_{nc} - t_0)(1 - f(Fo,B_i)) \tag{2-17}$$

$$t(r_0,\tau) = (t_0 + (t_{nc} - t_0)f(Fo,B_i))m + (1 - m)t_{nc} \tag{2-18}$$

式中：α 为壁面换热系数，一般取 5.8 ～ 8.2 W/(m² · ℃)；m 为壁面传热修正系数，对于衬砌结构 $m = 1$，对于离壁式衬砌结构或衬套式结构，当地下工程周围为岩石时 $m = 0.72$，为土壤时 $m = 0.86$；F 为传热壁面面积，m²；t_{nc} 为室内空气恒定温度，℃；t_0 为地面年平均温度，℃；$f(Fo,B_i)$ 为壁面恒温传热计算参数，根据准数 $Fo = \dfrac{a\tau}{r_0^2}$ 和 $B_i = \dfrac{\alpha r_0}{\lambda}$ 查表 2-4 或表 2-5 确定；r_0 为工程当量半径，m；对于当量圆柱体，$r_0 = \dfrac{P}{2\pi}$，P 为工程横截面周长，m；对于当量球体，$r_0 = 0.62\sqrt[3]{V}$，V 为地下工程容积，m³；λ 为导热系数，W/(m² · ℃)；τ 为预热时间，h。

恒温传热计算参数 $f(Fo,B_i)$ 随着时间的增加而增大，并逐步趋于稳定。形成稳定的时间约为 3 ～ 5 年。为了不使设计的恒温负荷过大或过小，参数 $f(Fo,B_i)$ 值选取的时间可为 2 年。

恒温地下工程在投入使用之前，一般要经过一段时间预热，使室温达到使用温度之后再恒温。预热期对恒温初期传热量有较大的影响，随着恒温时间的增长，影响愈来愈小。计算恒温初期壁面传热量时，应考虑预热期的影响。为了便于工程设计计算，一般采用近似方法将预热时间转换为当量恒温时间。转换方法为：首先由预热时间，求出传热系数 K；然后计算出恒温传热计算参数 $f(Fo,B_i)$，有

$$f(Fo,B_i) = 1 - \frac{K}{\alpha} \tag{2-19}$$

再根据 $f(Fo,B_i)$ 和准数 B_i，查表 2-4 或表 2-5 得准数 Fo；最后由式(2-20) 得到转换后的当量恒温时间为

$$\tau = \frac{For_0^2}{a} \tag{2-20}$$

表 2－4　“当量圆柱体”地下工程壁面传热计算参数 $f(Fo,B_i)$

$f(Fo,B_i)$ Fo \ B_i	2.0	2.5	3.0	3.5	4.0	5.0	6.0
0.1	0.417 8	0.469 7	0.550 0	0.590 6	0.626 7	0.690 0	0.723 3
0.2	0.517 9	0.575 0	0.623 3	0.662 7	0.690 0	0.747 2	0.775 6
0.3	0.562 5	0.616 7	0.660 0	0.693 3	0.725 0	0.771 9	0.800 0
0.5	0.608 7	0.663 3	0.700 0	0.732 1	0.759 6	0.800 0	0.833 3
0.7	0.636 7	0.693 3	0.725 0	0.756 4	0.781 3	0.819 2	0.846 2
1.0	0.666 7	0.714 3	0.746 4	0.775 6	0.796 4	0.836 8	0.860 8
2.0	0.717 9	0.766 0	0.787 2	0.813 2	0.833 1	0.865 6	0.883 1
5.0	0.766 7	0.800 0	0.827 5	0.847 9	0.863 8	0.892 5	0.904 6
6.0	0.775 6	0.808 6	0.835 7	0.854 4	0.868 8	0.896 3	0.910 0
8.0	0.787 2	0.817 9	0.843 6	0.861 9	0.875 6	0.901 9	0.914 1
10	0.796 2	0.828 6	0.853 8	0.868 8	0.881 3	0.907 1	0.919 2
20	0.817 9	0.846 4	0.871 9	0.876 9	0.882 5	0.919 2	0.932 1
30	0.831 7	0.857 5	0.875 0	0.890 6	0.902 6	0.924 4	0.937 0
40	0.839 2	0.863 1	0.883 1	0.896 3	0.907 7	0.926 9	0.940 5
60	0.846 5	0.871 3	0.889 4	0.903 2	0.913 5	0.931 4	0.942 3
80	0.852 8	0.875 0	0.891 9	0.906 4	0.916 0	0.933 3	0.945 5
100	0.856 4	0.878 8	0.893 8	0.908 3	0.918 5	0.935 3	0.947 4

续表

$f(Fo,B_i)$ Fo \ B_i	8.0	10	13	18	24	32
0.1	0.784 4	0.826 9	0.865 9	0.899 7	0.871 4	0.942 9
0.2	0.830 8	0.861 8	0.888 8	0.914 2	0.935 7	0.956 7
0.3	0.853 1	0.876 5	0.900 0	0.925 0	0.942 9	0.963 3
0.5	0.870 8	0.891 1	0.914 4	0.936 3	0.954 7	0.970 0
0.7	0.881 9	0.900 0	0.920 8	0.941 0	0.958 3	0.972 2
1.0	0.891 0	0.909 7	0.929 2	0.946 5	0.964 6	0.977 8
2.0	0.912 0	0.927 3	0.940 7	0.957 6	0.971 5	0.984 0
5.0	0.930 9	0.943 6	0.952 1	0.963 9	0.977 8	0.985 4
6.0	0.933 3	0.945 3	0.954 8	0.966 4	0.978 1	0.986 3
8.0	0.938 5	0.950 0	0.957 5	0.969 9	0.978 8	0.987 0
10	0.939 7	0.951 4	0.958 6	0.970 7	0.980 0	0.989 3
20	0.948 1	0.959 3	0.966 4	0.975 7	0.984 3	0.990 7
30	0.951 4	0.963 6	0.970 7	0.978 5	0.987 5	0.992 1
40	0.952 9	0.965 0	0.972 1	0.978 8	0.988 0	0.992 9
60	0.954 3	0.966 4	0.975 7	0.981 4	0.988 8	0.993 6
80	0.955 7	0.968 6	0.978 6	0.984 3	0.992 1	0.994 3
100	0.965 4	0.970 7	0.981 4	0.985 0	0.992 9	0.995 0

表 2－5　“当量球体”地下工程壁面传热计算参数 $f(Fo, B_i)$

$f(Fo,B_i)$ B_i / Fo	4.0	5.0	6.0	7.0	8.0	10
0.1	0.553 3	0.611 0	0.656 9	0.690 6	0.725 0	0.772 1
0.2	0.623 4	0.664 4	0.711 4	0.741 4	0.769 3	0.801 9
0.3	0.640 9	0.690 9	0.737 8	0.766 4	0.791 4	0.825 6
0.5	0.671 9	0.725 0	0.765 0	0.798 6	0.813 4	0.842 7
0.8	0.692 5	0.744 3	0.785 7	0.809 1	0.830 5	0.857 5
1.0	0.704 3	0.757 1	0.796 4	0.822 9	0.837 2	0.863 1
2.0	0.730 0	0.787 1	0.811 9	0.831 1	0.850 6	0.876 9
3.0	0.743 5	0.792 4	0.818 9	0.839 4	0.856 9	0.882 5
4.0	0.750 4	0.796 4	0.824 3	0.842 7	0.861 3	0.886 9
6.0	0.760 7	0.804 3	0.830 5	0.849 7	0.865 6	0.890 0
8.0	0.767 9	0.807 9	0.836 0	0.852 5	0.868 8	0.893 1
10	0.780 7	0.812 2	0.838 4	0.856 3	0.869 4	0.893 8
20	0.785 7	0.819 5	0.843 9	0.861 9	0.875 0	0.896 3
30	0.792 1	0.824 4	0.847 6	0.865 0	0.876 9	0.898 1
40	0.794 2	0.825 6	0.848 8	0.866 3	0.880 0	0.898 6
50	0.796 4	0.828 0	0.949 7	0.867 5	0.881 3	0.899 1
80	0.793 8	0.831 1	0.850 3	0.868 1	0.881 9	0.899 4
100	0.800 6	0.833 5	0.850 6	0.868 8	0.882 5	0.899 7

续表

$f(Fo,B_i)$ B_i / Fo	13	17	24	32	45	60
0.1	0.818 3	0.857 5	0.890 6	0.951 0	0.938 1	0.953 9
0.2	0.847 6	0.881 3	0.908 8	0.931 3	0.951 9	0.963 6
0.3	0.862 2	0.891 9	0.918 8	0.938 1	0.957 8	0.969 5
0.5	0.875 6	0.903 1	0.928 1	0.946 2	0.963 4	0.974 0
0.8	0.885 6	0.911 3	0.934 4	0.506	0.965 6	0.976 0
1.0	0.890 6	0.913 7	0.937 8	0.954 5	0.675	0.977 2
2.0	0.899 7	0.923 1	0.943 7	0.956 5	0.969 5	0.979 2
3.0	0.905 6	0.925 6	0.946 3	0.961 0	0.970 8	0.981 1
4.0	0.907 5	0.928 8	0.949 7	0.962 3	0.972 0	0.981 8
6.0	0.912 5	0.931 3	0.950 0	0.963 0	0.972 7	0.982 5
8.0	0.913 1	0.931 9	0.950 6	0.963 6	0.973 4	0.982 7
10	0.914 4	0.932 5	0.951 3	0.964 0	0.973 7	0.983 0
20	0.918 4	0.935 0	0.954 5	0.965 6	0.974 7	0.983 2
30	0.919 1	0.935 9	0.955 2	0.662	0.975 3	0.983 4
40	0.919 4	0.936 3	0.955 8	0.966 6	0.756	0.983 8
50	0.920 0	0.936 9	0.956 5	0.966 9	0.976 0	0.984 0
80	0.921 3	0.937 5	0.956 8	0.967 3	0.976 3	0.984 4
100	0.922 5	0.939 4	0.957 1	0.967 6	0.976 6	0.984 7

例 2－3　某深埋地下车间，长 $l=190$ m，宽 $b=12$ m，高 $h=4$ m，建筑物周围为岩石，导热系数 $\lambda=3.49$ W/(m·℃)，导温系数 $a=1.353\times10^{-6}$ m^2/s。围护结构钢筋混凝土衬砌厚度 $\delta_b=0.4$ m，导热系数 $\lambda_b=1.151$ W/(m·℃)，导温系数 $a_b=8.333\times10^{-7}$ m^2/s。恒温前预热两个月，将地下工程内空气温度预热到 22℃ 后再恒温。当地年平均地面温度 $t_0=14$ ℃，壁面换热系数 $\alpha=8$ W/(m·℃)，求恒温过程壁面热流强度 q_1 和传热量 Q_1 及壁面温度 $t(r_0,\tau)$。

解　根据[例 2－2]计算结果，当量半径 $r_0=5.093$ m，预热两个月时，壁面的传热系数 $K=1.0544$ W/(m·℃)，则壁面热流强度和传热量为

$$q_1=K(t_{nc}-t_0)=1.054\,4\times(22-14)=8.435\ \text{W/m}^2$$

$$Q_1=q_1F=8.435\times6\,080=51\,825(\text{W})=51.285\ \text{kW}$$

由式(2－19)，得

$$f(Fo,B_i)=1-\frac{K}{\alpha}=1-\frac{1.054\,4}{8}=0.8682$$

$$B_i=\frac{\alpha r_0}{\lambda}=\frac{8\times5.093}{3.49}=11.67$$

根据 $f(Fo,B_i)=0.868\,2$ 和 $B_i=11.67$，查表 2-4 得傅里叶准数 $Fo=0.19$，则预热两个月的时间相当于恒温时间为

$$\tau=\frac{For_0{}^2}{a}=\frac{0.19\times5.093^2}{1.353\times10^{-6}\times3\,600}=1\,011.8(\text{h})=1.41\ \text{m}$$

恒温过程的壁面热流强度 q_1、传热量 Q_1 及壁面温度 $t(r_0,\tau)$ 随时间 τ 的变化，可联立式(2－11)、式(2－14)、式(2－15) 和式(2－16) 求解得到，计算结果见表 2-6。

恒温过程壁面热流强度 q_1，在第一年内变化比较大，随着恒温时间的增长逐步减小，并趋于稳定。

表 2-6　恒温过程 q_1，Q_1 和 $t(r_0,\tau)$ 随时间 τ 的变化

时间 τ	2 个月	3 个月	6 个月	1 年	2 年	5 年	10 年
Fo	0.190	0.406	0.811	1.622	3.245	8.112	32.45
$f(Fo,B_i)$	0.868 2	0.896	0.917	0.933	0.945	0.956	0.966
q/(W/(m^2))	8.435	6.656	5.317	4.295	3.532	2.824	2.190
Q/kW	51.29	40.47	32.33	26.12	21.48	17.17	13.32
$t(r_0,\tau)$/℃	20.95	21.17	21.34	21.46	21.56	21.65	21.73

注：表中的恒温时间已包括预热时间当量转换为恒温的时间。

(2) 非恒温地下工程

非恒温地下工程是指一般通风地下工程，进风不经人工处理。其围护结构传热量受进风温度年周期性变化的影响，而发生年周期性变化。非恒温深埋工程壁面传热量 $Q(\tau)$ 为

$$Q(\tau)=Q_1(\tau)+Q_2(\tau)\tag{2-21}$$

式中：$Q_1(\tau)$ 为壁面恒温传热量，由式(2－17) 计算；$Q_2(\tau)$ 为壁面年波动传热量，则有

$$Q_2(\tau)=\frac{\theta_{n1}\lambda m}{r_0}Ff(\xi,\eta)\cos(\omega_1\tau+\beta(\xi,\eta))\tag{2-22}$$

式中：θ_{n1} 为工程内空气温度年周期性波动幅度，℃；$f(\xi,\eta)$、$\beta(\xi,\eta)$ 分别为壁面年周期性波动传热

计算参数和壁面热流超前角度，根据准数 $\xi = r_0\sqrt{\frac{\omega_1}{a}}$，$\eta = \frac{\lambda}{\alpha}\sqrt{\frac{\omega_1}{a}}$ 值，查表 2－7～表 2－10；ω_1 为温度年周期性波动频率，$1/s$，$\omega_1 = \frac{2\pi}{T} = \frac{2\pi}{8\ 760} = 7.17 \times 10^{-4}$。其余符号意义同前。

当时间 $\tau = \tau_1 = -\frac{\beta(\xi,\eta)}{\omega_1}$ 时，由式(2－22)得到的壁面传热量年波幅 $Q_2(\tau)$，即为壁面传热量年波动最大值，有

$$Q_2 = \pm \frac{\theta_{n1}\lambda m f(\xi,\eta)}{r_0}F \qquad (2-23)$$

表 2－7 "当量圆柱体"地下工程年周期性传热计算参数 $f(\xi,\eta)$

$f(\xi,\eta)$ η \ ξ	0.5	1.0	1.5	2.0	2.5	3.0	3.5	4.0
0.02	0.83	1.32	1.81	2.30	2.78	3.27	3.76	4.25
0.08	0.78	1.25	1.72	2.19	2.66	3.13	3.60	4.07
0.14	0.71	1.16	1.62	2.07	2.52	2.97	3.43	3.88
0.20	0.65	1.09	1.53	1.97	2.42	2.88	3.30	3.74
0.28	0.60	1.01	1.43	1.84	2.25	2.66	3.07	3.49
0.36	0.55	0.94	1.34	1.73	2.12	2.51	2.91	3.30

表 2－8 "当量圆柱体"地下工程年周期性传热超前角度 $\beta(\xi,\eta)$

$f(\xi,\eta)$ η \ ξ	0.5	1.0	1.5	2.0	2.5	3.0	3.5	4.0
0.02	27.33	32.00	34.89	36.67	37.80	38.60	39.20	39.78
0.08	24.89	29.87	32.60	34.33	35.56	36.40	37.00	37.56
0.14	23.00	27.78	30.60	32.40	33.60	34.44	35.27	35.47
0.20	21.67	26.01	28.67	30.60	31.69	32.53	33.11	33.56
0.28	19.67	24.02	26.78	28.44	29.56	30.40	31.00	31.44
0.36	17.50	22.40	24.89	26.53	27.40	28.44	29.00	29.36

表 2－9 "当量球体"地下工程年周期性传热计算参数 $f(\xi,\eta)$

$f(\xi,\eta)$ η \ ξ	1	2	3	4	5	6	7	8	9
0.02	1.76	2.73	3.70	4.68	5.65	6.62	7.60	8.57	9.54
0.08	1.63	2.56	3.50	4.43	5.37	6.30	7.23	8.17	9.10
0.14	1.50	2.40	3.30	4.20	5.10	6.00	6.89	7.78	8.68
0.20	1.33	2.18	3.03	3.88	4.73	5.58	6.43	7.28	8.13
0.28	1.25	2.06	2.87	3.68	4.49	5.30	6.11	6.92	7.73
0.36	1.10	1.88	2.67	3.45	4.23	5.01	5.80	6.58	7.36

表 2－10 “当量球体”地下工程年周期性传热超前角度 $\beta(\xi,\eta)$

$f(\xi,\eta)$ \ ξ / η	1	2	3	4	5	6	7	8
0.02	23.25	33.15	38.15	41.60	44.00	45.50	47.00	47.60
0.08	21.00	30.75	36.00	39.50	41.60	43.50	44.75	45.50
0.14	19.58	29.50	34.50	37.50	39.50	41.25	43.00	43.75
0.20	18.17	27.40	32.50	35.50	37.70	39.10	40.40	41.25
0.28	16.00	25.50	30.50	33.50	35.75	37.10	38.00	38.80
0.36	15.88	23.65	28.50	31.60	33.50	35.25	36.00	36.90

壁面热流出现最大值的时间，比工程内空气温度出现最大值的时间超前 t_i 小时，Q_2 当工程内空气日平均温度达到最大值(或最低值) 时，壁面年波动传热量 Q_2 为(这时 Q_2 不是最大值)

$$Q_2(\tau)=\pm\frac{\theta_{n1}A_1\lambda m}{r_0}F \tag{2—24}$$

式中：A_1 为壁面年周期性波动传热计算参数，$A_1=f(\xi,\eta)\cos(\beta(\xi,\eta))$；也可由下式近似计算，有

$$A_1=0.39-0.343(\eta-0.01)+0.722\xi \tag{2—25}$$

根据式(2—13) 和式(2—19)，可得到地下工程内空气日平均温度达到最大值或最小值时，壁面日平均传热量 Q_b 的计算式为

$$Q_b=(q_1+q_2)F=(t_{nc}-t_0)N\pm\theta_{n1}M \tag{2—26}$$

$$N=E_1B_i(1-f(Fo,B_i))m \tag{2—27}$$

$$M=E_1A_1m \tag{2—28}$$

式中：N 为壁面年平均传热量计算参数，W/℃；M 为壁面年波动传热量计算参数，W/℃；E_1 为参数，W/℃，对于当量圆柱体，$E_1=2\pi\lambda$；对于当量球体，$E_1=2\pi\lambda r_0$。

例 2—4　某地下车间，其结构尺寸同例 2—1。该工程为一般通风地下工程，夏季车间空气日平均温度 $t_{np}=27$℃，冬季车间空气日平均温度 $t_{nd}=17$℃。计算使用两年时的冬夏季壁面传热量 Q_b。

解　工程内空气年平均温度 t_{nc} 和温度年波幅 θ_{n1} 分别为

$$t_{nc}=\frac{1}{2}(t_{np}+t_{nd})=\frac{1}{2}(27+17)=22℃$$

$$\theta_{n1}=t_{np}-t_{nc}=27-22=5℃$$

$$\xi=r_0\sqrt{\frac{\omega_1}{a}}=5.093\times\sqrt{\frac{1.992\times10^{-7}}{1.353\times10^{-6}}}=1.954$$

$$\eta=\frac{\lambda}{\alpha}\sqrt{\frac{\omega_1}{a}}=\frac{3.49}{8}\times\sqrt{\frac{1.992\times10^{-7}}{1.353\times10^{-6}}}=0.167$$

$$A_1=0.39-0.343(\eta-0.01)+0.722\xi=1.744$$

$$E_1=2\pi\lambda=2\times3.14159\times3.49\times190=4166.4$$

$$Fo=\frac{a\tau}{r_0^2}=\frac{1.353\times10^{-6}\times365\times24\times2\times3\ 600}{5.093^2}=3.29$$

$$B_i=\frac{\alpha r_0}{\lambda}=\frac{8\times5.093}{3.49}=1.67$$

根据准数 $Fo=3.29$，$B_i=1.67$，查表 2-4 得，$f(Fo,B_i)=0.925$，该地下工程壁面为贴壁式衬砌结构，壁面传热修正系数。则

$N=E_1B_i(1-f(Fo,B_i))m=4\ 166.4\times11.67\times(1-0.925)\times1=3\ 646.6$

$M=E_1A_1m=4\ 166.4\times1.744\times1=7\ 266.2$

$Q_b=(q_1+q_2)F=(t_{nc}-t_0)N\pm\theta_{n1}M=(22-14)\times3\ 646.6\pm5\times7\ 266.2=$

$29\ 173\pm36\ 331(W)$

夏季壁面平均传热量为 65.5 kW，冬季壁面平均传热量为 7.16 kW。

2. 浅埋地下工程壁面传热量

(1) 恒温地下工程

浅埋地下工程的构造型式有单建式和附建式两种形式，如图 2-4 所示。围护结构的传热，受地表而温度年周期性变化的影响，也以年为周期变化。下面分别介绍单建式和附建式浅埋恒温地下工程壁面传热量的确定方法。

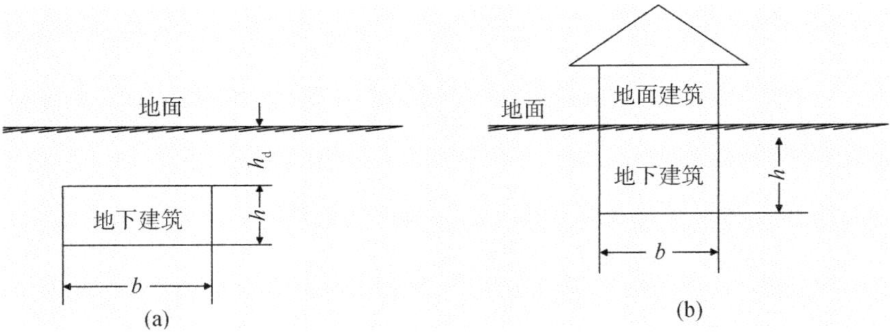

图 2-4　浅埋地下工程的构造型式
(a) 单建式；(b) 附建式

有恒温要求地下室围护结构的传热量为

$$Q=Q_1+Q_s \tag{2-29}$$

$$Q_1=(t_{nc}-t_0)N \tag{2-30}$$

$$N=\alpha l(b+2h)(1-T_{pb}) \tag{2-31}$$

$$Q_s=blk(t_{nc}-t'_{np})\mp2ahl\theta_d\Theta_{db} \tag{2-32}$$

式中：Q 为恒温浅埋地下室壁面传热量，W；Q_1 为室内空气温度与地温不同引起的壁面传热量，W；N 为壁面年平均传热计算参数，W/℃；l,b,h 分别为地下建筑物长、宽、高，m；t_{nc} 为地下室内的空气恒定温度(或年平均温度)，℃；t_0 为地下室周围岩石(土壤)的年平均温度，℃(附录 3 列出了全国主要城市实测地温(±0.0 ～－3.2m) 月平均值)；Q_s 为地表面温度年周期性变化通过地下室壁面传递的热量，W；T_{pb} 为年平均温度参数，根据基岩(或土壤)的导热系数 λ，建筑物宽度 b 和高度 h 值，由表 2-12 确定；夏季由壁面向工程传热，Q_s 为"－"，冬季由工程向壁面传热，Q_s 为"＋"；k 为楼板传热系数，$k=\frac{\alpha_b\lambda_b}{\alpha_b\delta+2\lambda_b}$，W(m² · ℃)；$\alpha_b$ 为地面建筑与地下室的换热系数，W/(m² · ℃)；

δ 为地下室与地面建筑之间的厚度，m；λ_b 为楼板材料的导热系数，W/(m·℃)；t'_{np} 为地面建筑内空气日平均温度，℃；Θ_{db} 为地表面温度年周期性波动时，引起的侧壁面温度系数，根据基岩（或土壤）的 λ 和 b 及建筑物高度 h 查表 2－11；θ_d 为地表面温度年周期性波动幅度，℃，查《人民防空地下室设计规范》表 G. 0. 1－3；∓ 为夏季取"－"，冬季取"＋"。

表 2－11　Θ_{db} 值(侧墙平均)

λ / W/(m·℃)	$a\times10^{-7}$ / m²/s	覆盖层厚度 h_d/m					
		1	2	3	4	5	6
1.163	2.78	0.139 5	0.090 0	0.062 3	0.046 4	0.036 5	0.029 8
	4.44	0.143 5	0.092 1	0.065 9	0.050 2	0.039 8	0.032 5
	5.56	0.145 7	0.096 5	0.070 0	0.053 7	0.043 0	0.035 5
	6.94	0.146 6	0.097 6	0.071 6	0.055 6	0.044 7	0.037 1
1.512	2.78	0.171 0	0.111 1	0.077 0	0.057 4	0.045 1	0.036 9
	4.44	0.176 5	0.117 3	0.083 9	0.063 8	0.050 7	0.041 6
	5.56	0.179 0	0.119 6	0.087 0	0.067 0	0.053 5	0.044 3
	6.94	0.180 5	0.121 1	0.089 0	0.069 3	0.055 7	0.046 2
1.744	2.78	0.191 0	0.124 6	0.086 5	0.064 3	0.050 6	0.043 13
	4.44	0.196 5	0.131 3	0.094 0	0.071 6	0.056 9	0.046 8
	5.56	0.199 0	0.133 8	0.097 5	0.074 9	0.059 8	0.049 4
	6.94	0.199 2	0.134 9	0.103 0	0.077 4	0.062 2	0.051 7

表 2－12　Θ_{nb} 值

λ / W/(m·℃)	$a\times10^{-7}$ / m²/s	$0.5b+h$/m				
		8	12	18	20	24
1.163	2.78	0.889 9	0.897 4	0.901 4	0.903 6	0.905 0
	4.44	0.903 3	0.911 6	0.916 0	0.918 8	0.920 2
	5.56	0.911 2	0.919 9	0.924 7	0.927 6	0.929 2
	6.94	0.916 6	0.925 5	0.930 6	0.933 7	0.935 2
1.512	2.78	0.862 0	0.870 3	0.874 8	0.877 2	0.879 0
	4.44	0.879 1	0.888 2	0.893 4	0.896 1	0.898 1
	5.56	0.889 1	0.898 8	0.904 4	0.907 3	0.909 6
	6.94	0.896 0	0.906 0	0.911 9	0.914 9	0.917 3
1.744	2.78	0.844 3	0.853 0	0.857 6	0.860 3	0.862 1
	4.44	0.863 6	0.873 2	0.878 8	0.881 6	0.883 8
	5.56	0.875 1	0.885 3	0.891 3	0.894 4	0.896 8
	6.94	0.882 9	0.893 4	0.899 9	0.903 1	0.905 7

表 2－13 年平均温度参数 T_{pb}

$\frac{\lambda}{W/(m \cdot ℃)}$	b/m	h/m 2	3	4	5	6	7	8	9	10
1.163	18	0.941 7	0.943 3	0.944 8	0.946 4	0.948 0	0.949 5	0.951 1	0.952 6	0.954 2
	12	0.925 0	0.929 2	0.933 4	0.937 5	0.941 7	0.945 8	0.947 1	0.949 0	0.950 5
	8	0.908 3	0.916 7	0.920 8	0.926 7	0.929 2	0.933 3	0.937 5	0.941 7	0.945 8
	6	0.895 8	0.907 1	0.913 3	0.920 8	0.925 0	0.929 3	0.933 3	0.937 5	0.941 7
	4	0.879 2	0.893 3	0.904 2	0.912 5	0.917 9	0.923 8	0.928 3	0.932 5	0.935 8
	2	0.850 0	0.872 9	0.887 9	0.895 8	0.904 2	0.912 5	0.919 6	0.925 0	0.930 0
1.512	18	0.946 7	0.948 7	0.950 7	0.952 6	0.954 6	0.956 6	0.958 6	0.960 5	0.962 5
	12	0.933 3	0.937 9	0.942 1	0.945 1	0.949 2	0.950 8	0.952 1	0.954 2	0.956 2
	8	0.919 6	0.927 9	0.932 9	0.937 5	0.941 7	0.945 4	0.947 8	0.950 0	0.952 1
	6	0.908 3	0.920 8	0.924 8	0.929 1	0.933 3	0.937 5	0.941 5	0.945 4	0.949 2
	4	0.891 7	0.904 2	0.912 5	0.918 8	0.925 0	0.929 2	0.934 2	0.938 3	0.944 0
	2	0.866 7	0.887 5	0.899 2	0.908 3	0.916 7	0.924 2	0.929 2	0.935 0	0.939 6
1.744	18	0.954 2	0.956 3	0.958 4	0.960 4	0.962 5	0.964 6	0.966 7	0.968 7	0.970 8
	12	0.945 6	0.947 8	0.949 9	0.952 1	0.954 3	0.956 4	0.958 6	0.960 7	0.962 9
	8	0.931 0	0.937 5	0.941 7	0.945 8	0.950 0	0.952 9	0.955 8	0.958 8	0.961 7
	6	0.924 1	0.930 0	0.937 5	0.941 7	0.945 8	0.950 0	0.954 2	0.958 4	0.962 6
	4	0.908 3	0.920 8	0.929 2	0.933 3	0.937 5	0.941 7	0.945 8	0.950 0	0.954 2
	2	0.891 7	0.904 2	0.914 6	0.922 1	0.928 8	0.933 3	0.940 0	0.945 0	0.949 8

例 2—5　某单建式浅埋恒温地下室，长 $l=190$ m，宽 $b=12$ m，高 $h=4$ m，楼板和侧墙分别为 200 mm 和 400 mm 厚的钢筋混凝土，其 $\lambda_b=1.5$ W/(m·℃)，$a_b=8.33\times10^{-7}$ m²/s；建筑物周围为土壤介质，$\lambda=1.5$ W/(m·℃)，$a=5.56\times10^{-7}$ m^2/s；年平均地温 $t_0=14$ ℃，地表面温度年波幅 $\theta_d=18$℃，地面建筑内空气日平均温度 t'_{np}，夏季为 28℃，冬季为 16℃；设地面建筑与地下室换热系数 $\alpha=8.0$ W/(m²·℃)。地下室恒温温度 $t_{nc}=22$℃。求地下室冬夏季壁面传热量。

解　根据土壤的 $\lambda=1.5$ W/(m·℃)，$a=5.56\times10^{-7}$ m²/s 建筑物高度 $h=4$ m，查表 2-11 得 $\Theta_{db}=0.067$；查图 2-13 得 $T_{pb}=0.941$。

楼板传热系数 K 为

$$K=\frac{\alpha\lambda_b}{\alpha\delta+2\lambda_b}=\frac{8.0\times1.5}{8.0\times0.2+2\times1.5}=2.61\quad \text{W/(m·℃)}$$

根据式(2—30) 和式(2—33) 计算壁面年平均传热计算参数 N 和壁面传热量 Q_s，则有

$$N=\alpha l(b+2h)(1-T_{pb})=$$
$$8.0\times190\times(12+2\times4)\times(1-0.941)=1\ 793.6(\text{W/℃})$$

夏季：

$$Q_s=blK(t_{nc}-t'_{np})-2\alpha lh\theta_d\Theta_{db}=$$
$$12\times190\times2.61\times(22-28)-2\times8.0\times190\times4\times18\times0.067=$$
$$-503\ 69(\text{W})$$

冬季：

$$Q_s=blK(t_{nc}-t_{np}')+2\alpha lh\theta_d\Theta_{db}=$$
$$12\times190\times2.61\times(22-16)+2\times8.0\times190\times4\times18\times0.067=$$
$$503\ 69(\text{W})$$

现在根据式(2—26) 计算夏季壁面传热量。

夏季：

$$Q=(t_{nc}-t_0)N+Q_s=$$
$$(22-14)\times179\ 3.6-50\ 369=-36\ 020(\text{W})=-36.02\text{ kW}$$

冬季：

$$Q=(t_{nc}-t_0)N+Q_s=$$
$$(22-14)\times1\ 793.6+50\ 369=64\ 718(\text{W})=64.72\text{ kW}$$

计算结果表明，夏季壁面向室内放热为 36.02 kW，冬季壁面吸热为 64.72 kW。

(2) 非恒温浅埋地下工程

无恒温要求的浅埋地下工程壁面传热量，受工程内空气温度和地表面温度年周期性变化的影响，其值按下式计算，有

$$Q=Q_1+Q_2 \tag{2—33}$$

$$Q_2=\pm\theta_{n1}M \tag{2—34}$$

$$M=\alpha l((2h+b)(1-\Theta_{nb})+\frac{bK_b}{\alpha}) \tag{2—35}$$

式中：Q 为非恒温浅埋地下室壁面传热量，W；Q_1 为恒温传热量，W；Q_2 为壁面年波动传热量，W；θ_{n1} 为地下室内空气温度年波幅，$\theta_{n1}=t_{np}-t_{nc}$，℃；$t_{np}$ 为地下室夏季室内空气日平均温度，℃；t_{nc} 为地下室内的空气恒定温度(或年平均温度)，℃；M 为壁面周期性波动传热计算参数，W/℃；Θ_{nb}

为浅埋地下室室温周期性年波动的温度参数，根据岩土的λ、a及$(0.5b+h)$值查表2-12；±为夏季取“+”，冬季取“−”。

例2−6 某浅埋防空地下室，长$l=190$ m，宽$b=12$ m，高$h=4$ m，室内空气年平均温度$t_{nc}=22$ ℃，室内温度年波幅$\theta_{n1}=5$ ℃，其余参数与例2−5相同。求地下室冬夏季壁面日平均传热量Q_b。

解 该防空地下室空气年平均温度t_{nc}和其余计算参数同例2−5，所以楼板传热系数$K=2.61$ W/(m^2·℃)，夏季$Q_1=-36.03$ kW，冬季$Q'=64.72$ kW。

根据$\lambda=1.5$ W/(m·℃)，$a=5.56\times10^{-7}$ m^2/s和$0.5b+h=10$ m，查表2-12得$\Theta_{nb}=0.894$。

按式(2−34)和式(2−35)计算壁面波动传热量Q_2：

$$M=\alpha l\left((2h+b)(1-\Theta_{nb})+\frac{bK}{\alpha}\right)=$$

$$8\times190\times\left((2\times4+12)(1-0.894)+\frac{12\times2.61}{8}\right)=9\ 173(\mathrm{W/℃})$$

$$Q_2=\pm\theta_{n1}M=\pm5\times9\ 173(\mathrm{W})=\pm45.87\ \mathrm{kW}$$

夏季壁面日平均传热量Q_b为

$$Q_b=Q_1+Q_2=-36.02+45.87=9.85\ \mathrm{kW}$$

冬季壁面日平均传热量Q_b'为

$$Q_b'=Q_1'+Q_2=64.72-45.87=18.85\ \mathrm{kW}$$

地下室围护结构的传热量直接转化为空调负荷。

2.3 设备、照明和人体散热量

2.3.1 电动设备散热量

电动设备是指电动机及其所驱动的工艺设备。其散入室内的热量主要包括两部分：一部分是电动机散热量，来自于电动机磁铁电阻抗产热和轴承摩擦热；另一部分是工艺设备所散出的热量。如果工艺设备实际消耗功率为N_a，电动机效率为η，则电动机输入功率为N_{in}，且$N_{in}=N_a/\eta$。所以电动机散热量Q_E'为

$$Q_E'=N_{in}-N_a=\frac{1-\eta}{\eta}N_a \tag{2-36}$$

工艺设备散热量Q_E''为

$$Q_E''=N_a \tag{2-37}$$

电动设备总散热量与电动机输入功率相等，即

$$Q_E=Q_E'+Q_E''=\frac{N_a}{\eta} \tag{2-38}$$

式中：η为电动机效率，可从电动机产品样本中查得。

但是电动机铭牌仅注明电机额定功率N，一般没有N_{in}和N_a的数据。由于电动机是根据工艺设备的最大实际消耗功率N_{amax}选择的；而且由于电机产品规格有限，并考虑一定安全系数，所以，$N>N_{amax}$，或者

$$N_{amax} = n_1 N \tag{2-39}$$

式中：n_1 为利用系数，它反映额定功率 N 被利用程度，$n_1 = 0.7 \sim 0.9$。

其次，工艺设备不一定始终都在最大功率下运转。因此工艺设备的平均使用功率 N_{amean} 要小于最大功率 N_{amax}，可表示为

$$N_{amean} = n_1 n_2 N_{amax} \tag{2-40}$$

式中：n_2 为负荷系数，表示平均负荷达到最大负荷的程度，$n_2 = 0.5 \sim 0.8$。

最后，设置多台工艺设备时，不一定同时使用，所以实际真正消耗的功率 N_a 为

$$N_a = n_3 N_{amean} = n_1 n_2 n_3 N_{amax} \tag{2-41}$$

式中：n_3 为同时使用系数，$n_3 = 0.5 \sim 1.0$。

如果只有电机在房间内，则有

$$Q = \frac{1-\eta}{\eta} n_1 n_2 n_3 N \tag{2-42}$$

如果只有工艺设备在房间内，则有

$$Q = n_1 n_2 n_3 N \tag{2-43}$$

电子设备的散热量计算方法与电动设备相同。其中负荷系数应根据使用情况而定。对已给出实耗功率值的电子计算机，n_2 取 1.0，而一般仪表 n_2 取 $0.5 \sim 0.9$。

2.3.2 照明设备散热量

照明设备所消耗的电能几乎全部转化为热能散入室内。如果围护结构最大负荷出现的时间在白天，那么只需计算白天所用照明功率的发热量。

(1) 白炽灯

$$Q_L = n_4 N \tag{2-44}$$

式中：N 为白炽灯的装置功率，kW；n_4 为同时使用系数。

(2) 荧光灯

$$Q_L = n_4 n_5 (N_1 + N_2) \tag{2-45}$$

式中：N_1 为荧光灯装置功率，kW；N_2 为镇流器消耗功率，kW，一般为荧光灯功率的 20%；n_4 为同时使用系数；n_5 为灯罩隔热系数，如果荧光灯罩上穿有小孔，利用自然通风散热于顶棚内时取 $0.5 \sim 0.6$，如果荧光灯罩无通风孔，则视顶棚内通风情况取 $0.6 \sim 0.8$。

2.3.3 人体散热量与散湿量

人生理要求的体温为 36.5 ～ 37 ℃。为了维持生命，人需要从食物中获取营养，通过燃烧营养物质得到活动能量，其中一部分为人提供动力，另一部分变成热量与周围环境发生热交换，以维持人的体温。人体与周围环境的热湿交换有 3 种方式：一是人体表面的辐射、对流和传导换热；二是出汗（皮肤蒸发）；三是呼吸。其中，第一种是显热交换，而第二、三种是潜热交换。

人体散热量与性别、年龄、衣着、劳动强度以及环境条件（温度、湿度、流速、周围固体表面温度）等多种因素有关。统计表明，成年女子的总散热量为成年男子的 85%，儿童则约为 75%。不同温度下，成年男子散热量与散湿量见表 2－14。

人体总散热量是显热散热量与潜热散热量之总和，并且人体的散热与散湿是同时发生的。在相同活动条件下，人体散出的显热量随室温升高而减少，而潜热量和散湿量则随室温升高而增

加;总散热量与散湿量均因活动强度的增加而增加。

表 2-14　不同温度条件下成年男子散热量（W）与散湿量(g/h)

活动性质	热量湿量	室内温度 /℃										
		20	21	22	23	24	25	26	27	28	29	30
静坐	显热	84	81	78	74	71	67	63	58	53	48	43
	潜热	26	27	30	34	37	41	45	50	55	60	65
	全热	110	108	108	108	108	108	108	108	108	108	108
	湿量	38	40	45	50	56	61	68	75	82	90	97
极轻劳动	显热	90	85	79	75	70	65	61	57	51	45	4l
	潜热	47	51	56	59	64	69	73	77	83	89	93
	全热	137	136	135	134	134	134	134	134	134	134	134
	湿量	69	76	83	89	96	102	109	115	123	132	139
轻度劳动	显热	93	87	81	76	70	64	58	51	47	40	35
	潜热	90	94	100	106	112	117	123	130	135	142	147
	全热	183	181	181	181	182	181	181	181	182	182	182
	湿量	134	140	150	158	167	175	184	194	203	212	220
中度劳动	显热	117	112	104	97	88	83	74	67	61	52	45
	潜热	118	123	131	138	147	152	161	168	174	183	190
	全热	235	235	235	235	235	235	235	235	235	235	235
	湿量	175	184	196	207	219	227	240	250	260	273	283
重度劳动	显热	169	163	157	151	145	140	134	128	122	116	110
	潜热	238	244	250	256	262	267	273	279	285	291	297
	全热	407	407	407	407	407	407	407	407	407	407	407
	湿量	356	365	373	382	391	400	408	417	425	434	443

2.4 湿负荷计算

潮湿是地下工程区别于地面工程的显著特点，因此正确地分析和计算散湿量是地下工程通风与空调设计的一项基本工作。地下工程湿源主要包括围护结构、工艺设备、含水材料，人体及人为散湿和新风湿负荷等。

2.4.1 围护结构散湿量

1. 围护结构表面散湿的影响因素

(1) 水文地质条件与季节

围护结构表面散湿量与工程所在地的水文地质条件，岩石破碎情况，地面水、地下水是否丰富，以及雨季还是旱季等因素有关。岩石完整性好的散湿量少，完整性差的散湿量多。

(2) 围护结构衬砌形式及工程防水

衬砌形式包括无衬砌天然洞或人工洞、贴壁式衬砌、离壁式衬砌以及衬套结构。工程防水包括混凝土结构自防水和附加刚性及柔性防水层。衬砌形式和防水质量直接影响围护结构散湿量。

(3) 施工余水

在工程衬砌建造过程中,加入了大量的施工水。这些施工水中,一部分是混凝土和水泥砂浆凝固所必需的;另一部分则是施工工艺和养护所需要的,是施工余水。施工余水在围护结构建好后,继续向工程内散发,形成湿负荷。施工余水的多少可用围护结构全湿的概略指标进行估算见表 2-15。

表 2-15　围护结构全湿的概略指标

材料名称	含水量 /($kg \cdot m^{-3}$)
混凝土或钢筋混凝土	180 ~ 250
砖砌墙体	110 ~ 270
水泥砂浆	300 ~ 450

(4) 工程内空气温湿度及风速

若室内温度高且相对湿度大,则空气含湿量大、水蒸气分压力高,因而通过围护结构传入的湿量少。若工程内温度高但相对湿度小,则空气中水蒸气分压力低,壁面散湿驱动力大,因此散湿量增大。围护结构表面散湿量与空气流速有关,风速越高则散湿量越大。

(5) 工程投入使用时间

随工程投入使用时间增长,岩体逐渐被烘干,散湿量逐渐减小。图 2-5 所示是在一般岩石完整性情况下,某工程散湿量随使用时间的变化。在设计地下工程时,散湿量应采用接近稳定时的数据,图 2-5 中应采用 90 天后的数据。稳定前较大的散湿量可在预热期烘洞过程中排出。

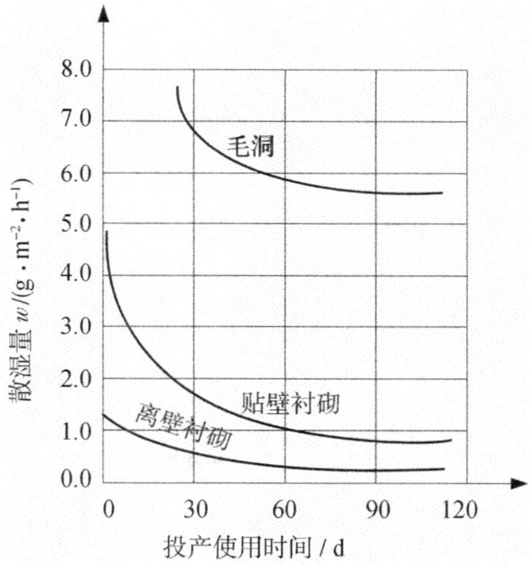

图 2-5　工程投产使用时间与散湿量

2. 围护结构散湿量计算

对于围护结构散湿量计算,新建工程可采用同类型工程的经验数据,改造工程应尽量采用工程实测数据。围护结构散湿量按式(2-46)计算。

$$W = Fw \tag{2-46}$$

式中:F 为围护结构内表面总面积,m^2;w 为围护结构平均单位面积散湿量,$g/(m^2 \cdot h)$,按表 2-16 选取。

表 2-16　单位面积散湿量估算表

工程衬砌类型	单位面积散湿量 /($g \cdot m^{-2} \cdot h^{-1}$)
石灰岩无衬砌(天然洞或人工洞)	7 ~ 8
花岗岩无衬砌	4 ~ 5
混凝土贴壁衬砌	1 ~ 3
混凝土离壁式衬砌或衬套结构	0.5 左右

2.4.2 新风湿负荷

为了满足工程内人员卫生需要,必须将新风送入工程内部。当工程外空气含湿量大于工程内空气含湿量时,新风具有湿负荷。一般地,工程外空气含湿量越大,新风湿负荷越大。新风湿负荷按下式计算,有

$$W = G(d_w - d_n) \tag{2-47}$$

式中:G 为新风量,kg/h;d_w 为新风含湿量,g/kg;d_n 为工程内空气含湿量,g/kg。

新风湿负荷一般在夏季较大,占工程总湿负荷 50% 左右。当冬季工程外含湿量低于工程内含湿量时,湿负荷为负值,可实现通风除湿。因此从湿负荷角度看,夏季尽可能减少新风量,冬季可增加新风量。

2.4.3 敞口水面散湿量

敞口水面散湿量由式下计算,有

$$W = C(p_{cb} - p_{cn})\frac{101\ 325}{B}F \tag{2-48}$$

式中:C 为水蒸发系数,kg/(m^2 · Pa · h),$C = a + 0.0174v$;v 为敞口水面的空气流动速度,一般取 0.3 m/s;a 为系数,对于围护结构表面散湿,$a = 0.031$;对于敞口水表面散湿,a 根据水温由表 2-17 查得;B 为工程当地大气压力,Pa;F 为水蒸发表面积,m^2;p_{cb} 为水温度下的饱和水蒸气分压力,当无水温数据时,可取工程内空气湿球温度的饱和水蒸气分压力,Pa;p_{cn} 为工程内空气水蒸气分压力,Pa。

表 2-17　不同水温下的 a 值

水温 /℃	<30	40	50	60	70	80	90	100
$a/\times10^4$	1.65	2.1	2.475	2.775	3.075	3.45	3.825	4.5

2.4.4 人体及人为散湿量

人体散湿量是指工程内工作人员由于生理需要而产生的散湿量,按下式计算,有

$$W = nw \tag{2-49}$$

式中:n 为人员数量,人;w 为单人散湿量,g/(h · 人),可从表 2-14 查取。

人为散湿量是指工作生活在工程中的人员,由于日常活动而产生的散湿量。包括湿衣、湿鞋、雨具等带入工程内,以及人员日常生活引起的水分蒸发,如洗脸毛巾和吃饭、喝水的水分蒸发,盥洗室、厕所等房间的水分蒸发等。为了减少这些人为散湿,设计中应与建筑、工艺等很好配合,合理布置湿源,如在洞口设置雨具存放室,设单独的盥洗室以及加强工程内管理等措施。由于这部分散湿量很难通过计算准确确定,在设计时,一般根据已有工程的试验数据(30 g/(h · 人))计算。

2.4.5 含水材料散湿量

材料进入工程前含水率较大或被淋湿,进入工程后就会蒸发水分形成湿负荷。材料水分蒸发的散湿量可由下式近似计算,有

$$W = G(u_1 - u_2)\frac{1}{\tau} \tag{2-50}$$

式中：G 为材料重量，kg；u_1 为材料初始含水率，%；u_2 为在一定室温度条件下，材料最终含水率，%，见表 2-18；τ 为含水率由 u_1 变到 u_2 所用时间，h。

例 2—7　已知某地下工程的木质包装箱（松木）总重量 100 t，实测木材初始含水率 $u_1 = 16.25\%$。工程内干球温度 $t_g = 20$ ℃，相对湿度 $\varphi = 70\%$，若 30 h 后木材的含水率与工程内温、湿度相平衡，求木材散湿量。

解　木材初始含水率 $u_1 = 16.25\%$，根据 $t_g = 20$ ℃，$\varphi = 70\%$，查表 2-18 得松木材最终含水率 $u_2 = 13.3\%$，则木材散湿量为

$$W = G(u_1 - u_2)\frac{1}{\tau} = 100 \times 1\,000 \times (0.162\,5 - 0.133)/30 = 98.33(\text{kg/h})$$

表 2-18　建筑材料含水率表

序号	名称	干燥时密度 kg/m³	温度 /℃	在不同相对湿度时的含水率 /(%)						
				40	50	60	70	80	90	100
1	木材（松木）	500	5	8.78	10.35	11.95	13.95	16.75	21.73	31.30
			10	8.52	10.10	11.70	13.73	16.50	21.45	31.00
			15	8.26	9.85	11.45	13.52	16.25	21.18	30.70
			20	8.00	9.60	11.20	13.30	16.00	20.90	30.40
2	毛毡	120	0	8.80	10.00	11.20	12.90	15.90	23.10	36.60
			17	6.70	7.50	8.30	9.60	12.60	19.80	33.30
3	石灰岩	1 300	0 ～ 35	0.06	0.07	0.08	0.11	0.17	0.26	0.37
4	红砖	1 700	0 ～ 35	0.06	0.07	0.10	0.16	0.25	0.37	0.53
5	硅酸盐砖	1 780	—	0.30	0.35	0.40	0.45	0.55	0.70	0.90
6	矿棉	150	20	0.08	0.09	0.11	0.12	0.14	0.18	0.60
7	泡沫混凝土	345	0 ～ 35	2.55	3.05	3.60	4.20	5.20	6.50	8.30
		660	20	2.00	2.30	2.85	3.60	4.85	6.20	10.00
		850	20	3.50	4.05	4.70	5.50	6.50	8.10	13.50
8	木质纤维板	200	20	5.00	5.70	7.00	8.90	11.50	15.80	26.00
9	刨花板	325	0 ～ 35	7.70	9.40	11.40	14.20	18.80	25.40	34.30
		200	20	5.00	5.70	7.00	8.90	11.50	15.80	24.00
10	软木	200	0	4.20	5.20	6.20	7.40	8.90	11.00	14.10
			35	3.40	4.10	4.90	6.10	7.60	9.70	12.80

思考题与习题

1. 一天内室外空气干球温度和湿球温度的变化规律有何不同，原因何在？
2. 地下工程空调房间的湿负荷计算包括哪些内容？
3. 某深埋地下工程房间长 $l=15$ m，宽 $b=4$ m，起拱高 $h=2.4$ m，拱高 $f=1.1$ m，房间周

围为岩石，导热系数 $\lambda=2.04$ W/(m·℃)，导温系数 $a=0.917\times10^{-6}$ m²/s。恒温前预热 600 h，地下工程内空气温度达到设计要求 $t_n=22$ ℃。当地年平均地面温度 $t_0=12$ ℃，壁面换热系数 $\alpha=5.82$ W/(m·℃)，求使用期 1 个月、6 个月、5 年的传热量。

4. 某单建式浅埋恒温地下室，长 $l=100$ m，宽 $b=12$ m，高 $h=4$ m，覆土厚度 $w=2$ m，楼板和侧墙为 400 mm 厚的钢筋混凝土，其 $\lambda_b=1.51$ W/(m·℃)，$a_b=0.917\times10^{-6}$ m²/s；建筑物周围为土壤介质，$\lambda=1.51$ W/(m·℃)，$a_b=8.33\times10^{-7}$ m²/s；年平均地温 $t=14$ ℃，地表面温度年波幅 $\theta_d=18$ ℃；室内温度 $t_n=22$ ℃，换热系数 $\alpha=8.14$ W/(m²·℃)。求地下室冬夏季壁面传热量。

第3章　防护通风系统

本章介绍防护通风系统原理,内容包括通风系统种类,防护通风概念、运行方式、进风系统、排风系统,以及常用防护通风系统举例。

3.1 通风与防护通风

3.1.1 通风系统分类

通风是采用自然或机械方法,将室外新鲜空气或经过净化处理的空气送入室内,并将室内污浊空气或经消毒、除害后的废气排至室外,使室内空气品质满足卫生要求。通风系统类型是根据系统主要特征来划分的,同一种系统从不同的特征角度出发可有不同的类别归属。以下分别根据用途、服务范围、动力来源、时机和功能等分类标准,对建筑通风系统进行分类。

1. 按用途分类

1)工业与民用建筑通风——以治理工业生产过程和建筑中人员及其活动所产生的污染物为目标的通风系统。

2)建筑防烟和排烟——以控制建筑火灾烟气流动,创造无烟人员疏散通道或安全区的通风系统。

3)事故通风——排出突发事件产生的大量有燃烧、爆炸危害或有毒害气体、蒸汽的通风系统。

2. 按通风的服务范围分类

1)全面通风——向某一房间送入清洁新鲜空气,稀释室内空气中污染物的浓度,同时把含污染物的空气排到室外,从而使室内空气中污染物的浓度达到卫生标准的要求。这种通风也称为稀释通风。

2)局部通风——控制室内局部区域污染物的传播或控制局部区域污染物的浓度,使之达到卫生标准要求。局部通风又分为局部排风和局部送风。

3. 按空气流动的动力分类

1)自然通风——依靠室外风力造成的风压或室内外温度差造成的热压使室外新鲜空气进入室内,室内空气排到室外。一些热车间有大量的余热,用通风的方法消除余热所需要的空气量大,通常是借助自然通风来实现的。这种通风方式比较经济,不消耗能量,但通风效果受室外气象参数影响很大,可靠性差。

2)机械通风——依靠通风机的动力向室内送入空气或排出空气。这是一种常用的通风系统,系统工作的可靠性高,但需要消耗一定能量。机械通风在地下工程中,尤其是在纵深较大的地下工程中,得到广泛的应用。

4.按通风时机和目的分类

1)平时通风——地下工程平时使用及维护管理时的通风,其目的在于保证工程内部的环境条件要求。

2)战时通风——临战状态或战争已经发生情况下的通风,其目的在于保证战时工程内部人员工作、生存及装备正常运转的环境条件要求。

5.按通风功能分类

1)进风系统——将工程外部的新鲜空气送入工程内部的通风系统,战时具有防护常规武器及核、生、化武器袭击,以及对空气进行除尘、滤毒、加热、除湿等功能。

2)送风系统——将进风和回风空气进行热湿及消毒等处理,并加压送至空调区域的通风系统,具有空气品质调节功能。

3)回风系统——将空调区域空气送回空气调节设备再利用,以节约空气处理能量消耗的通风系统。

4)排风系统——将工程内部的污染空气或废气排出工程的通风系统,战时具有防护常规武器和核、生、化武器袭击的功能。

3.1.2 防护通风

防护通风是指具有防护功能的地下工程通风,在战争时期能有效地防护敌人实施的核、生、化武器("三防")及常规武器袭击,确保工程内空气环境参数满足使用要求。防护通风是地下工程战时生命保障系统的重要组成部分。

1.防护通风要求

防护工程通风系统应具有抗武器效应功能。在地下工程建设中,防冲击波与"三防"是统一考虑的。工程土建结构的强度与密实性,通风系统部件强度、密闭性和除尘滤毒设备的有效性,是"三防"能力的重要组成部分。具体地,防护工程应满足以下 7 种通风性能要求。

(1)密闭性

密闭性是工程"三防"的基础,因此,对工程的各类孔口、管线通道、缝隙必须具有有效的密封措施,以保证进入和排出工程的空气处于有组织的状态,必要时还要能使工程内外隔绝。

(2)防波消波

防止核武器和常规武器爆炸产生的冲击波沿进风口、排风口进入工程内部,消除随进、排风进入工程的冲击波余压。

(3)除尘滤毒

对进风进行过滤吸收,除去放射性沾染、化学毒剂和生物战剂,将一定量的室外染毒空气处理至满足容许浓度要求。

(4)隔绝防护

在规定的隔绝时间内,通过氧气再生装置和氧气瓶供氧,保持工程内空气 O_2 浓度,并使 CO_2 浓度不超过允许值。还避免战时工程外部火灾产生的高温烟气进入工程内部。

(5)超压通风

在滤毒通风时，保证工程内一定的超压值和防毒通道的通风换气次数。

(6)空气监测

能够随时监视测量工程内外空气染毒情况和正压情况。

(7)洗消

冲洗、消除工程与人员的有毒沾染物。

2. 防护通风系统技术措施

为了满足防护通风系统的要求，需要采用"以堵为主，堵，滤、排、消相结合"的综合技术措施。

堵——把有害物质堵在工程之外。除在工程出入口设置防护门、防护密闭门外，还在通风系统上设置防爆波活门和密闭阀门等措施，将核、生、化污染物及冲击波"挡"在工程之外。

滤——把有害物质从进风中滤除消灭掉。在工程内设置除尘和滤毒设备，将进入工程的外界污染空气进行处理，使污染空气中的放射性沾染、化学毒剂和生物战剂含量达到规定的安全值。

排——通过排风将带入工程内部或工程内部产生的有害物质排到工程之外。保证工程内一定的超压，并对口部防毒通道和洗消间实施排风换气，将染毒空气"稀释"至安全浓度。

消——洗消。在工程口部设置洗消设备，对进入工程内的人员、服装、武器及口部沾染区的管道、设备、房间等进行洗消。即将沾染在工程壁面、武器装备以及人员衣物上的有害物质冲洗下来，随工程排水排出工程之外。

3.2 防护通风方式

实现工程内部通风换气的一整套设备与管道构成通风系统。通风系统分为进风系统和排风系统。对温湿度有一定要求的工程，除了设有进、排风系统外，还设有空调送风系统和回风系统。

3.2.1 防护通风运行方式

防护通风运行分为平时通风和战时通风两种方式，每一种方式有相应的运行要求。

1. 平时通风

工程在和平时期使用或维护管理时的通风称为平时通风。平时通风分为平时正常通风和平时维护通风。

1)平时正常通风。平战结合的工程，平时工程正常使用，各种通风空调设备正常运转，这种通风称为平时正常通风。由于平时功能与战时功能有所不同，所以通风系统的防护设备处于待装或维护状态。临战时要采取平战转换措施。

2)平时维护通风。战时使用、平时不使用的工程，平时每日定时运转各种通风空调设备，完成维护管理性工作，这种通风称为平时维护通风。

2. 战时通风

工程在临战或战争状态下的通风称为战时通风。战时通风分为清洁通风、隔绝通风和滤毒通风3种方式。

(1)清洁通风

在临战或战争状态下,工程所在区域尚未遭到敌人核生化武器袭击时,工程外空气未受到核生化战剂污染和火灾高温烟气影响,是"清洁"的,所进行的通风称为清洁通风。此时,工程出入口的门应随时关闭,进、排风口部的防爆波活门投入使用。

(2)隔绝通风

战时工程外空气已遭受污染,在工程口部的门以及进、排风口部各种活门和风阀已经关闭情况下,利用进风系统的回风插板阀和进风机,或者利用空调送、回风系统实现工程内部空气循环。

如果没有设置可供空气内部循环的通风机或不启动内部循环风机,仅靠工程的密闭性防止外部污染空气进入工程的防护,则叫作密闭防护。

(3)滤毒通风

战时工程外空气已被核、生、化战剂污染而又必须通风时,进风要经过除尘滤毒处理后才能送入工程内部,排风则以超压排风方式排出工程。滤毒通风又称为过滤式通风。

三种防护通风方式安全的转换顺序是:清洁通风→隔绝通风→滤毒通风(或清洁通风)。也就是说,当敌人实施核生化武器袭击后,应立即由清洁通风转入隔绝通风,待防化分队查清空气污染情况后再决定是转入滤毒通风还是转入清洁通风。

3.2.2 防护通风标准

防护通风系统在清洁、滤毒和隔绝3种不同通风方式下,均有相应的防护标准和要求,工程设计和管理人员均应遵照执行。

1.通风设备允许余压值

进排风系统中的防爆波活门和通风管道具有防冲击波能力,其他设备也具有一定的抗压能力,保护通风系统不受损坏,具体数据见表3-1。

表3-1　防护通风设备允许余压值

设备名称		允许压力/MPa
粗过滤器	油网过滤器(加固后)	0.05
	泡沫塑料过滤器、无纺布过滤器	0.04
密闭阀门、离心式通风机、柴油发电机自吸空气管		0.05
非增压柴油发电机排气管		0.30
过滤吸收器、纸除尘器		0.03
超压自动排气活门		0.05
防爆超压自动排气活门		0.30

2.防护通风的人员最小新风量和换气次数

不同等级的工程要求不一样,等级高的工程要求的新风量大、隔绝时间长、CO_2浓度低。人员所需新风量及防毒通道换气次数见表3-2。平时使用时部分房间的最小换气次数见表3-3。

表 3-2　人防工程战时所需新风量及防毒通道换气量

工程类别	清洁式 $m^3/(h \cdot 人)$	滤毒式 $m^3/(h \cdot 人)$	隔绝式 CO_2 容许浓度/(%)	隔绝时间/h	防毒通道换气次数/(次·h^{-1})
防空专业队队员掩蔽所	≥10	≥5	≤2.0	≥6	≥50
一等人员掩蔽所	≥10	≥3	≤2.0	≥6	≥50
二等人员掩蔽所	≥5	≥2	≤2.5	≥3	≥40
人防物资库	换气次数 1～2(次/h)	—	≤3.0	≥2	—
人防汽车库	允许轻度染毒以隔绝防护为主。清洁通风可利用平时通风系统进行换气(特殊要求除外)				

表 3-3　平时使用时部分房间的最小换气次数/(次·h^{-1})

房间名称	换气次数/(次·h^{-1})	房间名称	换气次数/(次·h^{-1})
水泵房、污水池	2	汽车库、咖啡厅	4
污水泵房	8	吸烟室	10
水冲厕所	10	发电机房贮油间	5
餐厅	6	物资库	1
盥洗室、浴室	3	封闭蓄电池室	2

注:贮水池、污水池按充满后的空间计。

3. *滤毒及超压*

滤毒式通风时,工程对沙林、氯化氰、VX 等毒剂的防护指标见表 3-4。只要选用合格的过滤吸收器,均能达到规范要求的防护指标。此外,滤毒通风时还规定了地下工程内空气压力,应高于工程外空气压力一定数值(一般为 30～50 Pa),这是阻止地下工程外的有毒空气经各种可能的孔缝渗入地下工程内的有效措施。

表 3-4　工程防毒标准

工程类别		对毒剂的防护时间/h				油雾透过系数 μ/(%)
		沙林 0.05 mg/L	芥子气 0.05 mg/L	维埃克斯 0.05 mg/L	氯化氰 2 mg/L	0.5 μm 粒子直径
国防工程	Ⅰ、Ⅱ	48	48	>4	2	0.000 1
	Ⅲ	10		2		0.001
	Ⅳ	4		2		0.01
人防工程	Ⅲ、Ⅳ	≮10		≮2		0.001
	Ⅴ	≮4		≮2		0.001

注:油雾透过系数 μ 为染毒空气在过滤器后含尘量与过滤器前含尘量的百分比。

需要指出，上述各种标准并不是一成不变的，随着敌我双方技术、战术的发展和国民经济水平的提高，技术标准的要求将会有相应的提高。

3.2.3 隔绝通风

隔绝通风是指工程进、出通道完全关闭，空气在工程内部循环的一种战时通风方式。隔绝通风有两种运行方式：一是利用进风系统的回风插板阀和进风机的单通风方式；二是利用送、回风系统的空调通风方式。实施隔绝式通风时，应关闭工程口部的防护门、防护密闭门和密闭门，关闭工程进、排风口部的防爆波活门以及进、排风系统的密闭阀门和自动排气活门。

在采用密闭防护时，应保持工程的密闭性，人员不得进出工程，也不允许向工程给水或向工程外排水。若有人员非进出工程不可时，应转入滤毒通风。密闭防护时还要监测工程内的 CO_2 浓度，当 CO_2 浓度超标时，启用氧气再生装置，降低工程内 CO_2 浓度并增加 O_2 浓度。

1. 工程转入隔绝式防护的时机

根据工程战术技术要求，地下工程通风系统适时转入隔绝防护运行。主要分为以下几种情况：

1)敌人对该地实施核、生、化武器袭击警报拉响时；

2)敌人实施核、生、化袭击初期，外界空气污染情况未被查明或虽已查明但不能滤除，或浓度过大不宜立即滤除时；

3)外界空气受污染的情况下，滤毒设备饱和失效或故障失效时；

4)通风孔口被堵塞，口部通风设备已遭到破坏时；

5)工程外出现大面积火灾，地面严重缺氧，有害气体（主要是 CO_2）大量产生时。

2. 隔绝防护时间的校核

在工程设计时，隔绝防护时间按下式校核，有

$$t=\frac{1\ 000V_0(C-C_0)}{nC_1} \tag{3-1}$$

式中：t 为隔绝防护时间，h；V_0 为工程内清洁区的体积，m^3；C 为工程内隔绝防护时 CO_2 容许浓度，%，表 3－2 和 3－3；C_1 为清洁区域每人每小时呼出的 CO_2 量，L/(h・人)，工作人员可取 20～25；C_0 为隔绝防护前地下工程内 CO_2 浓度，%，见表 3－5；n 为隔绝防护时工程清洁区域的人数。

表 3－5　清洁式通风时地下工程内 CO_2 含量 C_0 值选用表

隔绝防护前的新风量/(L・人$^{-1}$・h^{-1})	C_0/(%)
25～30	0.13～0.11
20～25	0.15～0.13
15～20	0.18～0.15
10～15	0.25～0.18
7～10	0.34～0.25
5～7	0.45～0.34
3～5	0.72～0.45
2～3	1.05～0.72

当计算出的隔绝防护时间不能满足表3－2的规定时，应采取延长隔绝防护时间的措施，增加氧气、减少CO_2。

3.延长隔绝防护时间的措施

延长工程隔绝防护时间的基本方法：提高隔绝区域空气中的O_2浓度，降低CO_2浓度。具体采用以下措施。

1)加强平时工程气密性检查维护和临战气密性防范措施的落实。

2)隔绝状态下合理安排人员的活动，不吸烟、不燃烧物品、不点烛等，以减少氧气的消耗。

3)使用补氧措施，如氧气再生装置、高压氧气瓶等。

4.氧气再生装置

氧气再生装置是吸收CO_2，放出O_2，供人员正常呼吸的装置。用于人员掩蔽工事及各种与大气隔绝的密闭环境，恢复空气组分，达到相应的卫生标准。常用的是65型(原名KZ—2型)对流式氧气再生装置。

65型氧气再生装置是由再生药板和专用箱体组成的。再生药板是装有再生药粒的钢丝网板。再生药粒是黄色碱性强氧化剂，失效后变成白色，其成分为超氧化钠(NaO_2)占95%，二氧化钾(KO_2)占5%。其工作原理为：在隔绝式通风时，工程内空气由再生装置的下部箱箍进气孔及侧面百叶窗进气孔进入再生装置，穿过再生药板间的空隙，经上部箱箍气孔排出。在此过程中，空气中的水蒸气和CO_2与药粒接触起化学反应，CO_2被吸收，放出O_2和热量。由于化学反应时产生较多热量，故装置能使空气形成自然对流。其化学反应式为

$$2Na_2O_2 + 2H_2O \longrightarrow 4NaOH + O_2\uparrow + 55.6\ \text{kcal}$$

$$2Na_2O_2 + 2CO_2 \longrightarrow 2Na_2CO_3 + O_2\uparrow + 111.6\ \text{kcal}$$

该装置有10块药板，每块重1 kg，箱体总重14 kg，每箱药板可供40人使用1.5 h左右。当工程密闭(进入隔绝式通风)2 h以后，需要每小时检测一次空气中的CO_2浓度。在隔绝防护时间已达到CO_2最高允许浓度时，再打开再生装置，当O_2浓度降低到规定值后，即可换用新药板。备用的药板放在专门的贮存箱中。

5.高压氧气钢瓶供氧

利用钢瓶里的高压氧气不断向空气中补充，以维持人员的呼吸需要。一个容积为40 L的钢瓶，当压力在12.5～15 MPa时，贮氧量可达5 000～6 000 L。如果每人每小时需氧量按20～25 L计，则可供200～300人用1 h。

由于它只能供氧，不能消除CO_2，所以一般与消除CO_2器材结合使用。如图3－1所示为内循环氧气再生系统工作示意图，在通风机作用下，室内空气通过CO_2吸收器除去空气中的CO_2，然后与来自于高压氧气瓶的氧气混合后送回室内。

6.氧烛

氧烛是由产氧物质氯酸钠、发热物质镁粉或铁粉等粉末混合模压而成，外形像一支包裹着金属外壳的巨大蜡烛，容积约4 L。打开顶盖后，只需在火帽处制造一点电火花，就能将氧烛“点燃”，它会持续燃烧并放出高纯氧气，放氧速度快而总放热量很小，相对来说比较安全可靠。

简易氧气发生器由氧烛、发火物、点火装置和燃烧过滤装置组成。其化学反应原理是，氯酸钠在加热到478℃时分解并放出氧气，反应式为

$$2NaClO_3 \longrightarrow 2NaCl + 3O_2\uparrow + 热$$

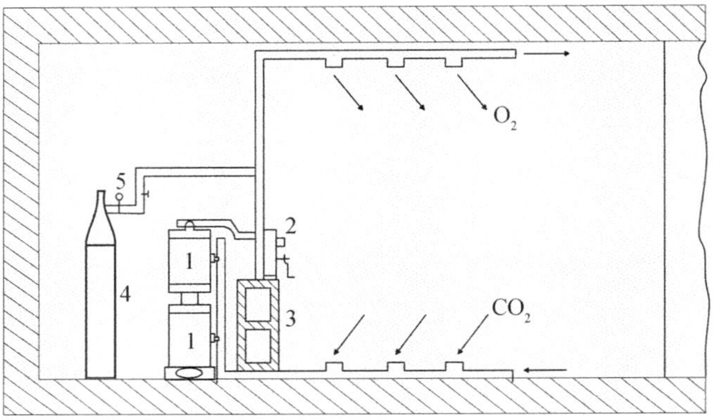

图 3-1 内循环氧气再生系统工作示意图

1—CO_2吸收器;2—手摇通风机;3—支座;4—高压氧气瓶;5—减压器

氯酸钠升温所需的热量由镁粉燃烧供给,反应式为

$$2Mg + O_2 \longrightarrow 2MgO + 25.5\ kJ/g$$

由于氯酸钠分解而放出氯气,故须用过氧化钡加入氧烛中,以消除氯气,反应式为

$$BaO_2 + Cl_2 \longrightarrow BaCl_2 + O_2 \uparrow$$

为减少氧烛燃烧时的烟尘,在氧烛内须加适量的氧化铜。该装置每次供氧 1 200 L,50 人可用 1 h,氧的纯度可达 99%,而且价廉。

7. CO_2的清除

清除工程中CO_2的方法很多,常用的是使用生石灰和碱石灰。

1)使用生石灰。将生石灰(CaO)加少量的水熟化,然后再加适量的水搅拌均匀,灰水比控制在 8∶1～3∶1(重量比)之间。其作用原理是:石灰遇水后,生成氢氧化钙,即

$$CaO + H_2O \longrightarrow Ca(OH)_2$$

氢氧化钙容易吸收酸性的CO_2,即

$$Ca(OH)_2 + CO_2 \longrightarrow CaCO_3 + H_2O + 热$$

2)使用碱石灰。碱石灰是由烧碱、生石灰和水混合溶化后再烘干而制成一种颗粒状CO_2吸收剂,其基本原理和使用方法与生石灰相同。加入烧碱的目的是为了使吸收剂在使用过程中保持一定的水分,增强碱性,并能增加吸收剂的颗粒强度和多孔性。试验表明,当CO_2浓度上升到 3%时,每人使用 0.75 kg 碱石灰,铺放面积 0.275 m^2,可在 45 h 内保持CO_2浓度不再上升。

3.2.4 滤毒通风

滤毒通风时,工程外的染毒空气必须经滤毒式通风管路上的除尘器和过滤吸收器处理后,才能送入工程内使用。工程转入滤毒通风之前,应搞清工程外遭受袭击的状况,查明毒剂的性质、种类和浓度。待初生云团过后,方可转入滤毒通风。

1. 地下工程转入滤毒通风的时机

转入滤毒通风的前提是:查明了外界毒剂种类、性质、浓度,初升云团、高毒、高温、大面积燃烧已过,滤毒设备能够滤除外界毒剂。

工程转入滤毒通风主要有两种情况：一是有人员急需进出工程，需要造成工程内一定的超压值，为防毒通道进行通风换气，以便排出因人员进、出带入防毒通道的染毒空气时；二是当工程隔绝一定时间后，空气中 CO_2 浓度上升到规定标准，并且人员感到再继续隔绝将难以维持时。

2. 滤毒通风新风量计算

滤毒通风新风量计算时，应按式（3－2）对人员要求的最小新风量进行计算，然后按式（3－3）对防毒通道最小换气次数进行校核计算，取其中的较大值为滤毒通风量，即

$$L_R = L_2 N \tag{3-2}$$

$$L_H = V_F N K_H + L_f \tag{3-3}$$

式中：L_R 为滤毒通风时掩蔽人员所得新风量，m^3/h；L_2 为滤毒通风时人员新风量标准，$m^3/(人 \cdot h)$；见表 3－3；N 为工程内的掩蔽人数；L_H 为保持工程内超压值所需的新风量，m^3/h；V_F 为战时人员主要出入口最小防毒通道的有效容积，m^3；K_H 为战时人员主要出入口最小防毒通道换气频率，次/h，见表 3－6；L_f 为工程内保持超压时的工程漏风量，m^3/h，可按清洁区有效容积的 4%（每小时）计算。

表 3－6　滤毒通风时的主体防毒要求

工程类别	最小防毒通道换气次数/（次/h）	清洁区超压/Pa
专业队队员及一等人员掩蔽所	≥50	≥50
二等人员掩蔽所、电站控制室	≥40	≥30

3. 滤毒通风在操作时的注意事项

1）当工程所在地域遭到敌人核、生、化武器袭击，使外界空气受到放射性沾染、细菌毒剂、毒气的污染时，由于情况不明，工程应首先转入隔绝式防护和隔绝式通风。当查明了毒剂的性质，证明该工程所配备的过滤吸收器可以滤除当前的毒剂，待初生云团过后，毒剂浓度有所降低，且工程必须从外界进风或有人员出入工程时，才转入滤毒通风，使受沾染的空气经滤毒通风系统，滤除放射性尘埃、毒剂或生物战剂后送入工程内。

2）转入滤毒通风时，应先用小风量通风，以检查过滤后空气中的毒剂浓度是否超过了容许浓度，以此判别滤毒设备是否失效。

3）当地面处于大面积火灾时，不能转入滤毒通风。因为这时的地面空气中，CO 和 CO_2 的浓度过高，一般过滤吸收器对 CO 和 CO_2 没有防护能力，如果让这种空气进入工程，将迅速恶化工程内的空气环境。

例 3－1　防护通风计算。已知主要参数：掩蔽人员数 $N=250$ 人，清洁新风量 $q_1=10\ m^3/(h \cdot 人)$，滤毒新风量 $q_2=5\ m^3/(h \cdot 人)$，最小防毒通道体积 $V_0=16.2\ m^3$，清洁区容积 $V=2\ 460\ m^3$。

解　清洁通风量为

$$L_1 = N q_1 = 250 \times 10 = 2\ 500(m^3/h)$$

滤毒通风量为

$$L_2 = N \cdot q_2 = 250 \times 5 = 1\ 250(m^3/h)$$

隔绝防护时间为

$$t=\frac{1\ 000V(C-C_0)}{NC_1}=\frac{1\ 000\times 2\ 460\times(2\%-0.2\%)}{250\times 20}=8.86(\text{h})>6\text{h}$$

满足要求。

最小换气次数为

$$n=\frac{L_{滤毒}-0.04V}{V_0}=\frac{2\ 000-0.04\times 2\ 460}{16.2}=117.4>50\text{h}^{-1}$$

满足要求。

超压排气活门数量(选用 PS—D250 型自动排气活门,其排风量 $L_0=800\text{m}^3/\text{h}$)为

$$M=\frac{L_{滤毒}-0.04V}{L_0}=\frac{2\ 000-0.04\times 2\ 460}{800}=2.4$$

故选用 3 只 PS—D250 自动排气活门。

3.3 防护进风系统

防护进风系统是能够防护冲击波和有毒空气的进风系统。进风系统应设有必要的阻挡及削弱冲击波的装置,阻止有毒空气经风道进入工程内的密闭设备,滤除放射性沾染的滤尘器,杀死生物活体的粒子过滤器,消除空气中化学毒剂的过滤吸收器,抗冲击波余压的进风管道等。根据我国核武器效应试验和化学防护试验的成果,地下工程进风系统只要是采取了切实有效的防护措施,就可以达到预定的防护效果。

3.3.1 防护进风方式

设有清洁、滤毒和隔绝三种防护通风方式的进风系统如图 3-2 所示,只设有清洁和隔绝两种防护通风方式的进风系统如图 3-3 所示。图 3-2 所示的进风系统具有滤毒通风功能,适用于有人员工程;而图 3-3 所示的进风系统没有滤毒通风功能,适用于某些物资库等工程。

消波设施是用来阻挡并削弱冲击波的防护设施,包括防爆波活门和扩散室。防爆波活门是冲击波到来时,能快速自动关闭而阻挡冲击波的阀门;扩散室(或扩散箱)是利用扩散作用削弱冲击波压力的空间。密闭阀门是保障通风系统密闭防毒的专用阀门,也防止冲击波破坏管道管件和设备。

1. 清洁通风

战时清洁通风时,通风系统操作与平时通风基本一样。只是处于临战状态,人员已进入工程,少数人员尚需出入工程时,应随开即关并锁紧各防护门;防爆波悬摆活门座板应关闭,进排风从底座板孔与悬摆板孔进出,滤毒设备已装入系统,处于待工作状态。

战时清洁通风方式下,工程外空气经消波设施 1 进入管道,再经油网过滤器 2 后进入清洁通风管道(密闭阀门 3a,3b 开启,3c,3d 关闭),由进风机引入地下工程内部。

2. 隔绝通风

隔绝通风方式下,密闭阀门 3a,3b,3c,3d 均关闭,工程内的空气经插板阀 4 进入通风机,增压后再送入工程内部。

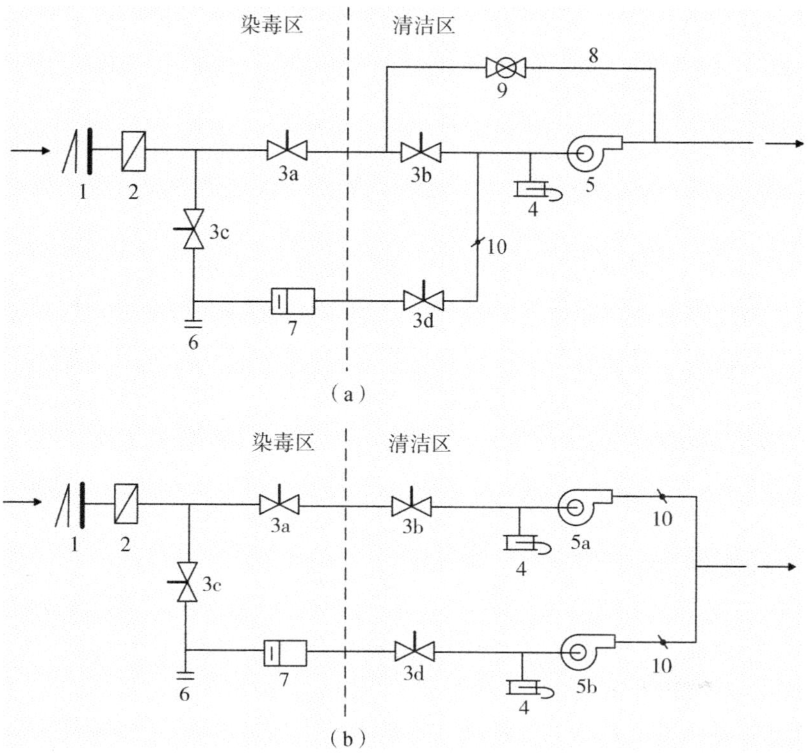

图 3－2 设清洁、滤毒与隔绝通风的防护进风系统

(a)清洁与滤毒通风合用通风机；(b)清洁与滤毒通风分设通风机

1—消波设施；2—油网过滤器；3—密闭阀门；4—插板阀；5—通风机；

6—换气堵头；7—过滤吸收器；8—增压管；9—球阀；10—风量调节阀

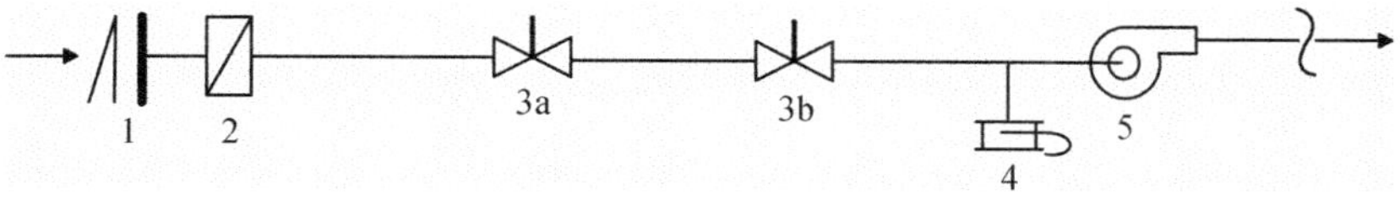

图 3－3 设清洁与隔绝通风的防护进风系统

1—消波设施；2—油网过滤器；3—密闭阀门；4—插板阀；5—通风机

3. 滤毒通风

在滤毒通风方式下，工程外已被污染的空气经消波设施 1 进入进风管道，再经油网过滤器 2 进入滤毒通风管路(密闭阀门 3c，3d 开启，3a，3b 关闭)，经过滤吸收器 7 使有毒空气变为“无毒”空气，由进风机引入工程内部。这里所说的“无毒”空气是指经过滤吸收器的物理、化学处理后，空气中毒剂污染浓度已降到了安全浓度以下，不会对人体造成伤害的空气。

3.3.2 防护进风系统说明

1)油网过滤器和过滤吸收器是染毒设备，应布置在染毒区。进风机为非染毒设备应设在清洁区。清洁进风管路和滤毒进风管路上应分别设两个密闭阀门，且一个设在清洁区，另一个设在染毒区。

2)清洁进风时的风量大，管路阻力小；滤毒进风时的风量小，管路阻力大。所以宜分别设置清洁进风机和滤毒进风机。但通过设计计算，清洁进风与滤毒进风的风量、风压允许合用时，也可以只设一台进风机。合用进风机运行于滤毒通风时，应调节风量调节阀 10 的开度，确保滤毒进风量不大于过滤吸收器 7 的额定风量。

3）在合用进风机系统中设置增压管。当清洁通风和滤毒通风合用一台进风机时，须在清洁进风管路上，密闭阀门 3a、3b 之间的管段上设置增压管。这是考虑滤毒通风时，清洁通风管路处于负压状态，一旦密闭阀门 3a、3b 密封不严，则有毒空气就会经清洁管路吸入工程内。增压管位于清洁区，采用 DN25 热镀锌钢管制作，并设球阀，只在战时通风使用。

4）换气堵头 6 的作用。在滤毒通风过程中过滤吸收器失效时，就必须更换该设备。此时，设备及管道内的有毒空气就会污染滤毒室内的空气，因此在更换过滤吸收器后，应打开滤毒室门和换气堵头 6、关闭阀门 3c，在滤毒风机作用下，以工程内区的清洁空气置换滤毒室内的污染空气，以降低该房的间空气污染程度。滤毒室换气完毕后，将堵头重新安装好，打开闭阀门 3c，关闭滤毒室门。

3.4 防护排风系统

地下工程防护排风系统包括清洁、滤毒和隔绝三种通风方式，具有防护、排风和洗消三种功能。能够阻挡（或削弱）冲击波、阻止有毒空气经排风管道进入地下工程内部，还能够自动超压排风和战时对进入工程的人员进行洗消。排风系统由消波设施、密闭阀门、自动排气活门或防爆超压自动排气活门、洗消间、排风管和排风机组成。

3.4.1 防护排风方式

战时在滤毒通风时若有人员出入地下工程，就会将放射性沾染、化学毒剂、生物战剂以及被这些有毒物质污染的空气带入室内，造成地下工程内部染毒。因此，在工程主要出入口处设置洗消间，清洗消除人员身上携带的有毒物质，并以超压排风方式阻止有毒空气随出入人员带入工程。

洗消间有 3 种设置形式，分别为将简易洗消设施设置于防毒通道内、设置简易洗消间和设置洗消间，如图 3－4 所示。防护排风系统清洁通风和滤毒通风的阀门操作，依据洗消间设置形式的不同而不同；隔绝通风时，密闭阀门、自动排气活门全部关闭。

图 3－4(a)所示为简易洗消间设置于防毒通道内的排风系统。清洁排风时，开启密闭阀门 3a，3c，关闭密闭阀门 3b。滤毒排风时，开启密闭阀门 3b，3c，关闭密闭阀门 3a。

图 3－4(b)所示为简易洗消间和防毒通道分别设置的排风系统。清洁排风时，开启密闭阀门 3a，3c，关闭密闭阀门 3b。滤毒排风时，开启密闭阀门 3b，3c，关闭密闭阀门 3a。

图 3－4(c)所示为设置洗消间的排风系统。清洁排风时，开启密闭阀门 3a，3b，关闭密闭阀门 3c，3d，3e。滤毒排风时，开启密闭阀门 3c，3d，3e，关闭密闭阀门 3a，3b。图中的通风短管 4a，4b，4c，允许以预留通风换气孔代替。

为确保防毒通道和洗消间的充分换气，避免排风气流出现短路和死区，在进行通风管路布置时，相邻的通风短管、密闭阀门或自动排气活门，在水平和垂直方向上都应该错开布置，如图 3－4(c)所示。

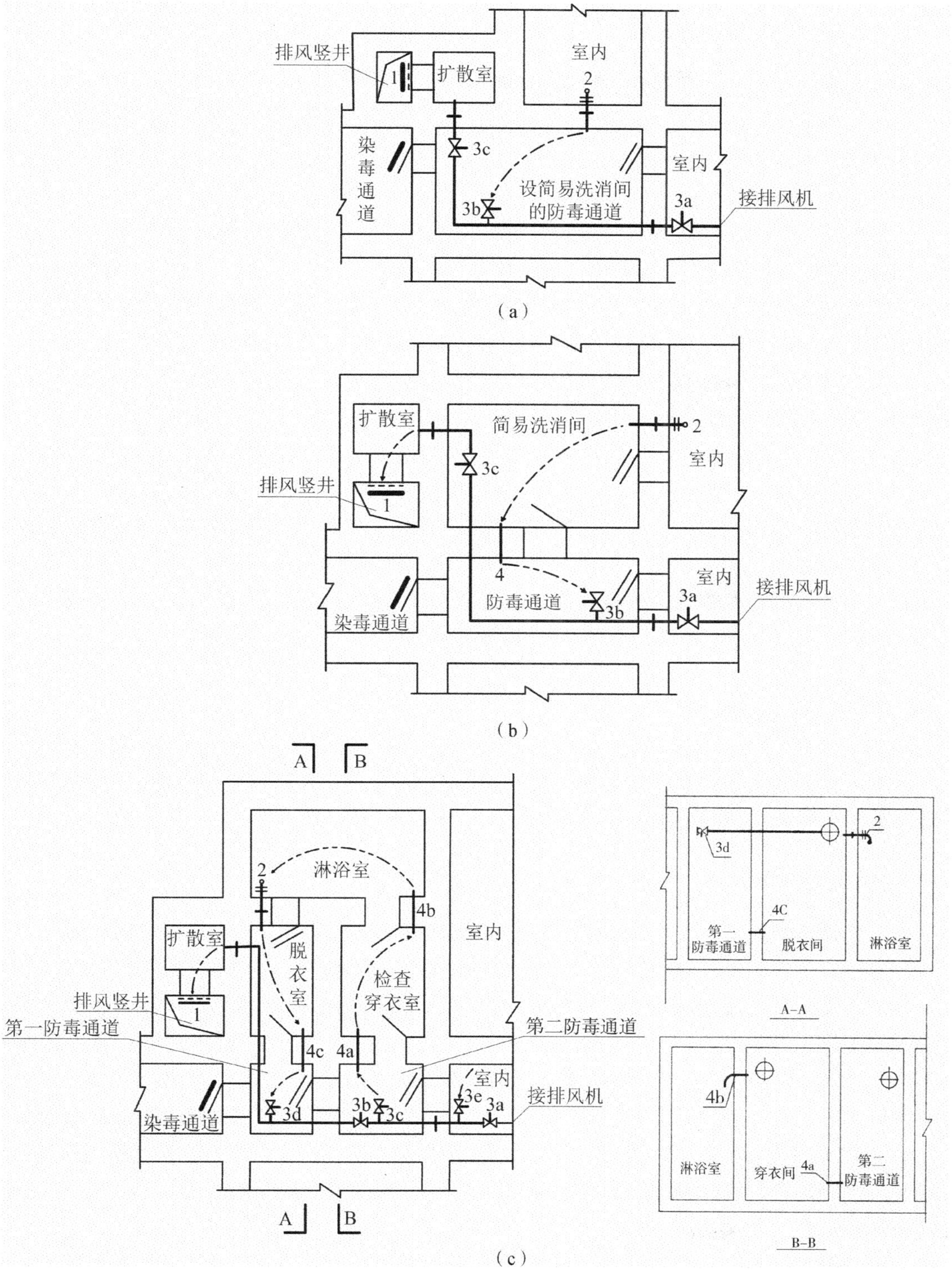

图 3－4　排风系统平面示意图

(a)简易洗消设施置于防毒通道内的排风系统；(b)设置简易洗消间的排风系统；

(c) 设置洗消间的排风系统

1—防爆波活门；2—自动排气活门；3—密闭阀门；4—通风短管

3.4.2 防护排风系统说明

关于滤毒通风时的排风问题，有几点说明如下。

1)当工程外已染毒人员必须进入室内时，其进入路线必须应是：室外→第一防毒通道→脱衣间→淋浴→穿衣检查间→(检查合格后进入)第二防毒通道→室内。而此时的排风气流方向好与人员进入方向相反。

2)当工程内人员必须在室外染毒情况下外出执行任务时，其外出路线则与人员进入路线相反，而此时的排风气流方向与外出人员外出方向一致。

3)不管是人员自工程外进入还是自工程内出去，第一防毒通道与第二防毒通道之间的密闭门始终是关闭的，穿过该门框墙的排风管上的密闭阀门 3a,3b 也始终是关闭的。

4)人员进出时排风量大小，应保证该出入口处最小防毒通道换气次数为每小时 40～50 次(视地下工程的重要程度确定一个具体值)。若因滤毒进风量小而达不到规定值，则有两个解决办法：一是在满足使用要求前提下，尽量缩小防毒通道体积；二是增加滤毒通风的进风量。

5)滤毒通风时，工程内应有 30～50 Pa 的超压值(这是工程防毒气渗透的措施之一)，该超压值主要取决于工程的密闭性能和排风量控制，前者是土建质量上的问题，后者通过控制排风量小于进风量实现。防护工程一般要求全工程超压，若经过测试确有困难，也可采取工程局部超压。即用排风机将工程内空气送到第二防毒通道内，使该防毒通道、穿衣检查间和淋浴间的超压达到规定值，但此时也绝不允许工程内出现负压。

3.5 平战结合通风

地下工程的防护通风系统既要具备战时使用功能，又要满足平时使用需要，也就是要兼顾经常性平时使用和应急性战时使用的要求。

3.5.1 平战结合技术措施

1)通风管道和风口，应尽量利用平时的通风管道和风口，但要设置不同的密闭阀门。平时应充分利用当地自然条件，并结合地面建筑的实际情况，合理地组织、利用自然通风。

2)平时和战时合用通风系统时，按平时通风新风量选用进风口、清洁通风管管径、滤尘器、密闭阀门和通风机等设备；按战时清洁通风新风量，选用门式防爆波活门，并按门扇开启时风速不大于 10 m/s 要求校核平时通风量。若仍不能满足平时通风需要，则可另设专供平时使用的进风口和排风口，战时将这些通风口封堵，或采用其他与主体防护相适应的防护措施。

3)平时和战时分设通风系统时，按平时通风新风量，选用平时使用的通风管管径、密闭阀门和通风机等设备；按战时清洁通风新风量，选用门式防爆波活门、战时通风管、密闭阀门、通风机和其他设备。

4)无论平时和战时合用还是分设通风系统时，均按战时滤毒通风的新风量，选用过滤吸收器、滤毒风机、滤毒通风管及密闭阀门。

5)不影响平时使用的洗消间和防毒通道的自动排气活门、密闭阀门、排风口等设施，平时宜安装到位。

6)为免除防护通风系统中的过滤吸收器、滤毒用通风机等专用设备，因长期不用而带来的维修保养方面的困难，平时可以暂不安装。但应做好如下的工作：应有完整的设计资料，建设时留出相应的安装位置，安装设备所需的预埋件应在土建施工时预埋好。

7)厕所、盥洗室、污水泵间等房间的排风系统，宜按防护单元单独设置，且平战两用。战时电源无保证的防空地下室应采用电动、人力两用风机。

3.5.2 平战结合通风方式

设置有除湿机的地下工程，可采用图 3－5 所示的平战结合通风系统。在该通风系统中，平时和战时设置了不同的通风机；清洁进风管管径按平时新风量设计，能够满足战时清洁进风的需要。

通风方式分为平时通风和战时通风两种。平时通风打开防爆波活门门扇并使用平时通风机，战时通风使用战时通风机。风管阀门的启闭以通风流程为标准，通风流程经过的风阀打开，不经过的关闭。需要除湿时，启动除湿机。如图 3－5 所示，平战结合通风流程如下。

1. 平时通风流程

平时通风分为全新风、全回风除湿和一次回风 3 种方式。由于地下工程内部环境保障的主要问题是除湿，所以工程外空气含湿量小于工程内含湿量（过渡季节）时，采用全新风通风。当工程外空气遭受污染或很潮湿时，采用全回风除湿。一次回风既有新风也有回风，并且要启动除湿机除湿。

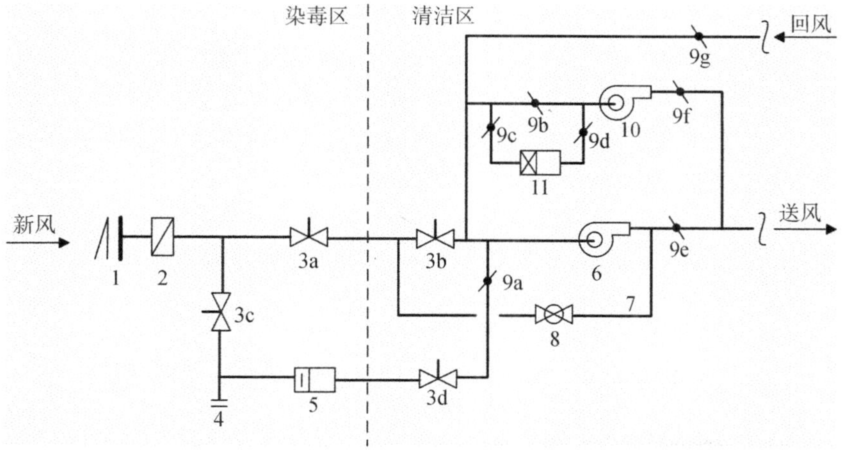

图 3－5　平战结合通风系统原理图

1—消波设施；2—油网滤尘器；3—密闭阀门；4—换气堵头；5—过滤吸收器；6—战时通风机；7—DN25 增压管；8—球阀；9—风量调节阀；10—平时通风机；11—除湿机

全新风通风流程：新风→1→2→3a→3b→9b→10→9f→送风；

全回风除湿通风流程：回风→9g→9c→11→9d→10→9f→送风；

一次回风通风流程如下：

$$\left.\begin{matrix}\text{回风}\to 9g\\ \text{新风}\to 1\to 2\to 3a\to 3b\end{matrix}\right\}\to 9c\to 11\to 9d\to 10\to 9f\to \text{送风}$$

2. 战时通风流程

战时通风分为清洁通风、滤毒通风、隔绝通风和滤毒间换气 4 种方式。

战时清洁流程：新风→1→2→3a→3b→6→9e→送风；

滤毒通风流程：新风→1→2→3c→5→3d→9a→6→9e→送风；

隔绝通风流程：回风→9g→6→9e→送风；

滤毒间换气时需要打开滤毒间门和换气堵头，其通风流程：4→5→3d→9a→6→9e→送风→4。

3.6 人防工程防护通风系统示例

战时为以下各类功能的防空地下室设计防护通风系统：防空专业队人员掩蔽部，防空专业队装备掩蔽部、一等、二等人员掩蔽所，人防物资库和人防汽车库等平战结合的人民防空地下室。通风量标准按表 3－2 选用。

战时和平时的进风、排风系统宜分别设置，但战时通风管路应尽量利用平时送风、排风管。根据防空地下室平时的不同用途，按要求设置通风、降湿或空气调节系统。为防止内部废气从口部倒流回防空地下室内部，不宜从人员出入口进风或排风，宜直接从室外或经通风竖井进风或排风。

3.6.1 一等人员掩蔽部防护通风系统

某战时为一等人员掩蔽部[6]人防工程，平时为商场或活动室，人防建筑面积 1 950 m²，掩蔽面积1 720 m²，掩蔽人数 750 人。通风系统分为平时通风和战时通风，分别设置相应送风机。通风空调系统根据负荷性质选用，平时设机械排风及排烟系统，分别设置相应排风机。战时电源无保证的人防工程应采用电动、人力两用风机。该掩蔽部防护通风系统分别如图 3－6 和图 3—7 所示，通风方式转换与设备操作表见表 3－7 和表 3—8。

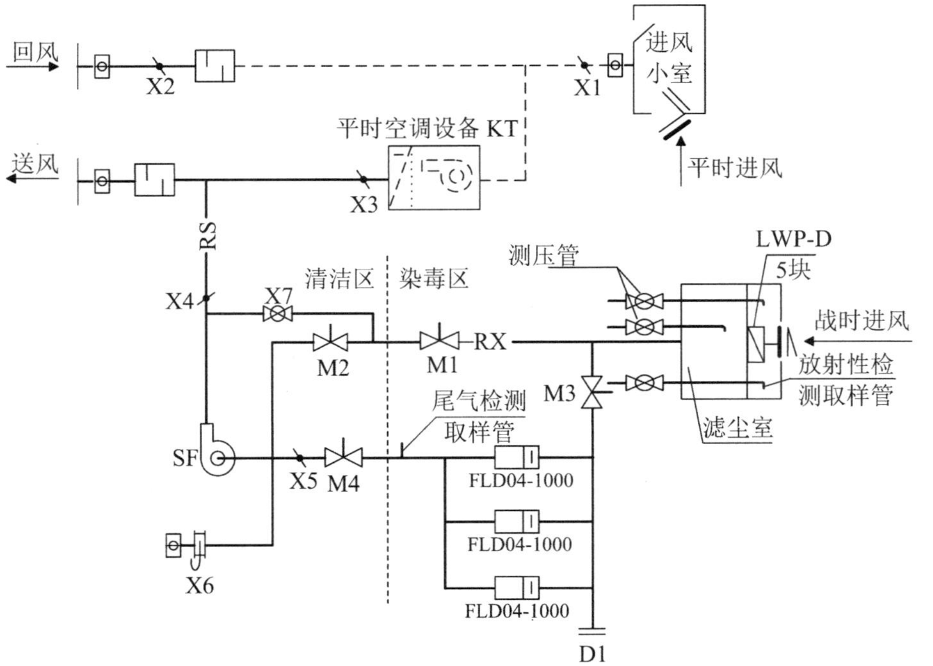

图 3－6　一等人员掩蔽部防护进风系统

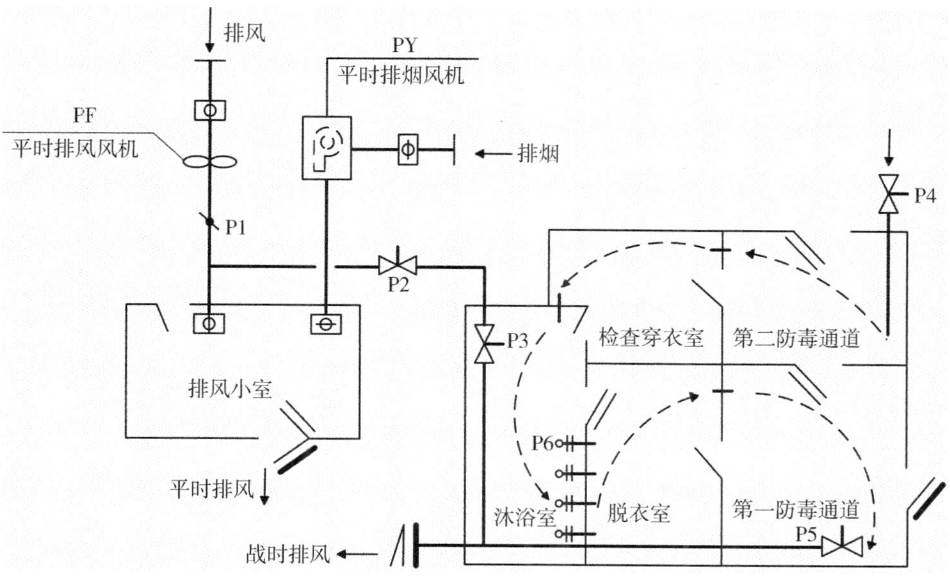

图 3－7　一等人员掩蔽部防护排风系统

表 3－7　一等人员掩蔽部进风方式转换与设备操作表

<table>
<tr><th colspan="2" rowspan="2">通风方式</th><th colspan="2">阀　门</th><th colspan="2">风　机</th><th rowspan="2">备　注</th></tr>
<tr><th>开启</th><th>关闭</th><th>开</th><th>关</th></tr>
<tr><td colspan="2">平时通风</td><td>X1～X3</td><td>M1～M4，X4～X7，D1</td><td>KT</td><td>SF</td><td>开启风井防护密闭门、密闭门</td></tr>
<tr><td rowspan="4">战时通风</td><td>清洁式通风</td><td>M1，M2，X4</td><td>M3，M4，X1～X3，X5～X7，D1</td><td>SF</td><td>KT</td><td>关闭风井防护密闭门、密闭门</td></tr>
<tr><td>滤毒式通风</td><td>M3，M4 X4，X5，X7</td><td>M1，M2，X1～X3，X6，D1</td><td>SF</td><td>KT</td><td>关闭风井防护密闭门、密闭门</td></tr>
<tr><td>隔绝式通风</td><td>X4，X6</td><td>M1～M4，X1～X3，X5～X7，D1</td><td>SF</td><td>KT</td><td>关闭风井防护密闭门、密闭门</td></tr>
<tr><td>滤毒间换气</td><td>M4，X4，X5，X7，D1</td><td>M1～M3，X1～X3，X6</td><td>SF</td><td>KT</td><td>关闭风井防护密闭门、密闭门，打开滤毒室门</td></tr>
</table>

平时由进风竖井、防护密闭门、密闭门、进风小室进风，由排风小室、密闭门、防护密闭门、排风竖井排风。

战时设清洁、滤毒，隔绝 3 种通风方式。战时进风系统由防爆波活门和扩散室、油网滤尘器、过滤吸收器、进风机、密闭阀门等设备组成。战时由进风竖井、防爆波活门、扩散室和油网滤尘器进风，清洁进风经过密闭阀门 M1 和 M2，滤毒进风经过密闭阀门 M3、过滤吸收器和密闭阀门 M4。战时清洁排风由工程内部经两道密闭阀门，再通过扩散室、防爆波活门由排风竖井排至地面。滤毒式排风为超压排风，自第二防毒通道穿过穿衣室、淋浴室、脱衣室、第一防毒通道、扩散室、防爆波活门排向室外，并保证最小防毒通道换气次数不小于 50 次。

进排风口部所选防爆波活门的额定风量应大于或等于战时清洁通风量，过滤吸收器的额定风量应不小于滤毒通风新风量。滤毒通风新风量应取以下两项计算中的较大值:①滤毒通风时掩蔽人员所需的新风量;②主要出入口处防毒通道的通风换气量加上清洁区有效容积4%的漏风量。

表 3-8 一等人员掩蔽部排风方式转换与设备操作表

通风方式		阀门		风机		备注
		开启	关闭	开	关	
平时通风		P1	P2～P6	PF(PY)	—	开启风井防护密闭门、密闭门
战时通风	清洁式通风	P1～P3	P4～P6	PF	PY	关闭风井防护密闭门、密闭门
	滤毒式通风	P4～P6	P1～P3	—	PF,PY	关闭风井防护密闭门、密闭门
	隔绝式通风	—	P1～P6	—	PF,PY	关闭风井防护密闭门、密闭门
	滤毒间换气	—	P1～P6	—	PF,PY	打开滤毒室门,关闭风井防护密闭门、密闭门

3.6.2 二等人员掩蔽部防护通风系统

某二等人员掩蔽部[6],平时为自行车库或地下汽车库,人防建筑面积 967 m^2,掩蔽面积 703 m^2,掩蔽人数 703 人。平时自行车库可利用通风采光窗自然通风,采光窗宜在防空地下室外墙的两面分别设置,采光窗临战封堵。平时汽车库由车道自然进风,机械排风及排烟。排风经防护密闭门、密闭门排至竖井。

战时设清洁、滤毒、隔绝三种通风方式。一般由竖井进风,在人员主要出入口进行超压排风或机械排风,按防护通风标准满足清洁、滤毒和隔绝通风转换要求。进风系统分别由消波装置、油网过滤器、密闭阀门、过滤吸收器、通风机等防护设备组成。

战时清洁式排风采用机械排风,由排风机、两道手动密闭阀门、扩散室、防爆波活门排向室外。滤毒式超压排风由自动排气活门经洗消间通过防毒通道、扩散室、防爆波活门排向室外,并保证防毒通道换气次数不小于 40 次。

进排风口部所选防爆波活门的额定风量应大于或等于战时清洁通风量,过滤吸收器的额定风量应不小于人防工程滤毒通风新风量。滤毒通风新风量的计算方法与一等人员掩蔽部防护通风系统相同。战时电源无保证的人防工程应采用电动、人力两用风机。

二等人员掩蔽部防护通风系统,如图 3-8 所示,通风方式转换与设备操作见表 3-9。

3.6.3 人防汽车库防护通风系统

平时的地下停车库战时转换为人防物资库[6]。平时车库由车道自然进风,机械排风及排烟。平时车库排风排烟风量由表 3-10 计算确定。如果排烟时不能从车道进行补风,则应设补风井。

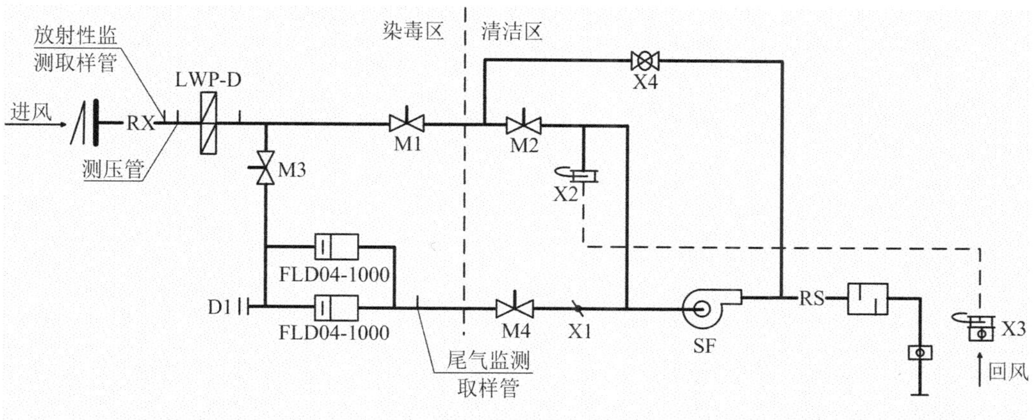

(a)

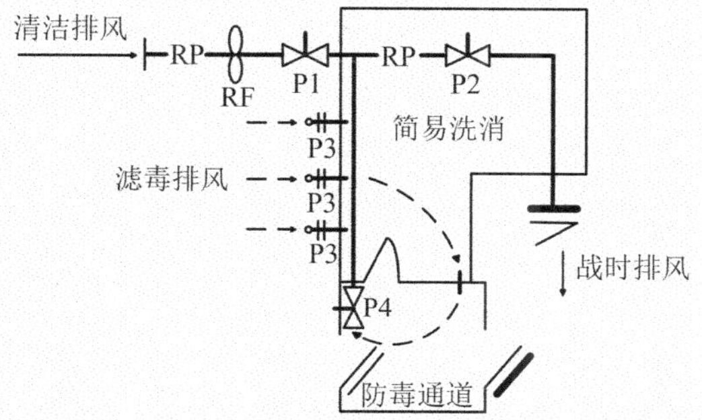

(b)

图 3-8　二等人员掩蔽部防护通风系统

(a)进风系统;(b)排风系统

表 3-9　二等人员掩蔽部通风方式转换与设备操作表

通风方式		进风口部				排风口部				备　注
		阀门		风机		阀门		风机		
		开启	关闭	开	关	开启	关闭	开	关	
平时通风		—	—	—	—	—	—	—	PF	利用采光窗自然通风
战时通风	清洁式通风	M1,M2	M3,M4,X1—X4,D1	SF	—	P1,P2	P3,P4	PF		—
	滤毒式通风	M3,M4,X1,X4	M1,M2,X2,X3,D1	SF	—	P2～P4	P1	—	PF	—
	隔绝式通风	X2,X3	M1—M4,X1,X4,D1	SF	—	—	P1～P4	—	PF	—
	滤毒间换气	M4,X1,X4,D1	M1—M3,X2,X3	SF	—	—	P～P4	—	PF	滤毒间门打开

表 3-10　地下车库平时排风量的确定

序　号	车辆出入频度及建筑类型	车库形式及计算条件	
		单层车库的换气次数/(次/h)	全部或部分为双层车库的每车排风量/[m³/(辆·h)]
1	出入频度较大的商业建筑	6	500
2	出入频度一般的建筑	5	400
3	出入频度较小的住宅	4	300

战时应设清洁式通风和隔绝防护。进风系统由防护密闭门、密闭阀门、油网除尘器、回风插板阀和通风机等组成。战时清洁排风时开启出入口的防护密闭门、密闭门超压排风。清洁式通风量按清洁区的换气次数按每小时 1～2 次计算。隔绝防护时间不少于 2 h，CO_2 允许体积浓度不大于 3%。

人防汽车库通风原理图如图 3-9 所示，通风方式转换与设备操作见表 3-11。

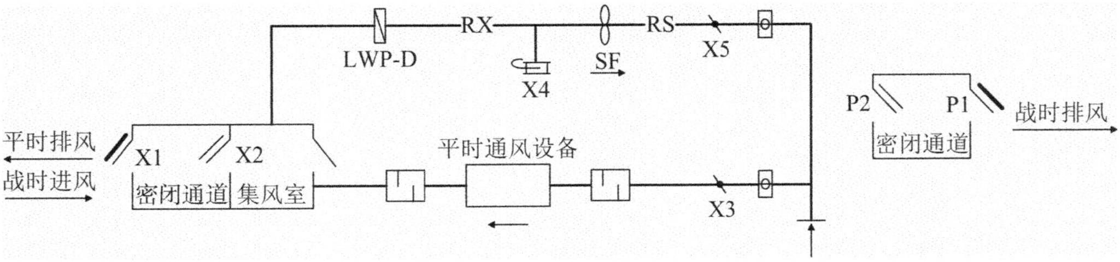

图 3-9　人防汽车库通风原理图

表 3-11　人防汽车库通风方式转换与设备操作表

通风方式		阀门 开启	阀门 关闭	风机 开	风机 关	备　注
平时通风		X1，X2，X3	X4，X5，P1，P2	-	SF	开启平时使用设备 开启风井防护密闭门、密闭门
战时通风	清洁式通风	X1，X2，X5，P1，P2	X3，X4	SF	-	关闭平时使用设备 开启风井防护密闭门、密闭门
战时通风	隔绝式通风	X4，X5	X1，X2，X3，P1，P2	SF	-	关闭平时使用设备、机房门打开 关闭风井防护密闭门、密闭门

汽车库的机械送风系统，送风量宜为排风量的 80%～85%，送风口宜设在下部或汽车通道上部。平时排风风口宜均匀布置，可只考虑上排风。

3.7 柴油发电站通风系统

地下工程柴油发电站，又称为自备电站，主要是为战时外电源（如市电）遭到破坏时，保证工程用电而设置的。工程供电系统均设有转换装置，一旦外电源中断，自备电站便投入工作。柴油发电站分为固定电站和移动电站。发电机组固定设置，且具有独立的通风、排烟、给排水、贮油等系统的柴油发电站称为固定电站；而发电机组安装在车上，可方便设置就位，且具有专用通风、排烟系统的柴油发电站称为移动电站。

3.7.1 柴油发电站特点与通风任务

1. 柴油发电站特点

柴油发电站有下述特点。

1)长期维护，应急使用；

2)燃烧空气供应与有害废气排除，需设置独立的进、排风系统；

3)余热排除需设置专门的换气系统和冷却水系统；

4)在战时，柴油发电机房为染毒区，电站控制室为清洁区；

5)噪声超过卫生标准，严重影响值班人员工作。

2. 电站通风任务

柴油发电站的通风任务有如下几点：

1)保证机组设备长期储存和正常运行的环境条件，及时供给柴油机助燃空气。柴油发电机要正常运行必须要有适宜的温湿度环境，否则将影响发电机组的发电效率。所以规定柴油发电机房温度：人员直接操作时温度≯35 ℃，人员隔室操作时温度≯40 ℃，电站控制室温度≯30 ℃，相对湿度≯75%。柴油机运行需要足够的燃烧空气，一般按 7 $m^3/(kW \cdot h)$计算。

2)排除柴油机工作中产生的 CO、丙烯醛以及其他有害气体和大量余热。有害气体容许浓度 CO 为 30 mg/m^3，丙烯醛为 0.30 mg/m^3。实测表明，柴油电站内消除丙烯醛所需通风量最大，其次为 CO。通过置换通风，向电站内送入新鲜空气，将有害气体排至工程外，使电站内有害气体浓度保持在容许范围内。

3)保证柴油发电机房不带滤毒的防护通风和电站控制室带滤毒的防护通风，避免冲击波进入电站，实现控制室的“核、生、化”防护。

4)尽可能地降低噪声的产生及其影响。

柴油发电站所要求的环境温湿度条件达式 3-12。

表 3-12　柴油发电站环境条件

指标要求 使用情况	温湿度		噪　声	换气次数 次/h
	温度/℃	湿度/(%)		
人员在机房操作	冬 15～35 夏≯35	<75	连续工作 8 h 时间内：85～90 dB；日工作时间减半可增加 3 dB；任何情况下，不得超过 115 dB	≥1
人员隔室操作	45～50，发电机周围≯40	<75		
电站控制室	冬 16～26 夏 16～28	<75		6
储油间	—	—	—	6
水库、泵房间	—	—	—	2
厕所	—	—	—	10

3.7.2 柴油发电站余热量计算

柴油发电机运转过程中，柴油燃烧获得能量中的35%～40%转化为电能，其余的60%～65%以热能的形式，形成辐射散热量、冷却水散热量和排烟散热量。排烟散热量随排烟直接排至工程外，冷却水散热量由冷却水带走。辐射散热量即为电站余热量，包括柴油机、发电机和排烟管的散热量三部分。其他设备、人员、照明的散热量以及围护结构的传热量因数量不大，一般可忽略不计。部分康明斯柴油机散热量见表3-13。

1.柴油机散热量 Q_1

柴油机散热量

$$Q_1=\frac{N_e Bq\eta_1}{3\ 600} \tag{3-4}$$

式中：N_e为柴油机额定功率，kW；B为柴油机耗油率，kg/(h·kW)，一般为0.20～0.24，可查产品样本；q为柴油热值，取q=41.87 MJ/kg；η_1为柴油燃烧热量散至机房内的百分比，一般取4%～6%，见表3-14。

表3-13 部分康明斯柴油机散热量

序号	型号	额定功率/kW	排烟温度/℃	辐射散热量/kW	冷却水散热量/kW	排烟散热量/kW
1	NTA855—G2	284	485	36	213	178
2	KTA19—G2	336	518	41	261	192
3	NTAA855—G7	343	451	43	257	214
4	KTA38—G2	664	541	84	516	418
5	KTA50—G3	1 097	583	153	646	654

表3-14 柴油机工作时的散热量系数 η_1

N_e/kW	η_1/(%)	N_e/kW	η_1/(%)
<37	6	74～220	4～4.5
37～74	5～5.5	>220	3.5～4

2.发电机散热量 Q_2

发电机散热量

$$Q_2=P\left(\frac{1}{\eta_2}-1\right) \tag{3-5}$$

式中：P为发电机额定功率，kW；η_2为发电机效率，通常为80%～94%，具体数值由产品样本查取。

3.排烟管在机房内部散热量 Q_3

柴油机排烟从气缸排出、经排烟管直接排到工程外，排烟温度一般在400～600 ℃之间。机房内的排烟管宜架空或地沟敷设并保温，保温层表面温度应不大于60 ℃。排烟管向机房内的散热量，分别与烟气温度、机房内空气温度、排烟管在机房内长度、排烟管保温材料导热系数、保温层厚度等参数有关。

1)单位长度保温排烟管散热量

$$q_c=\frac{t_r-t_n}{\frac{1}{2\pi\lambda}\ln\frac{D}{d}+\frac{1}{D\pi\alpha}} \tag{3-6}$$

式中：t_r为排烟管外壁面温度，一般取 300～400 ℃；t_n为管道周围空气温度，一般取 35～40 ℃。D 为排烟管保温层外径，m；d 为排烟管外径，m；λ 为保温材料导热系数，W/(m·℃)；α 为保温管道外表面向周围空气的放热系数，W/(m^2·℃)；对架空敷设于机房内的排烟管，可取 α=11.63 W/(m^2·℃)。

按(3－6)式计算出 q_c后，应由下式对保温层表面温度进行校核，有

$$t_2=\frac{q_c}{\pi D\alpha}+t_n \tag{3-7}$$

式中：t_2为排烟管外表面温度，应不大于 60 ℃。

2)排烟管在机房内的散热量

$$Q_3=q_cL/1000 \tag{3-8}$$

式中：L 为保温排烟管在机房内架空敷设的长度，m。

4. 电站机房余热量 Q_t

电站机房余热量

$$Q_t=Q_1+Q_2+Q_3 \tag{3-9}$$

式中：Q_1 为柴油机散热量，kW；Q_2 为发电机散热量，kW；Q_3 为排烟管在机房内部散热量，kW。

冷却水散热量是否计入总余热量，要根据冷却水散热量排放的具体情况而定，如果冷却水散热排至机房空气中则计入 Q_t，否则不计入。

3.7.3 柴油机冷却水散热量

柴油机工作时，柴油燃烧会产生高温，运动部件的相互摩擦也会产生热量。为使柴油机气缸等部件保持正常工作温度，冷却系统必须带走受热部件的部分热量。

柴油机冷却水散热量一般是辐射散热量的 3～6 倍，设计中对这部分热量应采取有效的方法进行控制和排除。柴油机冷却水散热量 Q_4可从产品说明书查取，或按下式估算，则

$$Q_4=\frac{N_eBq\eta K_B}{3\ 600} \tag{3-10}$$

式中：N_e为柴油机额定功率，kW；B 为柴油机耗油率，kg/(h·kW)，一般为 0.20～0.24，可查产品样本；q 为柴油的热值，取 q=41.87 MJ/kg；η 为柴油机汽缸冷却水带走的热量占燃料发热量的比例，一般取 30%；K_B为散热损失系数，一般取 0.85。

目前地下工程中所使用的柴油机冷却一般采用水冷，冷却水进水温度为 40～60 ℃，出水温度为 82～93 ℃，最高不超过 95 ℃，由节温器自动控制。进水口压力不宜大于 0.2 MPa。

水冷方式中，柴油机排热量由冷却水带走，Q_4不计入机房余热中。

3.7.4 柴油发电站通风降温

柴油发电站一般设置独立通风系统，机房冷却降温采用水冷和风冷相结合的方式。

1. 通风系统

柴油发电站通风系统分为进风系统和排风系统，又分为机房和控制室两部分。在战时，机房为染毒区，控制室为清洁区。机房设置清洁式和隔绝式两种防护通风方式，通常情况下机房进行清洁式通风，但是当工程外遭受袭击、发生大火、以及通风口和通风设备遭受破坏时，机房进行隔绝式通风。机房防护通风系统由防爆波活门、扩散室、油网除尘器、进风机、消防排烟风机等设备组成。

柴油机燃烧空气来自室外空气，即室外空气经防爆波活门、进风扩散室和油网除尘器后，进入柴油发电机房供柴油机工作使用，战时染毒空气直接进入柴油机气缸。

电站控制室为人员值班区域，战时为清洁区。控制室所需新风，有两种供给方式：①当柴油电站与地下工程主体连成一体时，应由主体向电站控制室供给清洁空气；②当柴油电站独立设置时，控制室由柴油电站通风系统供给新风，且应设置滤毒通风装置。通风原理如图 3－10 所示，风机和阀门操作见表 3－15。

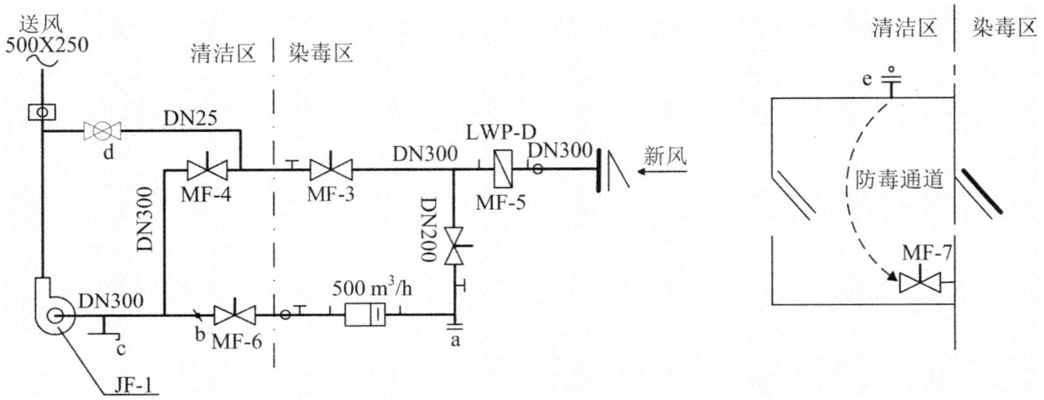

图 3－10 柴油电站控制室通风原理图

(a)进风；(b) 排风

表 3－15 柴油电站控制室风机和阀门操作表

通风方案		密闭阀门		风机		备注
		开	关	开	关	
平时通风		MF—3，MF—4，MF—7，e	MF—5，MF—6 a，b，c，d	JF—1	—	—
战时通风	清洁通风	MF—3，MF—4，MF—7，e	MF—5，MF—6 a，b，c，d	JF—1	—	—
	滤毒通风	MF—5，MF—6，MF—7，b，d，e	MF—3，MF—4 a，c	JF—1	—	调节阀门 b、c，滤毒室换气时开 a，关 MF—5
	隔绝通风	c，d	MF—3，MF—4，MF—5，MF—6，MF—7 a，b，e	JF—1	—	风机房门打开

控制室防护通风系统由油网除尘器、过滤吸收器、密闭阀门和风机等设备组成，具有清洁、隔绝和滤毒 3 种通风方式。清洁进风量按换气次数 6 次/h 计算，并满足新风量不小于 10 $m^3/(h\cdot p)$；滤毒进风量按防毒通道最小换气次数不小于 40 次/h 计算，并满足新风量不小于3 $m^3/(h\cdot p)$；控制室滤毒排风采用超压排气活门排至机房内，超压值不小于 30 Pa；隔绝通风时，空气内部循环并满足隔绝防护时间不小于 3 h，CO_2浓度不大于 2.5%。

2. 降温冷却系统

机房冷却采用水冷和风冷相结合的方式。水冷时通过表冷器或淋水室消除机房余热；风冷时利用室外新风或主坑道排风冷却机房，并置换机房有害气体。

(1)用水带走余热的通风系统

水冷一般用在水源充足且水温较低的地下工程。水冷的优点是进、排风量小，防护设备小，当工程外空气染毒时电站机房染毒程度低。水冷的缺点是用水量大，同时受到水源条件限制。

水冷通风系统如图 3-11 所示。进风通过消波装置和油网除尘器后，进入电站机房。平时或清洁通风时，进风送到机房(密闭阀 11c 和 11d 打开、11b 关闭)，柴油机自机房吸入空气。战时隔绝通风时，外界染毒空气只作柴油机助燃空气用(密闭阀 11c 和 11d 关闭、11b 打开)。

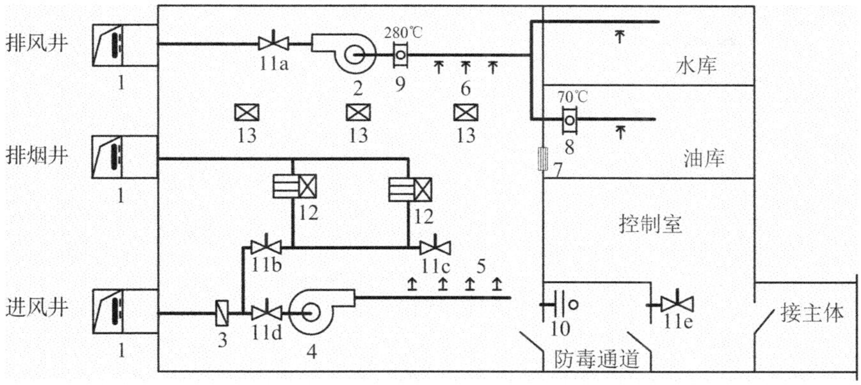

图 3-11　闭式水循环冷却原理图

1—防爆波活门；2—排风机(280℃)；3—粗滤器；4—进风机；5—送风口；
6—排风口；7—防火风口；8—防火调节阀(70℃)；9—排烟防火阀(280℃)；
10—自动排气活门；11—密闭阀门；12—柴油发电机组；13—冷风机

排风系统在排风机作用下，将水库、贮油间污浊空气及机房污染热空气，通过排风口抽入，再经过排风机及其出口的密闭阀门排入扩散室；排烟系统则把柴油机燃烧的废气通过排烟管道排入扩散室，最后排风、排烟风别通过防爆波活门排至工程之外。当排风和排烟合用一个竖井时，应分别设置消波装置，而且排风管设止逆阀，避免烟气倒灌。

平时及战时清洁通风时，机房余热主要由冷风机消除。当室外温度较低时，新风能够消除机房部分余热，降低机房温度，从而减少冷风机运行数量。当室外温度足够低时，甚至可以不开冷风机。战时隔绝通风时，机房余热全部由冷风机承担。

电站水冷时，按消除有害气体计算电站进风量，一般取经验数据 20 $m^3/(kW\cdot h)$。机房排风量为进风量与燃烧空气量之差，但是考虑机房是产生有害气体的房间，要求负压排风，所以排风量增大 10%。

(2)用风带走余热的通风系统

风冷方式适用于取水困难而室外空气温度较低的工程。风冷优点是不用水,系统简单、操作方便。但因为系统总通风量大,战时机房内染毒严重,由于需要通风消除机房余热,而无法运行于隔绝防护方式。电站风冷时,依据消除余热计算电站进风量,按下式计算。排风量也取为进风量与燃烧空气量之差的 1.1 倍,即

$$L=3\ 600\frac{Q_{\rm t}}{c\rho(t_{\rm n}-t_{\rm w})} \tag{3-11}$$

式中:$Q_{\rm t}$为机房内余热量,kW;$t_{\rm n}$为机房排风温度,℃;$t_{\rm w}$为夏季通风室外计算温度,℃;c为空气比热容,1.01 kJ/(kg·℃);ρ为空气密度,kg/m^3。

风冷通风系统如图 3-12 所示,它由进风系统将室外温度较低的空气引入室内,将机房中机组散热量带走(也有用主体工程排风带走机房余热的),同时,进风也为柴油机提供燃烧空气(主体工程排风也可供柴油机助燃)。一般情况下,柴油机机头散热器的排风宜通过管道直接排出工程,但要考虑机头风扇的压头是否满足要求。也可采用通过接入机房排风管的方法,把机头散热直接排出工程。

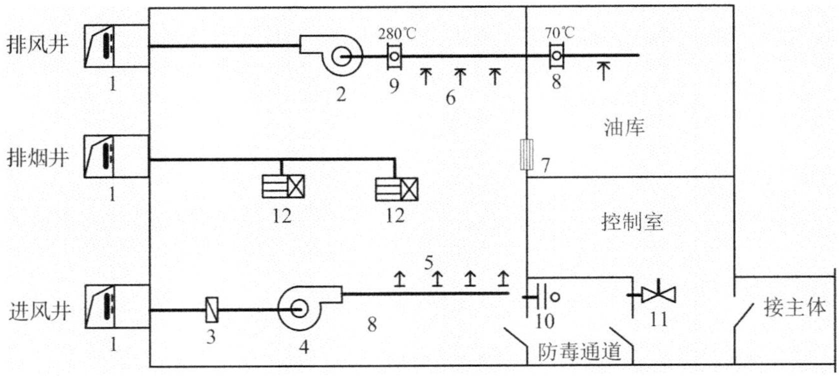

图 3-12 风冷通风系统示意图

1—防爆波活门;2—排风机;3—油网过滤器;4—进风机;5—送风口;
6—排风口;7—防火风口;8—防火调节阀(70℃);9—排烟防火阀(280℃);
10—自动排气活门;11—密闭阀门;12—柴油发电机组

(3)冷风机

柴油发电站常用的冷风机有 S 型和 LZT 型两种类型。

S 型冷(暖)风机主要由冷却排管和风机组成,如图 3-13 所示。冷却排管为厚壁铝管冷轧出翅、管一体的螺旋翅片管,传热效果较好;风机为轴流式,壳体上下有进出冷(热)水活接头,出风口为百叶窗。型号有 S324,S334,S524,S534 等,其技术性能见表 3-16。型号含义:S 为冷热(双用)水管排,第 1 位数字表示风扇号,第 2 位数字表示管排数,第 3 位表示四极电机。

S 型冷风机的特点是:①风扇为鸟翼形叶片,噪声小,据介绍小号为 63 dB(A),大号为 70 dB(A);②进出水温降大,换热器传热效果好。使用维护中,风机、水泵及其电源可靠;由于冷媒工作额定压力较高(0.4 MPa),所以当风机停机或故障出现时,应立即停止供应冷水;调整百叶窗开度,可使空气射流适宜;冷风机应经常保持清洁,管路接头连接可靠,调节装置灵活;用热水时应软化,以减少换热排管结垢,2~3 年可化学除垢一次;散热片百叶碰弯时应及时校平,避免增大风阻;不用时应灌满水,以减少腐蚀。

表 3-16　S 型冷风机技术性能(进水温度 20℃,进风温度 35℃)

型号	制冷量 kW	出风温度/℃	耗水量 kg/h	回水温度/℃	水流速 m/s	水阻/Pa	风量 m^3/h	功率/kW
S324	4.36	28.7	2 260	21.7	1	2.96	2 350	0.12
S334	4.88	27.9	3 400	21.3	1	5.22	2 330	0.12
S524	7.91	29.8	2 260	23	1	3.88	5 050	0.4
S534	9.76	28.5	3 400	22.5	1	6.87	4 980	0.4

LZT 型冷风机由铝轧肋片管式热交换器与轴流风机组成,为悬挂式设备,可以用冷冻水或自然低温水为冷媒。与 S 型风机比较,在相同风量和用电量情况下,相同水条件下,制冷量提高 10%～16%,而用水量却减少 20%～40%,构造也比较简单、紧凑,使用灵活。关于型号性能亦可查有关资料。LZT41,LZT42,LZT43 均为沈阳铝材厂生产。

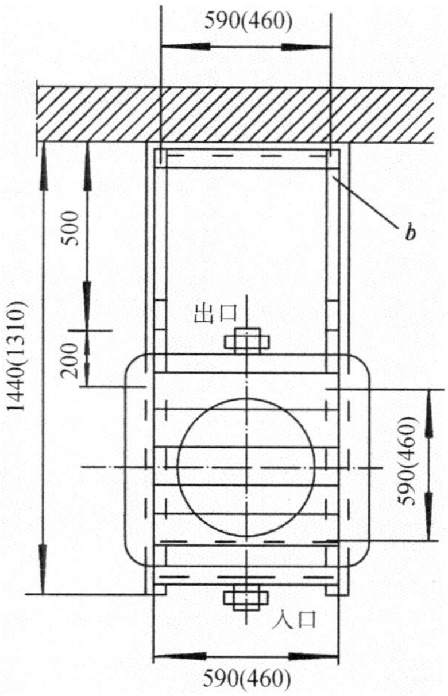

图 3-13　S 型暖风机安装图

3.7.5 地下工程电站排烟

柴油发电站排烟系统用于将柴油在汽缸内燃烧所产生的高温废气,从机房内排出工程外。由于柴油机烟气温度高(400～600 ℃)、速度快(20～30 m/s),所以排烟系统要做好保温、消声和消烟降温工作。

1. 排烟系统设计要求

1)柴油机排烟口与排烟管应采用柔性连接,一般采用钢制波纹管。当连接两台或两台以上机组时,排烟支管上应设置单向阀门;

2)排烟管室内部分应作隔热处理,其表面温度不宜超过 60 ℃;

3)排烟管路应尽量顺直,减少弯头,排烟管出口处应设置消声器;

4)当电站机房设置多台柴油机时,各机组的排烟管应合并成一根干管或排烟道,经消波系统引向工程外部,有条件时宜用斜井或竖井排烟;

5)排烟系统总阻力不应大于柴油机要求的数值,如康明斯柴油机要求不大于 10 kPa;

6)排烟管引出工程外部时,隐蔽伪装,并防止向工程内部倒烟,需考虑防冲击波、防雨水和扩散消烟等问题;

7)排烟管应选用耐热、防腐和具有一定强度的管材。

2. 排烟管敷设方式

柴油机排烟管包含架空敷设和地沟敷设两种方式。架空敷设方式具有烟管转弯少、管道短、阻力小、有利于柴油机运行等优点,应优先采用。地沟敷设优点是机房空间布置整齐,室内散热量小;缺点是管道长且转弯多,使排烟阻力增大,且不便于检修。

为了便于安装和维护检修,排烟管尽可能采用架空敷设。排烟管应有 0.5%以上坡度,在排烟管最低点设置放水阀，以便排除管内积水。

排烟支管与排烟干管连接时可采用斜接（交角 45°）异径或等径三通以减少阻力。排烟管敷设时尽量减少弯头、尽量沿最短的路径敷设。排烟管连接通常采用焊接，防止漏烟。排烟管敷设前内外应除锈，并用高温防锈漆做防腐处理。

3. 排烟管保温

柴油机运行时，排烟管散发出大量热量，使机房内空气温度升高，高温对机组运行和人员操作都不利，也给电站降温系统增加了负担，所以必须对排烟管道作保温处理。排烟管常用保温材料性能见表 3－17。

表 3－17 排烟管常用保温材料性能表

保温材料	ρ/(kg·m^{-3})	λ/(W·m^{-1}·℃$^{-1}$)	安全使用温度/℃
离心玻璃棉	10～96	0.035～0.05	<400
水泥珍珠岩管壳	250～400	0.058～0.087	600
微孔硅酸钙	200～250	0.059～0.060	600
矿棉	105～220	0.052	600
石棉灰	245	0.112	800
岩棉	80～200	0.047～0.058	<400

保温层应先加工成管壳状，呈半圆形或 1/4 圆形，然后用 16# 铁丝将其绑扎至排烟管上。要求每块管壳不少于两处绑扎，然后再用保温材料将缝隙填实抹平，保温层外应有防潮层和保护层，最后磨光涂油漆。

保温层厚度按避免烫伤计算，一般取 60～150 mm。计算时，外表面温度取 60 ℃，环境温度按 35～40 ℃。柴油机排烟管散热量的示例见表 3－18。

某 2×200 kW 固定柴油发电站机房通风系统原理图如图 3－14 所示。

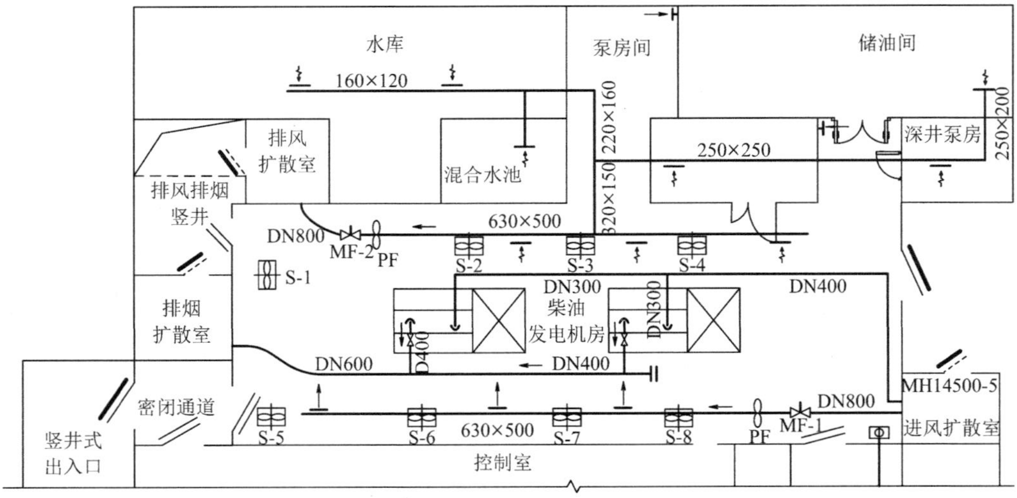

图 3－14 某柴油发电站机房通风系统原理图

表 3-18　柴油机排烟管保温厚度和排烟管散热量(t_n=35 ℃)

排烟管直径/mm	玻璃纤维制品				岩棉及矿渣棉制品			
	烟气温度 300 ℃ 导热系数 0.06 W/(m·℃)		烟气温度 400 ℃ 导热系数 0.068 W/(m·℃)		烟气温度 400 ℃ 导热系数 0.076 W/(m·℃)		烟气温度 500 ℃ 导热系数 0.085 W/(m·℃)	
	保温层最小厚度/mm	散热量/(W/m)	保温层最小厚度/mm	散热量/(W/m)	保温层最小厚度/mm	散热量/(W/m)	保温层最小厚度/mm	散热量/(W/m)
50	45	89	65	114	70	122	94	151
80	49	114	71	142	78	150	104	184
100	51	129	75	159	82	168	109	203
125	53	148	78	180	85	180	115	226
150	55	166	81	199	89	209	119	248
200	57	201	85	236	93	247	126	289
250	59	235	88	272	97	283	131	328
300	60	269	91	308	100	319	136	365
400	62	335	95	376	104	388	143	438
500	64	401	97	444	107	456	147	508
600	65	466	99	510	109	523	151	577
700	65	531	101	576	111	589	151	644
800	66	595	102	641	113	655	157	712

思考题与习题

1. 防护通风系统的含义和要求是什么？
2. 防护通风系统的运行方式有哪些？
3. 在什么情况下，防护工程转入隔绝式防护？
4. 为什么在合用进风机系统中设置增压管？
5. 地下工程柴油发电站有什么特点？
6. 试根据以下条件，设计某人防工程的防护进风系统与排风系统。该工程平时为库房，设有机械进、排风(烟)系统，平时最大进风量为 9 000 m^3/h，最大排风(烟)量为 18 000 m^3/h，战时为二等人员掩蔽所。建筑面积 650 m^2，室内净高 3 m，使用面积 445 m^2，战时清洁密闭面积 412 m^2，可用于人员掩蔽的面积 360 m^2，掩蔽人员的数量 360 人。结合楼梯间设有 $1^\#$ 和 $2^\#$ 两个出入口，其中 $1^\#$ 出入口附近设置进风井、进风扩散室、滤尘室、滤毒室和进风机房，$2^\#$ 出入口为战时人员主要出入口，附近设有战时男女厕所、一道防毒通道(面积 2 m×3 m=6 m^2)、简易洗消间、排风机房、排风扩散室和排风竖井。设计防护通风系统时，为减少土建造价和方便平战转换，要求平时与战时的通风竖井及风机房合用。

第 4 章　防护通风设备

防护通风设备是具有防护功能的通风设备，该设备在战争条件下能够生存并完成通风任务。本章介绍防护通风系统中的防波消波、除尘滤毒以及通风机、风路阀门等设备的结构原理及使用维护。

4.1 防波消波设备

进风口、排风口、排烟口等工程口部，与人员出入口一样，也是地下工程防止冲击波破坏的薄弱部位，因而是通风系统重点防护部位。地下工程中使用的防冲击波设备有两类：一类是“阻挡”冲击波，如防护门、防爆波活门等；另一类是“消散”冲击波，如扩散室等。

4.1.1 防爆波活门

防爆波活门是应用最为普遍的防冲击波设备，设在进风、排风和排烟系统最外端比较隐蔽的位置，起“挡波”作用，在冲击波到来时能够迅速关闭。常用的有悬板式防爆波活门和胶管式防爆波活门。

1. 悬板式防爆波活门

(1)结构原理

悬板式防爆波活门的结构原理图，如图 4-1 和图 4-2 所示。

悬板式活门主要由底座板、悬板、铰页和限位座等部件组成。底座板固定在预先埋设的框架上，悬板通过铰页支承在底座板上，自然状态下，在自重作用下以一定角度保持张开。清洁通风时，空气通过悬板与底座板张开的间隙和板上孔洞进入工程；当冲击波来临时，悬板在冲击波的作用下压向底板座，两板错开的孔洞便被隔断，气流不能流过，冲击波也被阻挡。悬板上镶有橡皮垫，保证两板重合时的密封性。悬板在负压作用下的最大张开角度受限位座控制。为避免悬板在冲击波负压作用时和正压作用反弹时再度张开，悬板装有自闭锁装置，保证关闭后的悬板自动锁紧。

(2)技术性能

悬板式活门的性能主要是抗力、安全区最大风量、关闭风量以及几何尺寸等。抗力指承压能力，有 6 kg/cm^2，12 kg/cm^2，24 kg/cm^2，36kg/cm^2 等规格（约为 600 kPa，1 200 kPa，2 400 kPa，3 600 kPa），由设计者根据工程等级选用；安全区最大风量指通风过程中不致使悬摆板关闭的最大风量；关闭风量指一旦达到这一风量时，悬板板便被关闭。

地下工程中采用最多的是底座板平时可以打开的门式活门，平时用门洞进、排风，战时将底座板(门扇)关闭,靠底座板上的孔洞进、排风。应用最广泛的是 HK 系列和 BMH 系列,其性能见表 4-1。

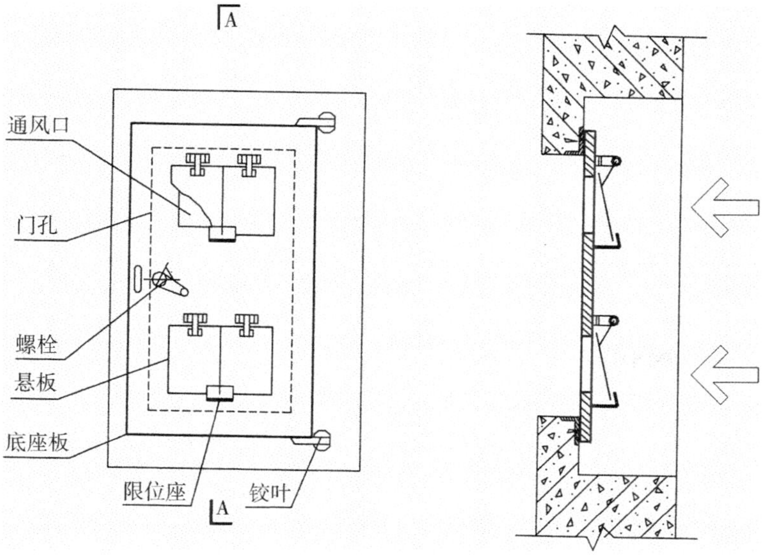

图 4-1　悬板式防爆波活门

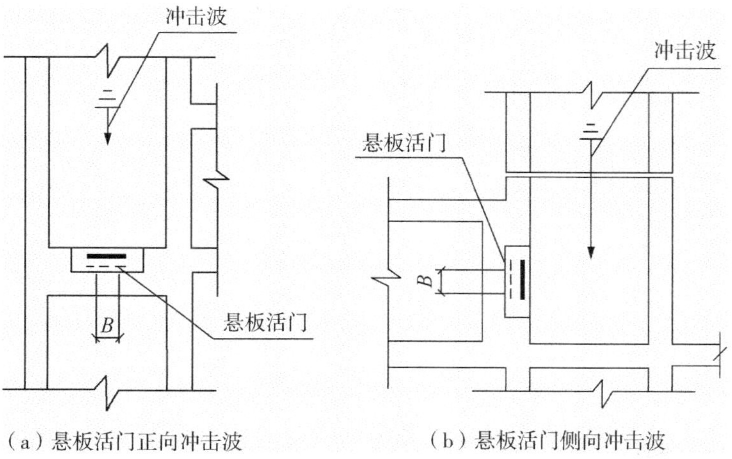

图 4-2　悬板活门朝向与冲击波传播方向关系

表 4-1　常用悬板式活门性能参数

型　号	通风管径/mm	战时最大通风量/($m^3\cdot h^{-1}$)	门洞尺寸(宽×高)/mm	平时最大通风量/($m^3\cdot h^{-1}$)
HK400	ϕ400	3 600	620×1 400	31 200
HK600	ϕ600	8 000	620×1 400	31 200
HK800	ϕ800	16 000	650×2 000	46 800
HK1000	ϕ1 000	24 000	850×2 100	64 260
BMH900	ϕ200	900	500×800	14 400

续表

型　号	通风管径/mm	战时最大通风量/($m^3 \cdot h^{-1}$)	门洞尺寸（宽×高）/mm	平时最大通风量/($m^3 \cdot h^{-1}$)
BMH2000	ϕ300	2 000	500×800	14 400
BMH3600	ϕ400	3 600	500×800	14 400
BMH5700	ϕ500	5 700	500×800	14 400
BMH8000	ϕ600	8 000	500×1 250	22 500
BMH10000	ϕ700	10 000	600×1 250	27 000
BMH14500	ϕ800	14 500	600×1 700	36 720
BMH22000	ϕ1 000	22 000	850×2 100	64 260

活门通风量与阻力的关系，如图 4－3 和图 4－4 所示。当通风量为战时最大通风量时，通风阻力为 200 Pa；当通风量超过战时最大通风量时，进风系统上活门的悬摆板会自动关闭，排风系统上活门的悬摆板会产生较大幅度摇摆，影响排风系统稳定。平时通风时打开活门门扇，利用门洞孔进行通风，平时最大通风量的风速为 10 m/s。

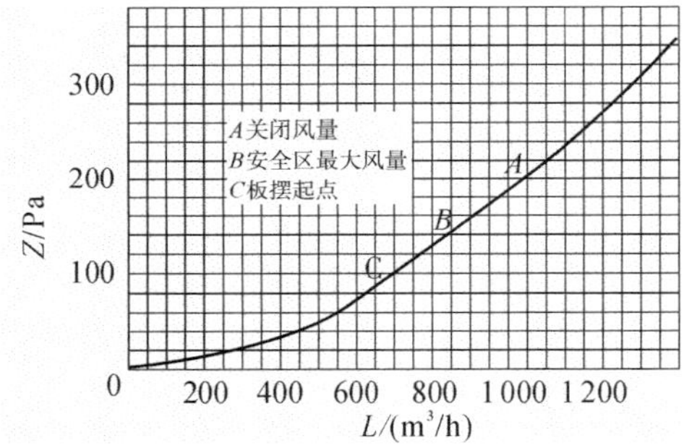

图 4－3　MH900 风量与阻力曲线

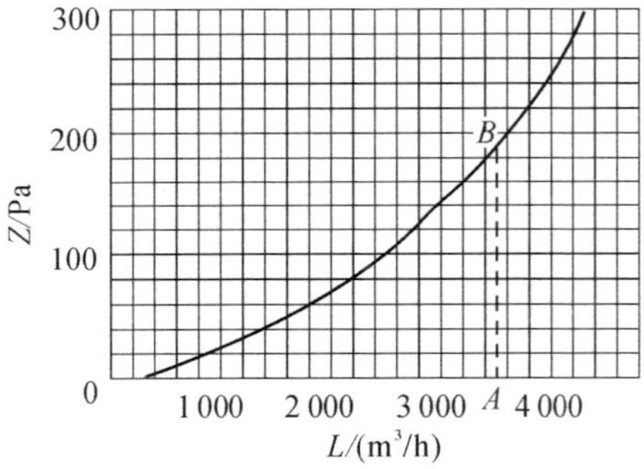

图 4－4　HK400 风量与阻力曲线

此种活门结构简单，维护方便，消波效率高，可达 70%～80%，因此，应用广泛。防爆波活门平时维护中要注意密封件的密合性能检查和悬摆板启闭灵活程度检查，战前更应给以特别重视。

2. 胶管活门

胶管防爆波活门是一种在冲击波超压作用下能够迅速关闭的活门，应用于人防工程进、排风系统中，具有消波效率高、启闭灵活而不需要传动机构等特点。

(1)结构原理

胶管活门采用柔软而富有弹性的橡胶管为消波主体，用卡箍将胶管固定在钢体门扇上，在冲击波作用下胶管发生变形，将绝大部分冲击波堵截在工程外面，剩余小部分冲击波进入工程后，在扩散室进一步膨胀扩散，最后削弱到允许的安全压力。胶管活门风量大小靠增减胶管数量实现，活门示意图如图 4－5 所示。

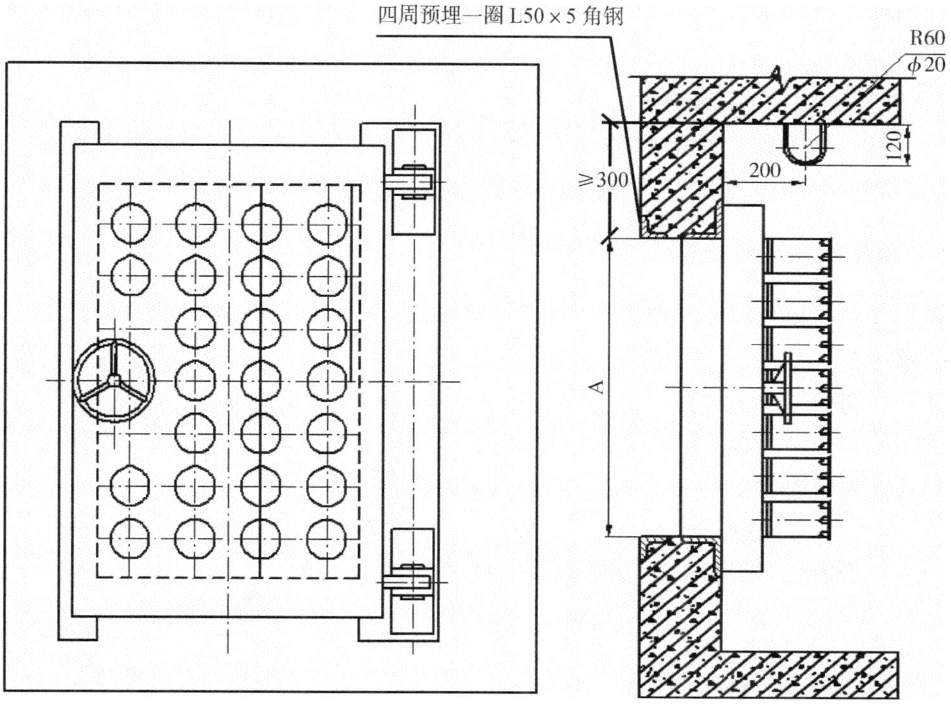

图 4-5　胶管活门示意图

(2)技术性能

1)消波性能。胶管质轻,弹性变形大,在冲击波动载作用下,容易失稳变形,闭合快,密闭性能好,消波率高。

2)通风性能。在风速为 8 m/s 时,单根胶管的风量为 225 m^3/h,可根据需要风量大小组合使用,阻力为 100 Pa,见表 4-2。

表 4-2　胶管防爆被活门主要技术参数表

活门型号	战时最大通风量/($m^3 \cdot h^{-1}$)	门孔尺寸/mm		胶管数量	平时最大通风量/($m^3 \cdot h^{-1}$)
		A	B		
KJH200(4B)	900	320	320	4	3 686
KJH300(4B)	2 000	440	440	9	6 970
KJH400(4B)	3 600	880	440	16	13 940
KJH500(4B)	5 600	1 040	560	25	20 966
KJH600(4B)	8 000	1 200	700	36	30 240
KJH800(4B)	14 500	1 800	840	64	54 432
KJH1000(4B)	22 600	2 240	980	100	79 027

注:表中战时最大通风量是指流经胶管活门风速为 8 m/s 时的通风量;平时最大通风量是指打开活门底座板、利用门孔通风,风速为 10 m/s 时的通风量。

3)使用条件。胶管活门适用于抗力为 0.6 MPa 以下的人防工程,使用温度为 −30～40 ℃,在 20 ℃条件下,使用寿命为 10 年。在密闭或低温条件下保存,胶管的寿命会更长。在和平时期胶管活门只允许安装门框和门扇，不装胶管(密封保管)，战时可快速安装。只适用于通风系统，不适用于排烟口。

(3)布置与安装

胶管活门和悬板活门的用法相同，但当作用在胶管活门上的空气冲击波超过设计值不大于 0.3 MPa 时，可取消扩散室，而用较小的过渡段或直接与风管相连。

4.1.2 消波扩散室与扩散箱

扩散室及扩散箱利用工程内部空间，削弱由通风口或排烟口进入工程的冲击波。

1. 扩散室

扩散室是利用一个突然扩大的空间削弱冲击波的设施。冲击波通过活门沿管道漏入扩散室时，由于断面、空间的突然扩大而压力降低，其建筑示意图如图 4-6 所示。扩散室的通风连接管在侧墙上时应设在后三分之一处，在后墙上时应设有弯头。

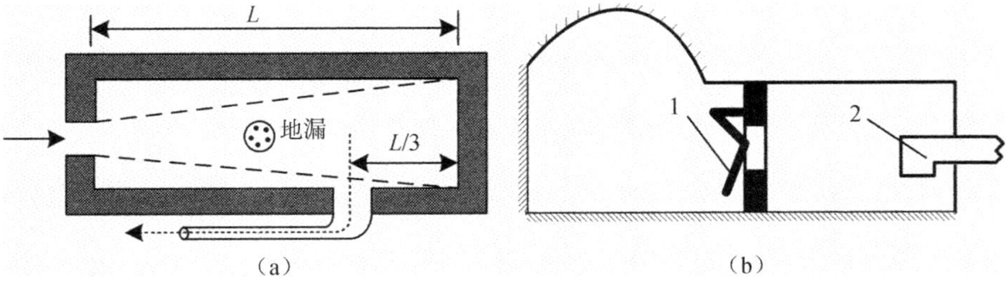

图 4-6　扩散室

(a)风管接口设在侧墙的扩散室；(b)风管接口设在后墙的扩散室

1—防爆波活门；2—风管

扩散室设有人孔，便于人员进出清扫、维护，孔上设防护盖，可使扩散室在常态保持下密闭；地板上设有地漏，便于洗消冲洗时排水。维护的要点是定期清扫，不得堆放杂物；地漏畅通，室内干燥。

2. 扩散箱

扩散箱的消波原理与扩散室相同。扩散箱是根据《人民防空地下室设计规范》的要求，用厚度不小于 3 mm 的钢板制作的，与悬板活门配合组成防波消波系统。扩散箱平时可不安装，临战在装，安装速度快，不占用地下室平时的使用面积。扩散箱示意图如图 4-7 所示。

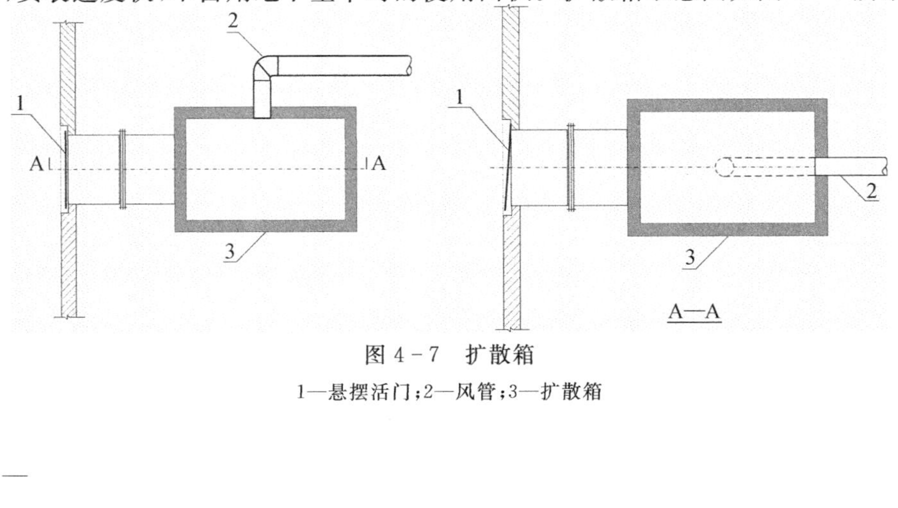

图 4-7　扩散箱

1—悬摆活门；2—风管；3—扩散箱

4.2 粗滤器

粗滤器装在进风总管上，用于空气预滤除尘，主要型号种类有 LWP 型油网过滤器、网格式过滤器、泡沫塑料过滤器和粗(中)效无纺布过滤器。

4.2.1 LWP 型油网过滤器

LWP 型油网过滤器安装在清洁式与滤毒式通风合用的管路上，作为预滤除尘器。该过滤器平时过滤空气中较大颗粒灰尘，战时过滤粗颗粒的爆炸残余物。

1. 结构与原理

LWP 型过滤器由多层波纹状铁丝网互相交错迭加在一起组成。网片固定在框架上，框架安装在铁壳内。据网片多少和尺寸不同分为大号(LWP—D)和小号(LWP—X)两种规格。结构如图 4－8 所示，结构尺寸和性能特性见表 4－3 和表 4－4。

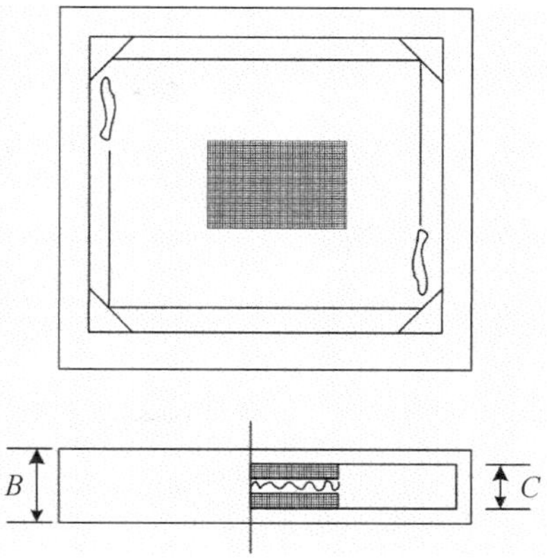

图 4－8　LWP 型油网过滤器

当含尘空气通过波纹状铁丝网过滤层时，气流受到层层铁丝网的阻挡，在网格内曲折地向前流动。当气流改变流动方向时，尘粒由于具有一定的惯性而脱离流线，碰撞到浸有黏性油(20＃或 10＃机油)的金属网上被粘住，留在过滤器中。沿着气流方向，铁丝网层网孔孔径依次减小，可以使灰尘均匀地分布在各层铁丝网中，提高容尘量。

表 4－3　LWP 型油网过滤器结构参数

型　号	网格层数	波纹/mm		网层规格/mm		外形尺寸/mm		
		高度	间距	前一半	后一半	长	宽	厚
LWP—D	18	5.5	11	1.3/0.29	0.64/0.23	520	520	120
LWP—X	12	4	11	1.36/0.23	0.65/0.19	520	520	70

注：网层规格 1.3/0.29 是表示：网眼为(1.3×1.3)mm^2，铁丝直径为 0.29mm，其余类推。

表 4－4　LWP 型油网过滤器性能参数

型　号	容尘量/g	风量/(m^3/h)						质量/kg
		600	800	1 000	1 200	1 400	1 600	
		终阻力/Pa						
LWP—D	450	24.5	37.2	53.9	73.5	95.6	122.5	15.56
LWP—X	264	19.6	29.4	41.7	55.9	71.1	86.2	10.73

注：抗冲击波作用压强 p=0.5 kg/cm^2(经加固后)

2. 安装方式

根据风管走向和空间位置，LWP 过滤器可水平安装，也可垂直安装，框架可自行制作，安装时应将孔大的网层置于空气进入端，管道间、管道与法兰间均采用连续焊缝焊接，要求严密不漏风。一般有两种安装方式：管式安装（也称匣式安装）和墙式加固安装。

(1)管式安装

管式安装是 LWP 过滤器由支架或托架支撑，两端与通风管道相连的安装方式，如图 4－9 所示。在安装前，在背风面用 10×3 扁钢做井字形加固。要求扁钢点焊在滤尘器外框上。经加固后抗冲击波作用压力为 0.05 MPa。当设备中心线离墙大于 600 mm 时，支架宜采用托支架形式。这种安装方式不便于清洗和浸油。

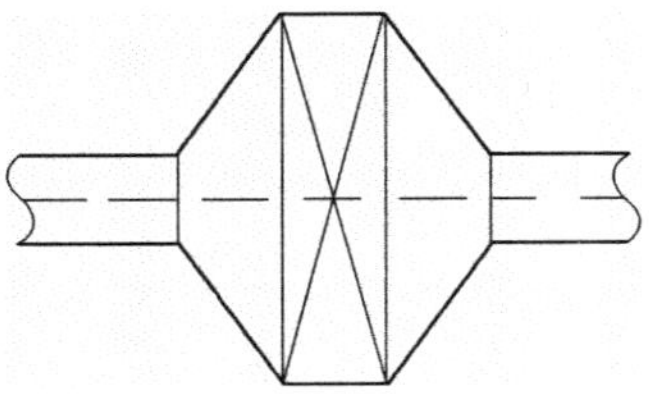

图 4－9　LWP 油网过滤器管式安装图

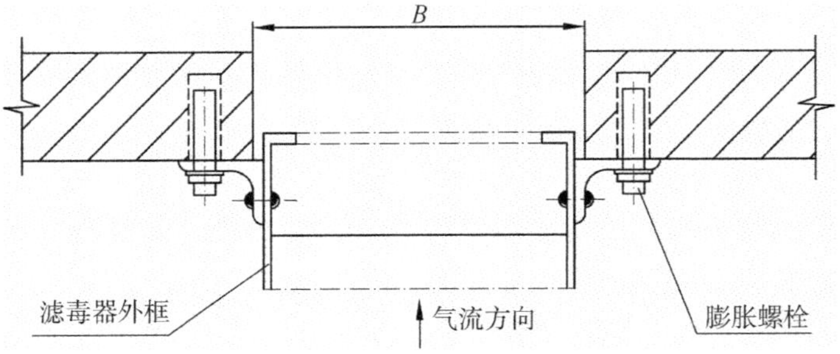

图 4－10　LWP 油网过滤器墙式安装

(2)墙式加固安装

墙式安装是把 LWP 过滤器安装在进风通路的墙洞上的安装方式，如图 4－10 所示。适用于各种风量时的过滤器安装，当 LWP 过滤器个数超过 4 个时，必须用墙式安装。LWP 的个数和组合方式有多种，为方便维修，可在隔墙上设普通密闭门。

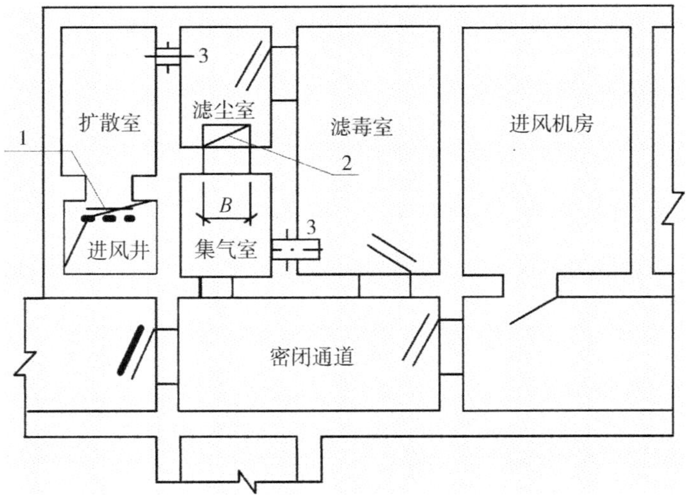

图 4－11　LWP 油网过滤器安装平面示意图

1—防爆波活门；2—LWP 型油网过滤器；3—进风管

3. 使用与维护

LWP 型油网过滤器使用、维护时应遵守如下规定：

1)选用 LWP 型油网过滤器时，应根据工程的最大风量选择多块过滤器组合使用，每块过滤器的平均风量不大于 1 600 m^3/h；

2)滤尘器前后设有测压孔，使用中可连接微压计，当阻力升至终阻值时应取下清洗。洗后重装时，网孔眼大的网片置于空气进入侧；

3)贮存、运输、清洗安装过程中不得挤压碰摔，以免网眼变形，影响使用效果；

4)至少每年维护一次。维护方法如下：①平时维护。将金属网从铁壳内框架上拆下，用碱水或苏打水清洗油污。碱水浓度 10%，水温 60～70 ℃，清洗后再用清水冲净晾干，按拆下过程相反的顺序装入框内，浸上黏性油(20＃或 10＃机油)，静淋 3～5 min 后，装入框架。②战时维护。当滤尘器达到终阻力时拆下清洗，方法同上。工程头部的滤尘器在由滤毒通风转为清洁通风时，应首先彻底清洗或更换，此时工作人员应戴防毒面具、防护手套，穿防护衣。清洗用后的污水要妥善处理，不得任意弃置。

4.2.2 网格式过滤器

金属网格式滤尘器除铁丝网规格与 LWP 过滤器略有差异外，其他均大体与 LWP 过滤器相同。金属网格过滤器的结构特点与性能特点，见表 4－5 和 4—6。

表 4－5　网格式过滤器的结构特点表

型号	网格层数	波纹尺寸/mm		网格规格/mm			外形尺寸/mm		
		高	间距	前部	中部	后部	长	宽	厚
大型	18	5.5	14	$7\frac{2.58}{0.54}$	$5\frac{1.13}{0.28}$	$6\frac{0.67}{0.25}$	520	520	105
小型	12	5.5	14	$5\frac{2.58}{0.54}$	$3\frac{1.13}{0.284}$	$4\frac{0.67}{0.25}$	520	520	60

注：网层规格是表示：$7\frac{2.58}{0.54}$层数为 7 层，网眼为(2.58×2.58)mm^2，铁丝直径为 0.54 mm。其余类推。

表 4－6　网格式过滤器的性能表

型号	风量	阻力(mmH_2O)		除尘效率/(%)
		初	终	
大型	1 500	5.4	11.0	75
小型	1 500	4.2	8.2	75

注：1 mm H_2O=9.8 Pa

网格式滤尘器的贮存、安装、使用、维护事宜与 LWP 型滤尘器大同小异，不再叙述。

4.2.3 泡沫塑料过滤器

泡沫塑料过滤器在工程中的使用场合、外形尺寸与 LWP 型滤尘器一样，但效率高、重量轻，便于维护和清洗。M—A 型塑料泡沫过滤器如图 4－12 所示。其外框为金属薄板压制而成，框内装泡沫塑料滤体。产品出厂时还附一备份过滤体，可以随时更换清洗，不影响工作。该型滤尘器也有大(D)小(X)型号之分，性能见表 4－7。

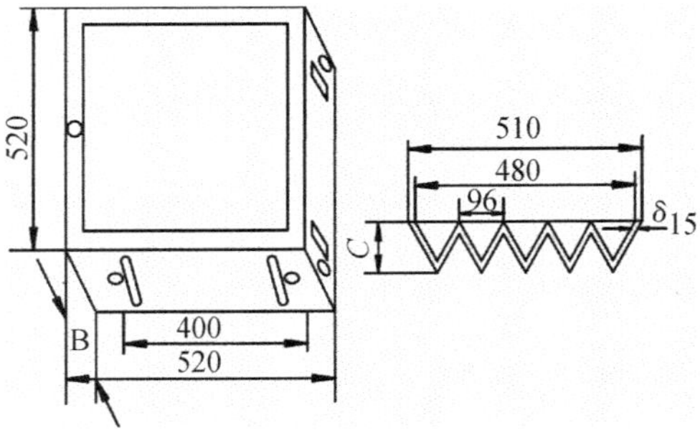

图 4-12　M—A 型泡沫塑料过滤器

表 4-7　M—A 泡沫过滤器性能表

型　号	外形尺寸 长×宽×高/mm	过滤 面积/m^2	风量 m^3/h	阻力 mmH_2O		计重 效率	尺寸/mm		质量/kg		总质量
				初	终	(%)	B	C	外框	滤料	kg
M—A—D	520×520×120	0.7	1 500	6	20	70	120	110	3.2	0.5	3.7
M—A—X	520×520×70	0.42	1 000	8	20	70	70	60	2.2	0.3	2.5

注：1 mm H_2O=9.8 Pa

M—A 型滤尘器安装使用与维护要点如下：

1)装前应检查有无损坏，压板有无脱落与松动；

2)带有螺栓压板的一侧为含尘气流入口；

3)用前应将滤料预浸在 5%的 NaOH 溶液中 3～4 h，取出用清水冲洗，再用肥皂水揉搓并用清水反复冲洗，清除泡沫微隙中的杂质，以降低阻力，清除异味，保持进风清新，洗后应挂晾阴干；

4)使用中当达终阻力时应拆洗重用；随时检查其密封是否损坏，如滤料损坏可修补；

5)该泡沫材料不怕汽油、液压油、润滑油、亚麻油等，但怕强酸、强碱，不能同丙酮、丁酮、四氯化碳、乙醚等溶液接触；长期日晒易老化。

4.2.4 粗(中)效无纺布过滤器

后期地下工程还采用了以无纺布为滤料的粗(中)效过滤器，如图 4-13 所示。粗效过滤器可以滤除粒径大于 10 μm 大颗粒灰尘，中效过滤器可以滤除粒径 1～10 μm 的尘埃。这类无纺布过滤器的结构外形与泡沫过滤器相似，滤芯可以经洗净后再用。

图 4-13　无纺布过滤器

4.3 滤尘器

地下工程除尘的含义，除了与工业通风除尘有相同之处(清除空气中尘埃)外，还包括战时除去有毒烟尘、毒雾、放射性沾染物和细菌载体等作用。常用除尘器有 FLC02 型滤尘器和 FLC04 型粒子过滤器。

4.3.1 FLC02 型滤尘器

FLC02 型滤尘器配置在预滤器(如油网过滤器)和过滤吸收器之间的通风道上，滤除通风中的大气尘埃和颗粒较大的气溶胶，并起到保护和延长过滤吸收器使用寿命的作用。

FLC02 型滤尘器为一方形外壳，壳内装有滤芯，外壳两端各有一扩散器，滤芯用胶黏剂与壳体相连，滤芯由滤纸往返折叠于波纹板上而成，波纹板分割滤纸以形成空气流道。当染毒空气通过滤尘器时，大气尘埃以及颗粒较大的毒烟、毒剂、放射性尘埃和细菌等气溶胶由滤纸滤除。FLC02 型滤尘器的性能参数见表 4-8。

表 4-8　FLC02 型滤尘器性能参数

参　数	数　值
风量/(m^3/h)	2 000
容尘量/g	≥5 000
油雾穿透率/(%)	≤10
质量/kg	80
外形尺寸/mm	650×650×620
对空气流阻力/Pa	≤300
过滤效率/(%)	≥95
抗冲击波余压/kPa	≥30
体积/m^3	0.28

安装时，卸开扩散器进出口端盖，然后按标示的“空气入口”方向正确安装在通风管道中，扩散器法兰与管道法兰间备有橡胶软接头用 M10 的螺栓连接。安装完毕后，平时关闭通风管道的密闭阀门，战时除尘器投入使用时再打开密闭阀门。

使用中要满足风量和阻力要求，并注意放射性监测。当 FLC02 型滤尘器阻力上升到 600 Pa时，则需更换。更换除尘器的操作人员需穿戴防毒面具和防护服，被更换下来的除尘器应将端盖盖好封死，而后进行洗消处理。

4.3.2 FLC04 型粒子过滤器

FLC04 型粒子过滤器安装在滤毒通风支路上的过滤吸收器前，作用为过滤通风情况下滤除进风中细小粒径(1 μm 以下)的灰尘及毒烟、毒雾中的微粒，并且可防止过滤吸收器堵塞。

该过滤器由过滤单元、生物活体杀灭单元、壳体、防爆板和快速接头等部件组成。过滤单元作用是滤出染毒空气中的放射性灰尘，生物气溶胶和毒剂气溶胶；生物活体杀灭单元对截留于过滤单元上的生物活体进行有效杀灭；壳体及防爆板削弱进入设备冲击波余压，保护过滤单元；快速接头用来实现设备与系统管道的快速连接。

过滤器采用两级过滤，预滤层滤出进风染毒空气中颗粒较大的放射性尘埃、毒烟、毒物气溶胶、生物战剂气溶胶，精滤层滤出粒度较小的气溶胶。

在由滤毒防护结束后转换为隔绝防护，或在器材更换前，生物活体杀灭单元应用低温等离子技术激发产生活性物种对截留的生物战剂实施有效杀灭，避免生物战剂的二次污染。FLC04 型粒子过滤器性能参数见表 4－9。

表 4－9　FLC04 型过滤吸收器性能参数

风量/($m^3 \cdot h^{-1}$)	1 000
质量/kg	75
外形尺寸(长×宽×高)/mm	625×625×800
对空气流阻力/Pa	≤650
保存寿命/年	≥10

安装时，安装地面应保持清洁无积水，防止 FLC04 型粒子过滤器吸潮，严禁进水。

FLC04 型粒子过滤器在滤毒通风防护系统工作时启用，当其阻力上升 100 Pa 后应停止工作，予以更换。战时更换污染的 FLC04 型粒子过滤器，操作人员必须戴防毒面具穿防护服。

4.4 过滤吸收器

过滤吸收器作用是进一步过滤吸收工程进风中的化学毒剂、细菌和核战剂，与前述粗滤器、除尘器相配合使用，用于工程集体防护。

4.4.1 滤毒原理

通风中的毒剂以气溶胶和蒸汽态两种状态存在。气溶胶是指悬浮在空气中的毒剂液体微滴或固体微粒与空气的混合体，气溶胶能在较长时间内稳定地存在于空气中。蒸汽态是指毒剂以气体分子状态分散于空气中，通过呼吸器官和眼睛伤害人员，不论何种毒剂，施放后总有毒剂蒸气存在。

过滤吸收器是由精滤器和吸收器两部分组成的，如图 4－14 所示。精滤器也称滤烟层，滤除空气中有毒气溶胶；吸收器由特殊碳作为催化剂，吸附有毒蒸汽。

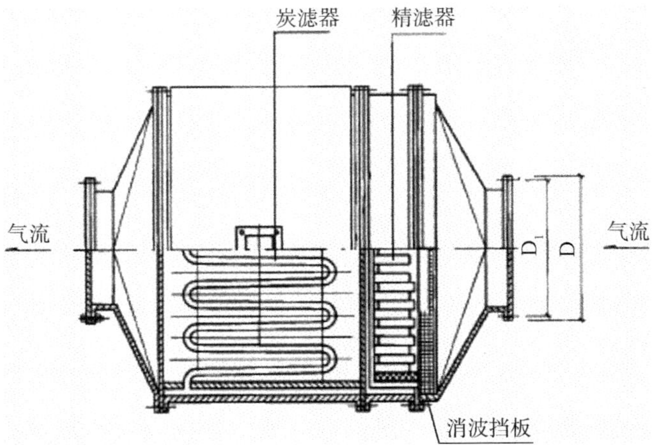

图 4－14　过滤吸收器结构原理图

1. 精滤器的滤毒机理

精滤器大多数是采用抗水增强超细玻璃纤维性滤纸。当有毒气溶胶通过精滤器时，气溶胶中的微粒接触到纤维而被阻留，发生这种接触的诸多效应中，主要是截留效应、惯性效应和扩散效应。但是，由于颗粒度不同以及惯性等因素影响，也有少数微粒透过精滤器。

精滤器防毒性能通常以透过率 K 表示。透过率 K 是指精滤器后的气溶胶浓度 C 与精滤器前的气溶胶浓度 C_0 之比的百分率，即

$$K=\frac{C}{C_0}\times 100\% \tag{4-1}$$

可见，当有毒气溶胶初始浓度 C_0 一定时，过滤后的气溶胶浓度 C 越小，则透过率 K 越小，防毒性能就越好。影响防护性能的主要因素有气溶胶微粒状态、气流速度、湿度和温度等。其中气流速度对透过率 K 影响最大，在使用中应严格控制通过精滤器的空气流量，不要超过其额定风量。

2. 吸收器的防毒机理

滤毒器中填充的是浸渍活性炭(简称浸渍炭、催化炭、防毒炭)。活性炭是一种具有微孔发达的优质碳质选择性吸附剂，其孔隙按尺寸大小可分为微孔、过渡孔和大孔。对吸附毒剂来说，最重要的是微孔，它表面积很大。在活性炭的过渡孔和大孔表面上，载有铜、银、铬、钼、锌等金属氧化物，这就是浸渍活性炭。浸渍炭借助于添加金属氧化物来提高对难吸附毒剂的防毒能力。除添加金属氧化物外，为进一步改善防毒性能和稳定性，有的浸渍炭上还添加有少量碱、氮苯、葡萄糖类化学试剂。

浸渍炭是通过物理吸附、化学吸收和催化作用来达到滤毒目的。

(1)物理吸附

物理吸附由吸附质与吸附剂分子间的相互吸引力作用产生的，被吸附分子保持着原来的化学性质，吸附热较低，吸附和脱附速度较快。例如，活性炭对沙林、芥子气、氯等毒剂蒸汽的吸附就是物理吸附。

在浸渍炭的微孔中，被吸附的蒸汽分子由于受到微孔周围孔壁碳分子吸附力的同时作用，因此其吸附效果就增强了。

(2)化学吸收

化学吸收是由吸附质与吸附剂分子之间以类似化学键的相互吸引力作用产生的，吸附质与吸附剂发生化学变化形成表面化合物，吸附热较高，通常不可逆。所以滤毒罐吸收氢氰酸之类的毒剂失效以后，是不能用普通办法使之再生的。而借助物理吸附作用进行防护时，滤毒罐失效以后是可以再生的。

(3)催化作用

氯化氰、砷化氢等毒剂用化学吸收作用也难以去除，可采用催化方法进行防护。浸渍炭上发生的催化反应，主要是空气中的氧和水，在催化剂的作用下，与毒剂发生反应。催化剂在反应中只是提高了化学反应的速度，本身并未发生化学变化，但由于逐渐被反应生成物所覆盖，因而会失去催化作用。所以利用催化作用进行防毒，其防毒能力是有限的。

目前常用的各种型号过滤吸收器的吸附材料和功能见表 4-10。

浸渍炭的含水量和空气的相对湿度对防毒能力影响十分显著。因此，在过滤吸收器的保管和使用中，应特别注意防潮和除湿。平时应密封保管，临战时再接入通风系统。

表 4-10　过滤吸附剂功能及吸附剂材料

序　号	防护功能	吸附剂
1	综合防护	浸渍炭(Cu,Cr,Ag,NH_3)
2	综合防护兼防 CO	浸渍炭(Cu,Cr,Ag,NH_3)
3	有机气体	活性炭
4	NH_3,H_2S	浸渍炭(Cu_2SO_4)
5	CO	霍加拉特剂及干燥剂($CaCl_2$,LiCl,LiBr)
6	Hg	浸渍炭(KI)
7	酸性气体	浸渍炭($NaCO_3$,Ag,Cu)
8	H_2S	浸渍炭(Cu_2SO_4)
9	HCHO(甲醛)	浸渍炭(Cu,Cr,Ag,NH_3)

4.4.2 常用过滤吸收器

1. SR 型过滤吸收器

过滤吸收器有多种型号，目前 SR 型过滤吸收器得到广泛应用。SR 型过滤吸收器有 SR78—300，SR78—500 和 SR78—1000 三种型式，三种过滤吸收器结构形式相同，只是外形尺寸不同，见图 4-15 和表 4-11，性能见表 4-12。

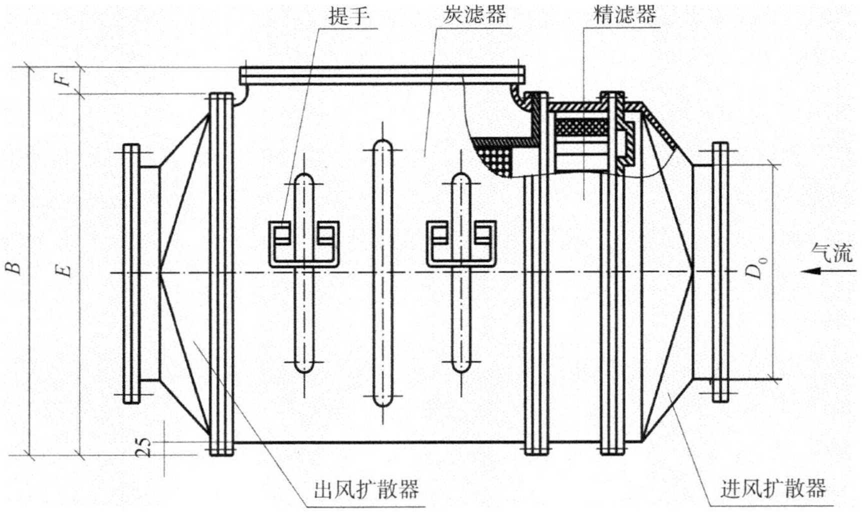

图 4-15　SR 型过滤吸收器结构

表 4-11　SR 型过滤吸收器外形尺寸　(单位:mm)

型　号	L	a	b	d_0	d_1	d_2
SR—300	878	551	480	200	250	270
SR—500	974	703	567	200	250	270
SR—1000	1165	832	677	300	360	385

表 4-12　SR 型过滤吸收器性能参数

序　号	性能参数	SR78—300 型	SR78—500 型	SR78—1000 型
1	额定通风量/(m^3/h)	300	500	1 000
2	油雾透过系数/(%)	≤0.001	≤0.001	≤0.001
3	抗冲击波余压/MPa	≤0.03	≤0.03	≤0.03
4	阻力/Pa	<700	<700	<700
5	质量/kg	106	142	142

2. FLD 型过滤吸收器

FLD 型过滤吸收器根据风量不同，有 FLD—300，FLD—500 和 FLD—1000 3 种型式。3 种过滤吸收器结构形式相同，只是外形尺寸不同，见图 4-16 和表 4-13，性能见表 4-14 和表 4-15。

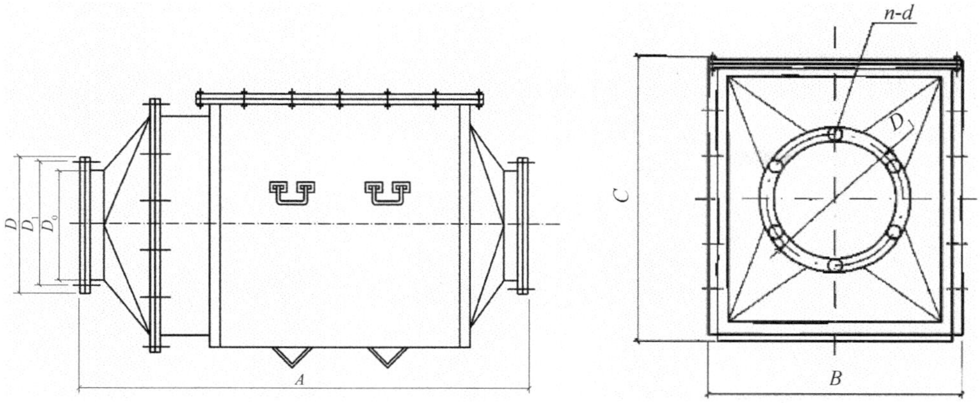

图 4-16　FLD 型过滤吸收器结构

表 4-13　FLD 型过滤吸收器外形尺寸　（单位：mm）

型　号	D	D_0	D_1	A	B	C	孔数 n	孔径 d
FLD06—300	250	196	225	790	490	632	6	9
FLD05—500	250	196	225	851	604	627	6	9.5
FLD04—1000	385	315	360	1260	690	700	9	10.5

表 4-14　FLD 型过滤吸收器性能参数

序　号	性能参数	FLD—300 型	FLD—500 型	FLD—1000 型
1	额定通风量/($m^3 \cdot h^{-1}$)	300	500	1 000
2	油雾透过系数/(%)	≤0.000 1	≤0.000 1	≤0.000 1
3	抗冲击波余压/MPa	≤0.03	≤0.03	≤0.03
4	阻力/Pa	≤686	≤700	≤700
5	漏气系数/(%)	≤0.1	≤0.1	≤0.1
6	质量/kg	110	155	270

表 4－15 FLD 型过滤吸收器防护性能

名 称	浓度/(mg·L^{-1})	温度/℃	空气相对湿度/(%)	防护时间/h
沙林	0.05	20	80	≥48
VX	0.15	20	80	≥4
氯化氰	2.0	20	80	≥2

4.4.3 过滤吸收器使用问题

1)本设备必须水平安装,安装时气流方向必须与设备指示方向一致。

2)长期不使用时,只就位,不拆除端盖,不与通风系统相连,密封保存,以免受潮失效。若过滤吸收器已安装,则应将其前后密闭阀门关闭。过滤吸收器在密封条件下有效存储期 5 年。

3)过滤吸收器前后应设压差测量管,用压差计测定压差(即其工作阻力)。当工作阻力达到终阻力或毒剂的尾气浓度超过规定要求时,则已失去滤毒能力,应立即关闭密闭阀门和滤毒风机,更换成新的过滤吸收器。

4)通过过滤吸收器的空气流量不能超过其额定风量,相对湿度应小于 90%,否则将影响滤毒性能、降低防毒时间。当使用两台以上过滤吸收器时,应考虑各个过滤吸收器的风量平衡问题。

5)过滤吸收器不能与酸碱、消毒剂、发烟剂等存放在一起,以免破坏内部材料使之失效。滤毒室内应保持整洁、干燥,注意防潮。

6)更换失效的过滤吸收器时,应佩戴防毒面具和防护服,被更换掉的失效滤器两端盖应盖好封死。

4.5 通风密闭阀门

密闭阀门是保证通风管道密闭和防护通风方式转换的通风控制设备,只有全启、全闭两种工作状态,不能用于通风量调节。选用时,空气通过阀门的风速取 6～8 m/s。

根据阀门结构,密闭阀门分为杠杆式和双连杆式。根据阀门驱动方式,密闭阀门分为手动式和手电动两用式。密闭阀门的型号表示方法如下:

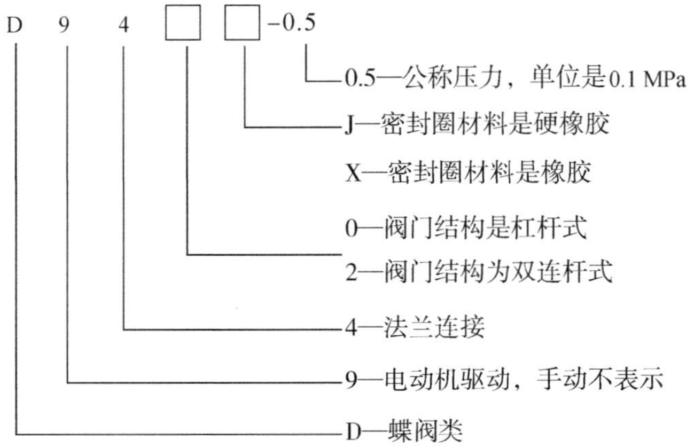

例如，D942X－0.5 表示双连杆电动法兰连接密闭，密封材料是橡胶，公称压力为 0.5 MPa。

4.5.1 手动杠杆式密闭阀门

1. 结构与技术性能

手动密闭阀门主要由壳体、阀门板、驱动装置、密封圈及锁紧装置等组成，靠旋转手柄带动转轴转动杠杆，达到阀门板启闭的目的。手动密闭阀门结构如图 4－17 所示。

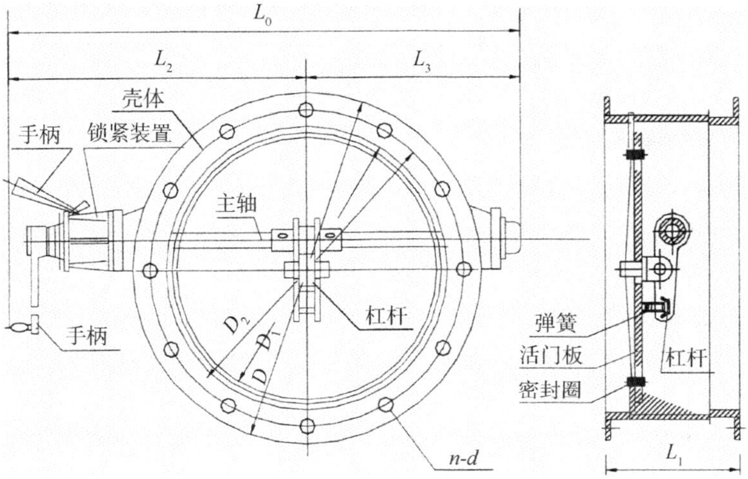

图 4－17　手动密闭阀门结构图

当关闭阀门板后，依靠锁紧装置锁紧阀门板，保证密闭不漏气。

阀门驱动装置可以两面更换，以便于安装使用。阀门各部尺寸及通风量见表 4－16，技术性能见表 4－17。注意杠杆式密闭阀门的内径与公称直径不同，在通风系统设计时，与阀门相连接的风管直径应与阀门内径 D_1 一致。

表 4－16 手动密闭阀门结构参数及通风量（接管内径为 D_1）

规格	L_0	L_1	L_2	D	D_1	D_2	d	n	质量/kg	风量/($m^3 \cdot h^{-1}$)	
										V=6 m/s	V=8 m/s
DN 150	338	92	170	210	166	195	7	7	9	380	508
DN 200	485	118	300	270	215	250	9	8	22	678	904
DN 300	585	145	350	385	315	360	11	9	35	1 526	2 034
DN 400	731	175	385	515	441	490	12	12	52	2 731	3 617
DN 500	875	225	451	650	560	622	13	12	69	4 239	5 652
DN 600	1 076	275	593	750	666	720	13	12	137	6 104	8 139
DN 800	1 276	290	693	950	870	920	17	16	180	10 852	14 469

2. 安装使用要求

1）阀门安装在水平或垂直管路上，采用支架或吊架形式安装，应便于手柄操作和阀门维修。

表 4－17　手动密闭阀门性能参数

<table>
<tr><td colspan="2">公称压力 p_g/MPa</td><td>0.05</td><td rowspan="4">温度</td><td>－30 ℃≤t≤40 ℃</td></tr>
<tr><td rowspan="2">试验压力/MPa</td><td>密封</td><td>0.05</td><td>常温</td></tr>
<tr><td>强度</td><td>0.1</td><td>常温</td></tr>
<tr><td colspan="2">工作压力/MPa</td><td>0.05</td><td>－30 ℃≤t≤40 ℃</td></tr>
</table>

2)安装前应放在室内干燥处,使阀门板处于关闭位置,橡胶密封面上不允许沾有任何油脂物质,以防腐蚀。壳体密封面上必须涂防锈剂。

3)阀门安装时,应保证阀门受压方向的箭头与所受冲击波方向一致。阀门接管的法兰和橡胶垫圈按型号要求制作。

4)使用时,开启阀门需首先旋松锁紧手柄,然后依逆时针方向转动操作手柄使阀门全开,最后再旋紧锁紧手柄,以防止阀门板受到震动而发生位移或自动关闭。关闭阀门按相反的顺序进行。

3. 维护保养及故障排除方法

1)擦拭露在外面的阀体、内腔、密封面及各部件之间的油污,定期往油杯中注油,以利润滑和防腐蚀;

2)每月启闭 1～2 次,检查各转动和传动部位是否灵活;定期检查密封面橡皮的老化程度,锁紧装置螺丝的螺纹磨损情况,填料是否压紧,弹簧是否疲劳失效,壳体和阀门表面有否锈蚀等;

3)密闭阀门故障及排除方法见表 4－18。

表 4－18　密闭阀门故障及排除方法

故障现象	产生原因	排除方法
漏气	①封面油污; ②密封橡皮垫老化或杠杆弹簧失效	①擦拭干净; ②更换
转动不灵	①料压得过紧; ②轴承缺油	①稍微放松压盖螺母调整试验; ②加油或拆卸清洗后加油
填料处泄漏	①盖松动; ②填料过松或弹簧失效	①拧紧; ②更换
离合器离合不灵活	①变速箱干燥; ②变速箱齿轮与离合器间隙不当	①添加润滑油; ②拆洗重装调整,如发现损坏应修理或更换

4.5.2 手电动两用杠杆式密闭阀门

1. 结构与技术性能

该型阀门主要由壳体、阀门板、手动装置、减速箱、电动装置(电动开关、行程开关、电动控制器)等零部件组成,如图 4－18 所示,其技术性能见表 4－19。

传动装置用电动操作时，手柄和减速器分开，因而轴转动时，手柄并不转动；当手动操作时，电动机和轴脱开，因而即使电动机供电也只能空转；当阀门板处在全开或全关位置时，电动机靠行程开关自动停机。

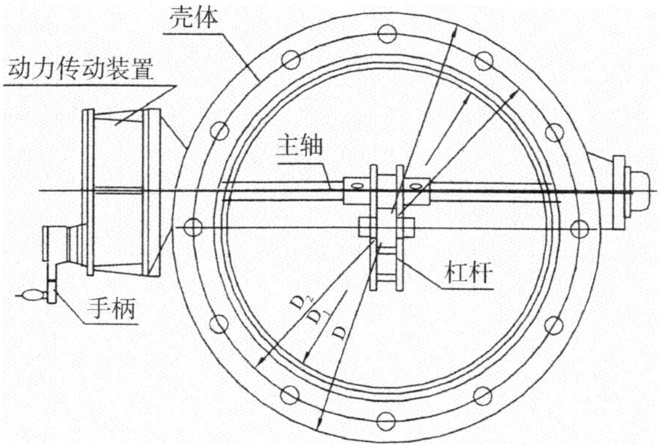

图 4－18　手电动两用杠杆式密闭阀门结构图

表 4－19　D 904J—0.5 型手电动两用杠杆式密闭阀门性能参数

公称直径 D_N/mm		200	300	400	500	600	800	1 000	1 200
公称压力 p_g/MPa		0.05							
试验压力	密封/MPa	0.05							
	强度/MPa	0.1							
工作压力 p/MPa		0.05							
电动机开启及关闭时间/s		1.6～1.8			3.6				
电动机	型号	JWP							
	功率/kW	0.25			0.5				
	电压/V	220	220/380						
	频率/Hz	50							
	转速/(r·min^{-1})	1 450							
	效率/(%)	70							

2. 安装要求

该型阀门在安装时除手动密闭阀门所要求的各项应做到外，还应注意：

1)电动机行程开关等电气设备必须存放在通风和清洁的干燥场合，而且不允许与酸、碱、氯等腐蚀性物质共同放置在一起，否则会降低绝缘强度。

2)安装时，应对减速器和齿式联轴节进行检查，用不含水分的煤油将零件上所涂的防腐油洗去，滚动轴承应用汽油洗净吹干。减速器内应加入清洁的润滑油，注油量要达到螺杆齿面。

3. 阀门操作

(1)手动操作

1)旋松锁紧装置手柄；

2)将离合器拉手向外拉出，此时离合器与蜗轮离合器脱开，而与大齿轮离合器啮合；

3)顺时针方向旋转手柄(依靠手柄带动小齿轮,然后由小齿轮带动大齿轮并带动轴,通过联轴节带动阀门主轴转动杠杆松紧弹簧),使阀门达到开启的目的。其余步骤同手动阀门操作。

(2)电动操作

1)将拉手放回,此时离合器与蜗轮离合器啮合;

2)按动启动电钮。此时,电动机旋转并带动蜗杆,再由蜗杆带动蜗轮,转动轴通过联轴节带动阀门主轴转动杠杆松紧弹簧,使阀门开启,直至行程开关动作后才会停止。当阀门板处在全开或全闭位置时,信号灯均发出指示信号;

3)关闭时按动关闭电钮即可。

4.常见故障及排除方法

除与手动密闭阀门的常见故障及排除方法相同外,还有离合器操作不灵活等故障,其排除方法是:

1)变速箱内润滑油干燥,添加润滑油;

2)各齿轮及离合器之间的间隙不当,将变速箱内零件拆下清洗后安装,安装时应调整好间隙,并加注润滑油;

3)变速箱内的齿轮、轴、轴套等零件有损或磨损严重时,及时修理或更换。

4.5.3 双连杆型密闭阀门

双连杆型密闭阀门与杠杆式密闭阀门的构造基本相似,由双连杆蝶阀及电动装置组成,如图 4-19 所示。主轴通过两根连杆机构带动阀门板启闭,而且主轴旋转 76°时,能使阀门板达到全开或全闭,所以具有快速启闭的特点;当手柄按顺时针方向转动时,该阀门板位于关闭位置。阀门采用的梯形胶条嵌入式固定,便于拆换;采用 DDI—10 型及 DDI—20 型电动装置,由专用电机驱动,行星轮系减速、微动开关限位,其特点为电动和手动分别自销,无需切换。该阀门既可用于风管的全开或全闭,也可适当调节流量。主要外形尺寸见表 4-20,其中 D_4 为阀门内径,安装时连接风管的内径应与 D_4 相同;主要性能参数见表 4-21。

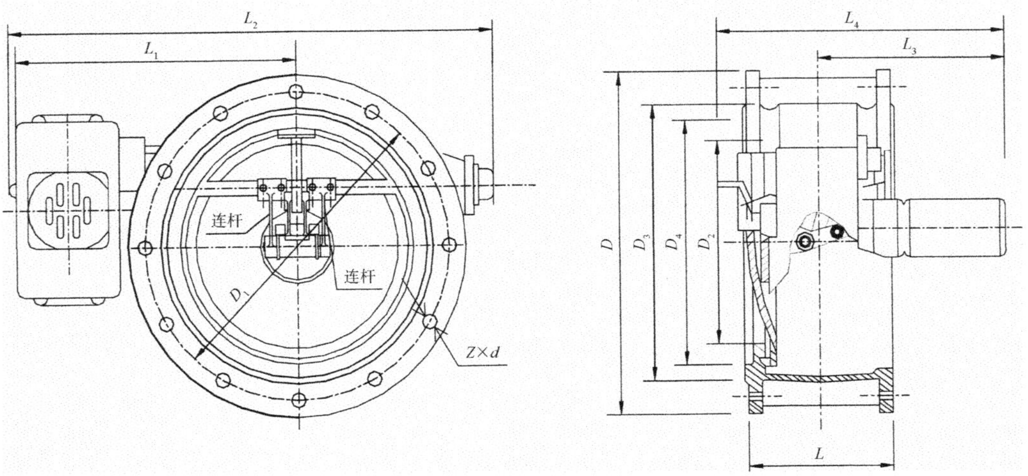

图 4-19 双连杆手电动两用密闭阀门结构图

表 4-20　双连杆手电动两用密闭阀门结构尺寸表　(单位:mm)

型号	D	D_1	D_2	D_3	D_4	L	L_1	L_2	L_3	L_4	孔数 Z	孔径 d
DN200	310	280	186	260	200	152	355	498	315	480	8	10
DN300	430	398	286	368	300	170	416	645	315	480	12	10
DN400	530	490	360	466	400	216	468	738	315	480	16	13
DN500	640	600	460	568	500	229	532	847	315	480	16	13
DN600	760	726	600	710	664	275	582	955	315	480	16	13

表 4-21　双连杆手电动两用密闭阀门性能参数

介质:空气		阀门口径	阀门口径
公称直径/mm		DN200—400	DN500—1000
试验压力/MPa		0.1	0.1
工作压力/MPa		≤0.05	≤0.05
电动装置	型号	DDI—20	DDI—10
	启闭时间/s	1.2	1.2
	电机功率/kW	0.37	0.55
手动启闭时间/s		5～6	
气密泄漏量/(L·min^{-1})	正面	≤0.10	≤0.033
	反面	≤0.10	≤0.033

4.6 自动排气活门

自动排气活门是保证工程超压的排风活门,应用于工程排风口部。目前有 3 种常用类型:YF 型、PS 型和 FCH(FCS)型。前两种只能承受余压,后一种还可承受 0.3 MPa 的冲击波压力,属于防爆型超压排气活门。

4.6.1 YF 型自动排气活门

1. 结构与技术性能

YF 型自动排气活门,主要是由活门外套、杠杆、活盘、重锤、偏心轮和绊闩等部分组成,如图 4-20 所示。活门根据排气孔径的大小分为 YF—d150 型和 YF—d200 型,各部尺寸见表4-22。

表 4-22　YF 型自动排气活门主要外形尺寸　(单位:mm)

型　号	d_0	d_1	d_2	d_3	d_4	H
YF—d150	260	228	205	192	146	323.5
YF—d200	310	278	254	242	192	391.5

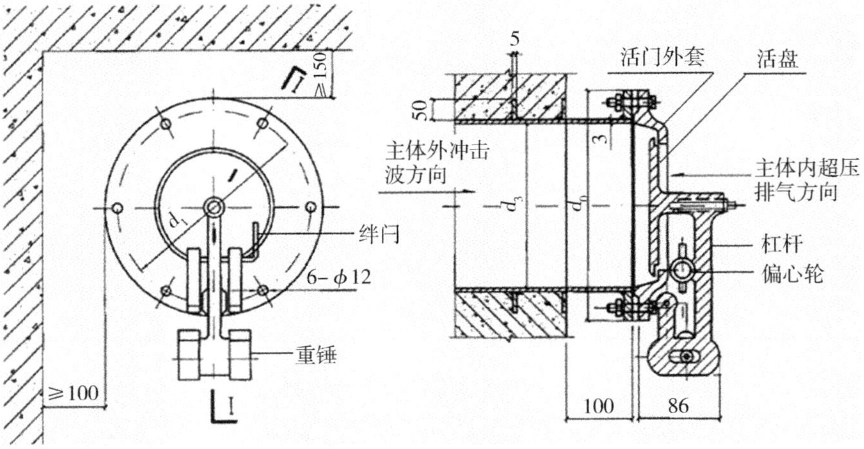

图 4-20 YF 型自动排气活门结构及安装示意图

滤毒式通风时，因只有机械进风，排风机不开，室内侧压力比室外侧高，室内侧空气压力作用在活盘上，带动杠杆使活门开度变化，自动调节排风量从而控制超压排风。

活门的启动压力可以通过调节重锤位置来改变。当室内气压达到活门启动压力时，活盘自动开启；反之，小于启动压力时，则自动关闭，从而保证了工程一定的超值。活门气体的动力性能分别见表 4-23 和图 4-21，图 4-22 所示。

该活门的公称压力为 0.001 MPa，抗冲击波正压力为 0.05 MPa；工作条件为空气温度 0～35 ℃，相对湿度不大于 95%。

表 4-23 YF 型自动排气活门气体动力性能表

型 号	活盘开启偏角	重锤启动压力/Pa		重锤启动压力调节范围	排气量 $m^3 \cdot h^{-1}$
		最重位置	最轻位置		
d=150	20°	80～100	30～50	30～100	80～200
d=200	24°	80～100	30～50	30～100	120～600

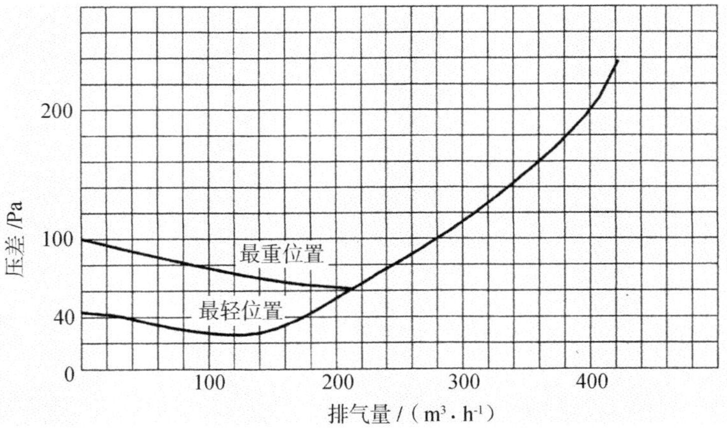

图 4-21 YF 型 d150 自动排气活门气体动力特性

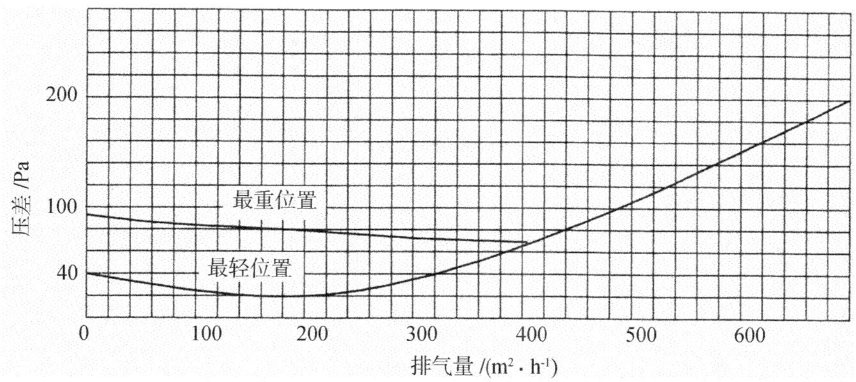

图 4－22　YF 型 d200 自动排气活门气体动力特性

2. 安装要求

(1)活门安装前应存放在室内干燥处，活盘处于关闭的位置，橡皮密封面上不允许染有油脂物质，以防腐蚀。

(2)活门一般安装在墙上，通过法兰与预埋管连接。预埋短管长度由墙厚而定，管内径与活门的通风口径 d_3 应一致。短管预埋前应除去锈疤，刷红丹防锈漆两道。短管与密封肋采用满焊，与法兰焊接应保证密封。短管预埋时必须保证法兰平面与地面垂直。

(3)活门安装时应保证重锤位于最低处，活门外套法兰与预埋短管法兰之间，应衬垫5 mm 厚的橡胶板，旋紧所有螺栓，保证密闭不漏气。还要保证活门外套、杠杆与水平面垂直，活盘启闭灵活。

3. 使用与维护

滤毒式通风时，应根据所要求的超压值调整重锤位置，使活门在保证超压值情况下自动排风。隔绝式通风时，应将绊闩锁紧，使偏心轮与杠杆靠紧，将活门关死。

定期擦拭，除去灰尘，在螺栓、重锤部位涂上工业凡士林，以防氧化生锈；检查阀门密闭性，不密封的原因多为垫圈油污或老化变形，外套密封面锈蚀等，如漏气应视情换件；检查转动是否灵活，定期在转动部位注油润滑，确保转动自如；5 年检修一次，检修中拆洗零件，更换损坏件及老化密封件，在修后密封试验中，将活门闭锁，加压 100 mmH_2O 柱高(约 1 kPa)，1 min 不漏气为合格。

4.6.2 PS 型超压排气活门

1. 构造与工作原理

PS—D250 型超压排气活门主要由壳体、限位圈、密封圈、阀盖、扭力弹簧、手动闭锁装置、凸轮、重锤和杠杆组成，构造与安装图如图 4－23 所示。活门工作原理与 YF 型自动排气活门相同。

活门安装时，需要一渐缩管将活门与预埋穿墙短管连接。两个活门上下垂直安装时，两中心矩应不小于 600 mm。

2. 性能参数

PS—D250 型超压排气活门的动力特性曲线，如图 4－24 所示，图中虚线表示阀门不安装扭力弹簧时的性能曲线。气体动力性能见表 4－24。

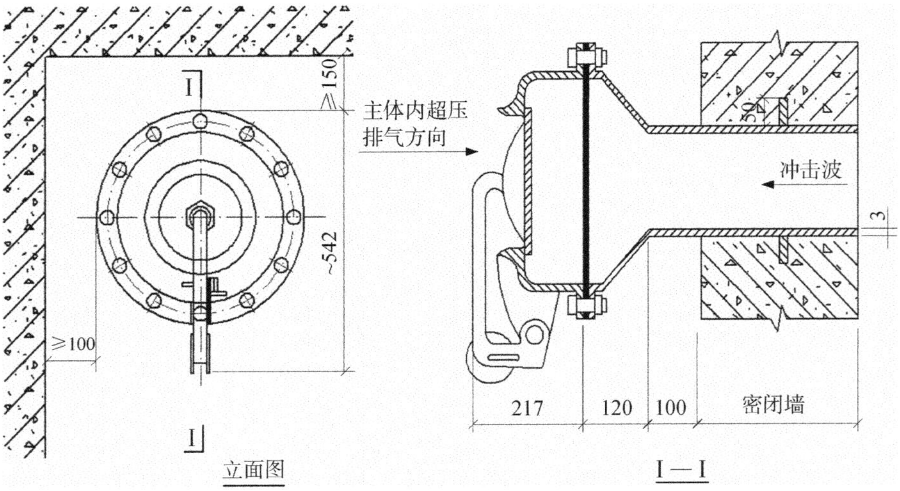

图 4-23　PS—D250 型超压排气活门构造与安装图

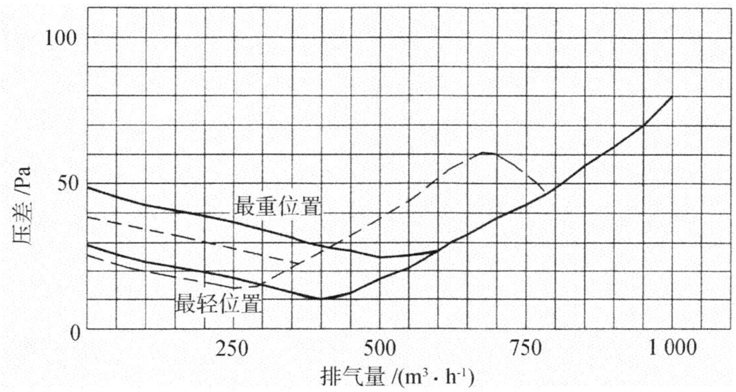

图 4-24　PS—D250 型超压排气活门动力特性曲线

（图中虚线表示阀门不安装扭力弹簧时的曲线）

表 4-24　PS—D250 型超压排气活门气体动力性能表

重锤启动压力/Pa		重锤启动压力调节范围/Pa	排气量(阻力＜50 Pa)/($m^3 \cdot h^{-1}$)
最重位置	最轻位置		
40～50	20～30	20～50	800

PS—D250 型超压排气活门局部阻力系数小于 3。在正面超压 100 Pa 时的漏气量不大于 0.5 L/min。在压差小于 50 Pa 条件下，通风量为 800 m^3/h；抗冲击波正压力为 0.05 MPa。

启动压力依重锤位置不同分为两种情况。当重锤在最重位置时，启动压力为 40～50 Pa，在最轻位置时为 20～30 Pa，重锤启动压力的调节范围为 20～50 Pa。

4.6.3 FCH 型防爆超压排气活门

FCH 型防爆超压排气活门的活盘能够直接承受冲击波压力的作用，具有防护密闭功能，能够达到 5 级人防的抗爆要求，因此，该活门可安装于 5 级或 5 级以下人防工程排风口部临空墙上，直接代替由原防爆波活门和自动排气活门组成的排风消波系统。也可单独作超压排气活门使用，如图 4－25 所示，主要外形尺寸见表 4－25。

FCH 型防爆排气活门具有两种功能：一是借其内外 30～50 Pa 空气超压自动启闭活门，以保证工程内部的良好通风；二是当冲击波到来时，活门瞬间自动关闭，消减 90％以上的冲击波能量，起到防爆作用。当战时需要隔绝防护时，将活盘锁紧即可达到防护密闭的效果。

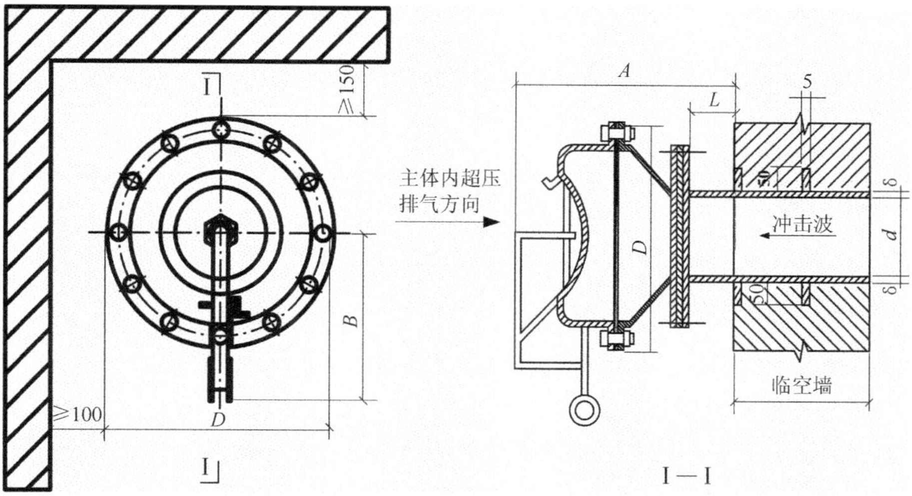

图 4－25　FCH 型防爆超压排气活门示意图

表 4－25　FCH 型防爆超压排气活门结构尺寸表　（单位：mm）

型号	A	B	D	D_1	D_2	d	L	δ
FCH150	227	410	300	280	238	150	100	4
FCH200	395	502	380	360	308	200	120	5
FCH250A	465	592	450	425	378	250	150	6
FCH250	465	592	450	425	378	250	150	6

活门通风量由具体型号而定，范围为 280～1 000 m^3/h；局部阻力系数小于 3；正面超压 100 Pa 时的漏气量不大于 0.5 L/min。开启压力为 27 Pa 微开，49.5 Pa 全开。其性能曲线如图 4－26 所示，技术参数见表 4－26。

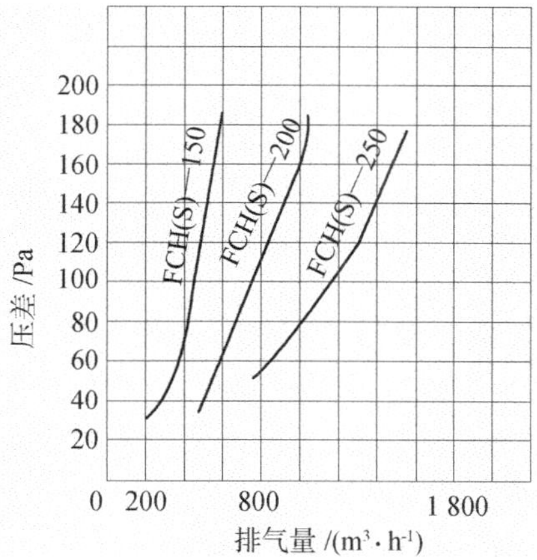

图 4－26　FCH 型防爆超压排气活门气体动力特性

表 4－26　FCH 型防爆超压排气活门技术参数表

型号	消波率	排风量/($m^3 \cdot h^{-1}$)	重锤启动压力
FCH150	>90%	280	30～50 Pa 可连续调节
FCH200		500	
FCH250		800	
FCH300		1 000	

4.7 其他设备

4.7.1 风量调节阀

用于调节风量的阀门主要是手柄式和拉链式蝶阀，如图 4－27 所示。

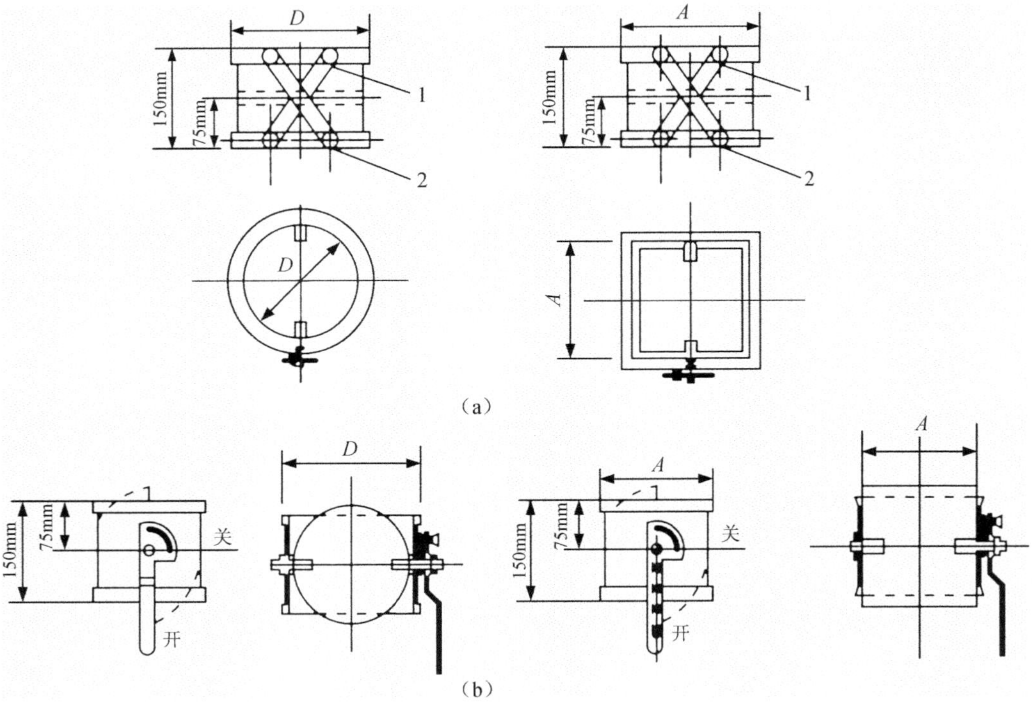

图 4－27　钢制蝶阀

(a)拉链式(圆形方形)；(b)手柄式(圆形方形)

1—在水平管时阀板位置；2—接索

蝶阀由带法兰的短管、阀板轴及阀板等组成。与密闭式蝶阀相比，不仅有最大开启位置(阀板平面与风管轴线平行)和关闭位置(阀板平面与风管轴线垂直)，而且还有不同的开启角度位置，因此，可以调节通过风管的风量大小，拉链式与手柄式可以起到同样的作用，但结构尺寸不一定相同，更换时一定要查清具体尺寸。

系统调试中，一旦风量调整完毕，阀门开度也就固定下来了，使用管理中一般不宜随意改变开度位置，以免影响系统的调定气量分配。平常维护中察看阀件是否变形，调节转动是否灵活，开关位置标志是否清晰等。

4.7.2 插板阀、止回阀与旁通阀

通风空调系统中还常常使用插板阀、止回阀、旁通阀等。

插板阀多用在离心式通风机进风管上，启动时关闭此阀可使离心式风机空载启动；风量调节时关小此阀可增加风管局部阻力，减少风量。插板阀通过拉出和插入风管的金属板调节风量，所以结构简单，使用方便。

止回阀由钢制阀体和两块铝制阀板及橡皮垫、密封圈组成，如图 4-28 所示。该阀用在只允许气流单向流过的场合，如柴油机排烟管与工程排风管共用一个扩散室时，安装在扩散室排风管道上，当工程排风机不开动时，阻止柴油机排烟倒流入工程内部。也用在柴油机排烟管上，防止排烟倒灌。

如图 4-29 所示，旁通阀与蝶阀结构相似，其作用为切换通风路径。如安装在除湿机旁通管路上，在冬季工况下旁通阀开启，使气流不经过除湿机而只经过加热器和加湿器，从而起到控制通风路径，平衡风路阻力的作用。

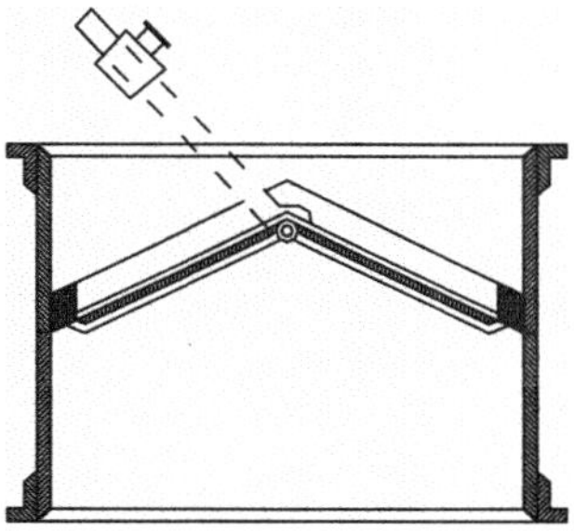

图 4-28　止回阀

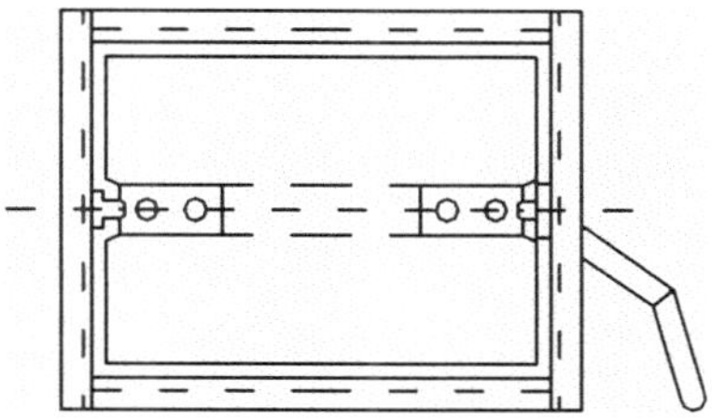

图 4-29　旁通阀

4.8 通风机

4.8.1 离心式通风机

离心式通风机输送气体时，一般增压范围在 10 kPa 以下，根据增压值大小可区分为低压风机（小于 1 kPa），中压风机（1～3 kPa），高压风机（大于 3 kPa）。地下工程通风和空气调节系统一般采用低、中压风机，但滤毒通风系统往往采用高压风机。

1. 离心式通风机结构组成

离心式通风机的一般构造如图 4-30 所示。主要由叶轮、机壳、机轴、吸气口、排气口、轴承及支承底架等组成。

（1）叶轮

叶轮又称工作轮，由前盘、后盘及装在两盘间的若干叶片组成。后盘紧固在轮毂上，用键与风机轴或电动机轴相连，如图 4-31 所示。叶轮的作用在于强迫进入叶片间的气体旋转和构成气体通过叶轮时的流动通道，气体在叶轮通道内受离心力作用，甩出流动而获得能量提高压力。

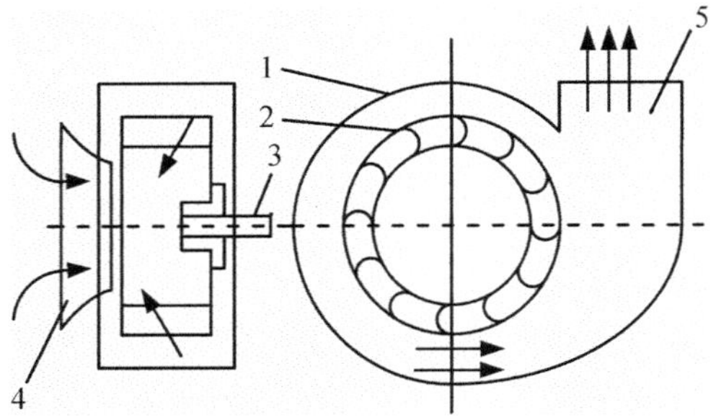

图 4-30　离心式通风机构造示意图

1—机壳；2—叶轮；3—机轴；4—吸气口；5—排气

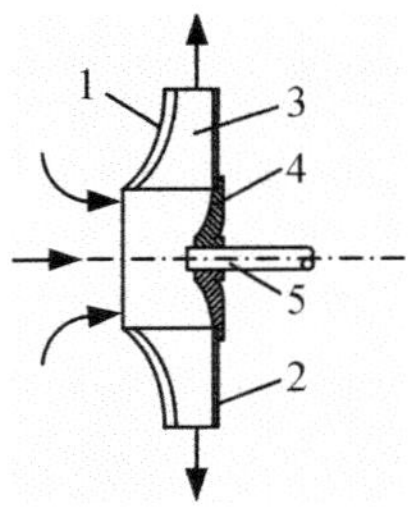

图 4-31　叶轮与轴的连接

1—前盘；2—后盘；3—叶片；4—轮毂；5—轴

大多数叶轮叶片用钢板压制而成，如图 4-32(a)所示，再应用铆接或焊接方法固定在叶轮的前后盘上。有些叶片制成机翼型，如图 4-32(b)所示。

离心式通风机叶轮的型式，根据叶片安装角大小，分为前向式(叶片向前弯曲)、后向式(叶片向后弯曲)和径向式 3 种，如图 4-33 所示。

所谓叶片出口安装角，就是叶片的出口方向(出口端切线方向)与叶轮旋转方向(叶片出口端圆周切线方向)之间的夹角。

前向式叶片叶轮：叶片出口安装角 $\beta<90°$。图 4-33(a)为薄板前向式叶轮，图 4-33(b)为多叶前向式叶轮。

径向式叶片叶轮：叶片出口安装角 $\beta=90°$。图 4-33(c)为曲线型径向式叶轮，图 4-33(d)为直线型径向式叶轮。

后向式叶片叶轮：叶片出口安装角 $\beta>90°$。图 4-33(e)为薄板后向式叶轮，图 4-33(f)为中空机翼型后向式叶轮。

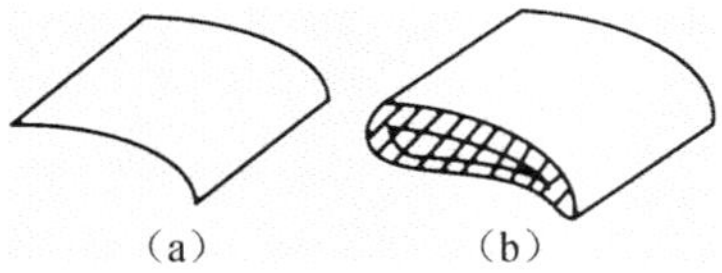

图 4-32　叶片型式

(a)钢板叶片；(b)机翼形叶片

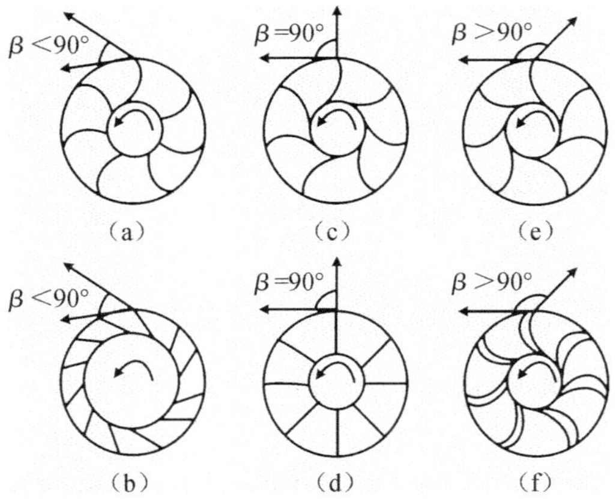

图 4-33　离心式风机的叶轮型式

叶轮叶片的弯向、尺寸和数目，与风机的性能参数密切相关。后向式叶片叶轮，空气与叶片之间撞击力很小，能量损失小，因而效率高，噪声小，但空气从风机中获得的压力低；前向式叶片叶轮与后向式相比，能量损失大，效率低，噪声也大，但产生的风压高；径向式叶片叶轮的优缺点介于两者之间，还有流道畅通不易积尘，机械强度高等特点。叶轮叶片尺寸愈是窄而长、数目愈少，则风机产生的压力愈高；叶片愈是宽而短、数目多，则产生的压力就低。风机叶轮型式的选定，是根据风机在使用过程中的主要矛盾考虑的，如希望风机效率较高，噪声较小，压力较低时，可选用后向式叶轮的风机；若希望风压较高而尺寸较小时，则应选用前向式叶轮的风机。

(2)机壳

机壳用钢板焊成，小型风机为铸造而成。机壳是包裹叶轮的外壳，外形为螺旋状，作用是汇集叶轮中甩出的气体，使之平顺地沿旋转方向流至风机出口。由于机壳的断面沿叶轮旋转方向逐渐扩大，因而气体的流动速度便逐渐降低，动压减小静压增加，所以机壳还起到使气体能量转换以提高静压的作用。所谓动压，即促使气体流动的压力；所谓静压，即气体垂直作用在通道壁面上的压力。机壳断面形状有方形和圆形两种，一般低、中压呈方形，高压呈圆形。

机壳出口方向一般是固定的，但新型风机的机壳能在一定的范围内转动，以适应用户对出口方向的不同需要。机壳出风口方位按叶轮旋转方向用右(或左)和出风口角度表示，如图 4－34所示，旋转方向的右或左按电动机端正视判定，顺时针为右，逆时针为左，叶轮旋向与出风口方位一致。

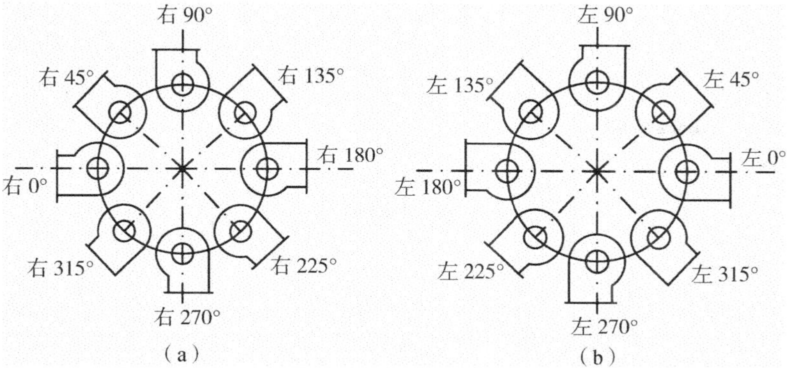

图 4－34　出风口位置

(3)吸气口

吸气口又称集流器，为空气进入风机的导流装置，形状如图 4－35 所示。若风机入口不接风管而直接从大气中进风时，则应有集流器。集流器的型式有圆筒形(制作简单，但能量损失大)、圆锥形(能量损失较小，制作也较为简单)和圆弧形(能量损失小，但制作较困难)等种类。

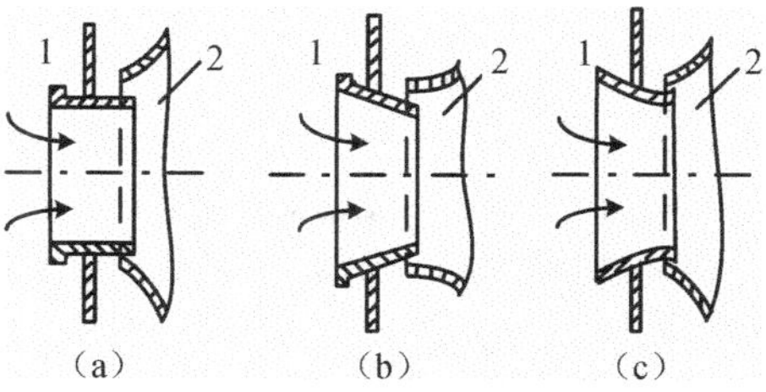

图 4－35　风机的集流器型式

(a)圆筒形 ；(b)圆锥形；(c)圆弧形

1—机壳；2—叶轮

(4)轴、轴承和支架

轴、轴承和支架为风机的传动、旋转及支承部件。风机的轴支承在轴承内，在电动机的带动下旋转，将电机的能量传给风机；轴承安装在轴承座内，小型风机为滚珠轴承，大型风机为带油环的滑动轴承；轴承座用钢板或型钢焊成，连接于支承基础上；支架支承着机壳。

2. 离心式通风机的命名书写规则

离心式通风机的型号是选用表征风机结构性能的特性参数组合而成的。全称包括名称、型号、机号、传动方式、旋转方向和出风口位置等 6 部分，一般书写顺序举例如图 4－36 所示。

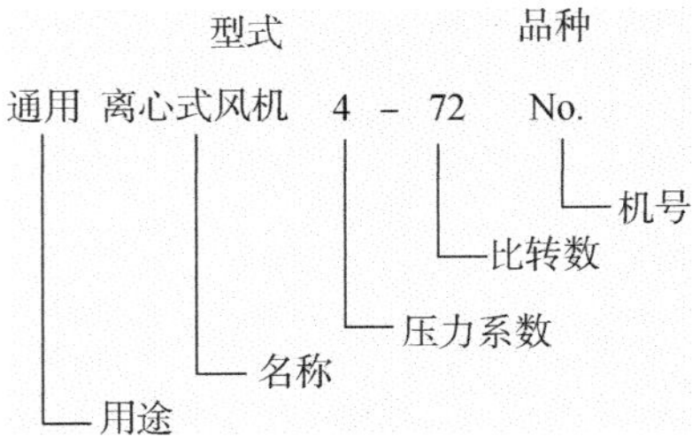

图 4-36 离心式通风机型号书写顺序举例

(1)名称

名称,即通风机的名字。离心式通风机的名字是按其作用原理称谓的。在名称之前,可冠以用途字样,也可省略不写。如写出时,都按表 4-27 规定采用汉字或用汉语拼音字母简写。如通风用即写作通风或 T,排尘用就写作排尘或 C。

表 4-27 离心式通风机名称代号

汉 字	汉语拼音	简 写	用 途	汉 字	汉语拼音	简 写	用 途
排尘	CHEN(尘)	C	排尘除灰	矿井	KUANG(矿)	K	矿井通风
煤粉	MEI(煤)	M	输送煤粉	引风	YIN(引)	Y	电站锅炉引风
防腐	FU(腐)	F	防腐蚀	冷却	LENG(冷)	L	冷却塔通风
工业炉	LU(炉)	L	工业炉吹风	锅炉	GUO(锅)	G	电站锅炉通风
耐温	WEN(温)	W	耐高温	通用	TONG(通)	T	一般通风换气
防爆	BAO(爆)	B	防爆炸	特殊	TE(特)	E	特殊用途

(2)型号

由基本型号和变型(或派生)型号组成,用 3 组数字,中间加短横线表示,如图 4-37 所示。

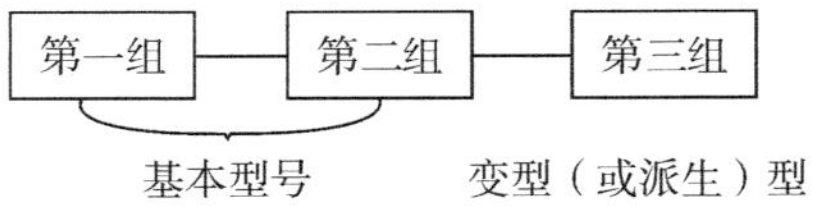

图 4—37 离心式通风机的型号表

基本型号由前两组数字表示,代表同一系列风机的基本性质。第一组表示风机全压系数数值,即该类风机最高效率点上的压力系数乘以 10,再四舍五入取整数。全压系数反映该类(系列)风机可能产生的风压高低,同一系列风机全压系数相同,不同系列风机全压系数可能相同,也可能不同。第二组表示该系列风机的比转数取整数后的数值。比转数也是风机一个基本参数,比转数大,表明风机的流量大而压力低,比转数小,则表明风机的流量小而风压大。同一系列(型号)的通风机其比转数必然相同,不同系列(型号)的风机,其比转数一般不同。离心式通风机的比转数一般小于 80,而轴流式通风机的比转数一般大于 80。因此,离心式通风机一般用在风压相对较高和风量相对较低的场合,而轴流式通风机则多用在风量相对较大而风压相对较低的场合。

变型型号(第三组数字),包括进气口吸入型式和设计序号。其中第一个数字表示风机进口吸入型式,含义见表 4-28;第二个字母表示设计序号。

表 4－28　进风机进口吸入型式表

代号	0	1	2
进风口吸入型式	双侧吸入	单侧吸入	二级串联吸入

(3)机号

机号写在第三组数字之后，用通风机的叶轮直径分米数表示，且前面冠以符号№，例如№ 6，表示 6 号风机，风机叶轮外径为 6 dm，即 600 mm。

(4)支承与传动方式

表示电动机与风机的传动连接形式，如图 4－38 所示。国家规范规定：离心式通风机的支承与传动方式共有 6 种，即 A，B，C，D，E，F，其含义分别如下。

A：直联，电动机与风机同轴，多用在小号风机中。

B：间接连接，通风机与电动机通过三角皮带连接。传动效率低，占地面积大，用在大型号风机电机连接中。皮带轮在两轴承间。

C：间接连接，也用三角皮带，皮带轮为悬臂状。

D：弹性联轴器(又称靠背轮)连接。

E：皮带轮连接，风机在两轴承之间，对大型号风机，此种连接运转较为稳定。

F：也是联轴器，但风机在两轴承间，用在大型号风机中。

(5)旋转方向

指风机叶轮旋转方向。与机壳出风口位置一致，以右旋为主。

(6)出风口位置

指机壳出风口位置。

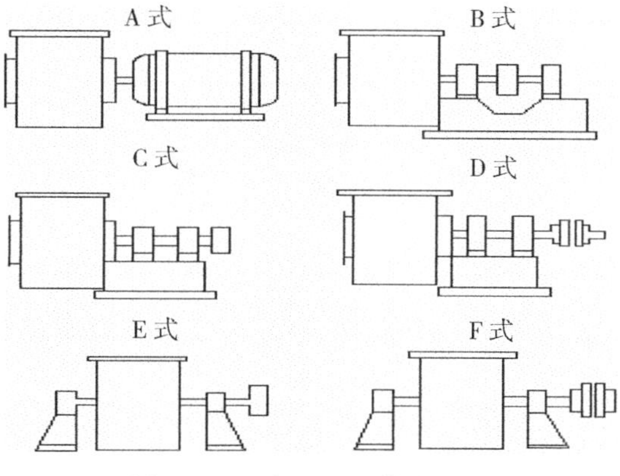

图 4－38　离心风机传动方式

在通风空调工程中常用的离心式通风机有 4—68 型、4—72 型、T4—72 型、4—79 型、11—62 型等。

4—68 型为节能型新型号离心式通风机，机号较多，最高效率为 93％；4—72 型为普通常用离心式通风机；T4—72 型最高空气效率为 91％；11—6 型是变速型、低噪声通风机，采用前弯弧型多叶式叶片，机号有№2.5，3.5，4 三种，最高空气效率为 64％。

各类型离心式通风机的性能、适用场合，在需要采购选型时可查样本或厂家提供的资料，在此不再详细说明。

3. 离心式通风机的使用

(1)启动前的检查工作

对安装完毕,调试操作前的检查:

1)核对通风机、电动机型号规格(按通风机全称包含的所有内容)是否与设计技术使用要求相符。

2)检查通风机进出口处柔性接头(如帆布短管)是否漏气,固定是否牢固。

3)检查轴承处是否有足够的润滑油,不足或没有时应加足。

4)检查通风机、电动机的传动连接是否可靠,联轴器是否平、正或传动皮带松紧是否合适。

5)检查通风机、电动机地脚螺母、减振装置是否拧紧。

6)检查电源是否安全可靠,有无断相,电动机接线是否准确无误,电机、风机、风管的接地线是否可靠。

7)手动盘动风机,检查叶轮有无卡滞现象。

8)关闭启动阀门,电点动风机电机,检查风机叶轮转动方向。

对于使用中的风机,上述检查工作可酌情筛减,但应查看上班次运行记录或询问上班次运行情况,妥善处理遗留问题。

(2)通风机的启动

1)直接启动机组:直接接通电源,风机即可启动;

2)降压启动机组:先将补偿器手柄推到启动位置,待电流回降,风机运转正常后,再将启动手柄拉至运转位置,风机正常运转。用补偿器降压启动的风机,最长正常启动时间与电动机容量有关,一般见表 4-29。

表 4-29　补偿启动电机时间

电机容量/W	所需时间/s
10～14	15
20～28	5+W/1.5
40～75	25+W/7.5

3)自动控制的机组:按控制程序操作启动,并及时察看仪表指示情况。

(3)运行中的检查

1)机组有无不正常响声,地脚固定有无变化,风机叶轮、电机转子有无碰撞、摩擦。

2)轴承箱有无漏油;油温不得超过 65 ℃;轴承温度正常(滑动轴承最高温度不超过 70 ℃,滚动轴承最高温度不超过 80 ℃)。

3)电动机电流不超过规定值,以免烧坏电机。

4)通风机内应无过量凝结水。

发现异常,应停机查处。方法是立即切断电源,停止机组运转,而后针对具体情况,仔细检查排除。此种情况下的停机常称故障停机。

(4)正常停机及停机后的维护

1)关闭风机启动阀门后,切断风机电源,风机便停止工作。

2)停机后维护工作主要内容就是处理本次运行中发现的问题,擦拭灰尘、清除污垢,清理工具物品，做好运行登记，为下班工作创造良好条件。

4. 离心式通风机的运行调节

由流体力学知识可知，通风机在一定的管网系统中工作时，其风量、风压（全压）、功率、效率等参数不仅与通风机本身的性能有关，而且还与通风机相连的管路特性有关。

(1)管路特性曲线

气体流经一定管路时，其沿程摩擦阻力和管件局部阻力均与气体的流速有关，而流速又与流经管路的气体流量有关，因而管路的阻力（包括摩擦阻力和局部阻力）与流量之间便存在着一定的关系。这种关系可近似地表示为

$$p = p_0 + KL \qquad (4-2)$$

式中：p 为管路系统的总阻力，单位为 Pa；p_0 为排气空间与吸气空间的压力差，单位为 Pa，当由大气吸入又排至大气时，$p_0=0$；K 为管路系统的阻力系数，与气体的性质、管路材料、长度、摩擦阻力系数与局部阻力系数等因素有关，管路一定，K 值即为定值；L 为通过管路的气体流量，单位为 m^3/s。

上式表示的管路阻力与流量的关系式称作管路特性方程式，而管路阻力与流量的特性方程式表示在平面坐标上形成的图线就叫作管路特性曲线。

(2)通风机在管路中的工作特性

由离心式通风机的 $p-L$ 特性曲线已知，在同一转数下，通风机可以在不同的风量和风压下工作，如图 4-39 中的特性曲线 1。很显然，管路中通过的风量就是通风机的实际风量，而通风机的实际风压又应该等于通风管路的实际阻力，因此，通风机在管路中工作时，其工作状态必须同时满足通风机的特性与管路的特性，也就是说，通风机在管路系统中的工作状态点是由通风机特性曲线和管路特性曲线联合确定的。图 4-39 中曲线 1 和 2 的交点 A，即为通风机在管路中的工作状态点。

(3)通风机在管路中工作状态的调节

在实际工作中往往会遇到由于风机质量或管路安装问题或设计计算误差，致使风机和管路的特性曲线都发生变化，因而风机在管路中的工作状态点偏离设计状态（即最佳状态）的情况是常常发生的。为了满足设计工作状态，就需要对在管路中工作的通风机工作状态进行调整。

如图 4-40 所示是通风机在管路中的工况分析图。下面结合此图对通风机在管路中工作状态调整的原理和方法加以说明。

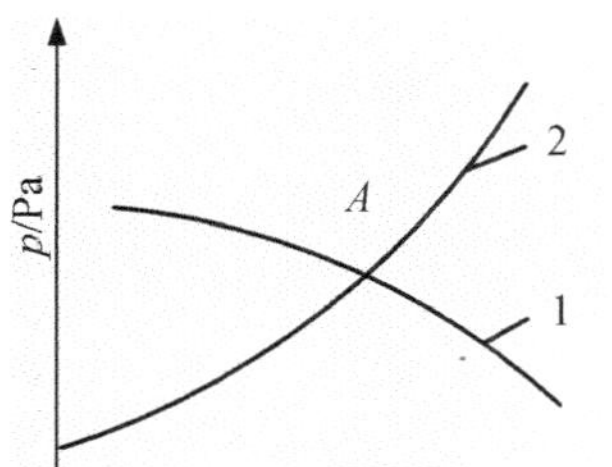

图 4-39　通风机在管路中的工作点

1—通风机特性曲线；2—管路特性曲线

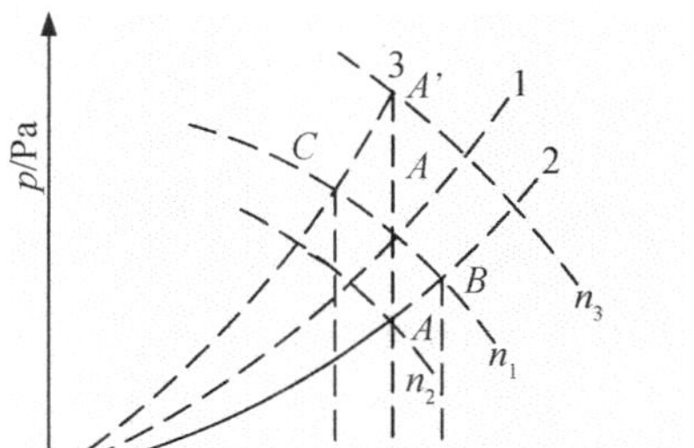

图 4-40　通风机在管路中的工况分析

如设计计算中确定的管路阻力偏大(如阻力系数选用偏大或安全系数选用偏大等)致使实际工作状态点 B 的压力低于设计计算点 A，而风量又大于点 A，此时的调整办法有两种，一是在管路中加设挡板或关小管路中调节阀门的开度，以提高管路阻力，使实际的管路特性曲线由 2 变为 1，即可使实际工作状态点由点 B 移至点 A。此时管路中的风压、风量即都可满足设计要求。二是降低通风机转速，当风机转速由 n_1 降至 n_2 时，风机的特性曲线由 n_1 变为 n_2，此时管路特性曲线 2 与风机特性曲线的交点由 B 点变为 A' 点，此时风压虽然较低，但满足了设计风量要求，即 $L_{A'}=L_A$。

反之，当实际管路阻力高于设计阻力时，实际工作点为 C，则实际风量小于设计风量。此时用开大管路调节阀门开度或去掉某些管件的办法以降低管路阻力，使管路特性曲线由 3 变为 1，实际工作状态点由 C 变为 A，于是实际、设计工况即可相符；风量、风压均可满足要求。也可采用提高风机转速的办法(如更换皮带轮或电动机)，使风机特性曲线由 n_1 变为 n_3，此时工作状态点由 A 变为 A''，阻力虽然增大了，但满足了系统风量的要求，即 $L_{A''}=L_A$。应当注意，提高风机转速进行风量调整时，应验算通风机是否超过最高转速和电机是否过载。

(4)通风机的联合工作

通风机的联合工作，是指在系统要求的风压或风量很大，而单台风机不能满足要求时采取的措施。联合工作有串联和并联两种基本情况。串联的目的在于提高风压，并联在于增大风量。联合工作宜用相同型号风机联合为好，不同型号的风机联合工作时，有的时候会达不到联合的目的。风机联合工作，是不得已情况下才采用的，通常情况下不宜采用。应尽可能用改选另外型号的风机以满足要求。

5. 通风机的选择

如某风机因使用时间过长，其性能参数下降，或因损坏、服务面积扩大等不能满足要求时，就应选择新的风机替换。

(1)设备更新时的选择

1)原型号更新：按原型号采购，原样安装即可。

2)新产品替换：按原风量、风压、转速、出口方向等要求，在新产品目录或样本中查选近似参数的产品，一般情况下，更新后产品的性能应优于旧产品。

(2)增加容量时的选择

由于服务面积扩大等原因需要选用新的通风机时，可从以下几个方面考虑：

1)确定新的风量要求，计算新布管网最长管路的总阻力大小，确定出新选风机的风量风压数值。从安全角度，还应将所确定的最大风量、风压增加 10%～20% 的不可预计余量，即 $L=1.1\,L_{\max}$，$p=(1.1\sim1.2)\,p_{\max}$。

2)计算所需轴功率 N_z，考虑安全余量，亦应扩大 1.2～1.5 倍，即

$$N_z=(1.2\sim1.5)N_e=(1.2\sim1.5)p\cdot L(\text{kW})$$

3)根据上述参数选择风机型号，同时确定风机的转速、出风口方向，及原动机(新选的电动机)型号、传动方式、皮带轮大小等。

除上述方法外，还可一次从风样样本或手册中，按要求风量风压选取风机及其与之配套的电机。

4.8.2 轴流式通风机

轴流式通风机按其风压大小可分为低压轴流式和高压轴流式两种类型，高压式风压

≥500 Pa,低压式风压<500 Pa。

与离心式通风机比较,轴流式通风机具有结构简单、尺寸较小、质量较轻、风量较大而风压较低等特点,有些型号还可直接吊装在风管中,不占地面基础。

1. 轴流式通风机的结构与工作原理

图 4-41 所示为轴流式通风机结构示意图。由图可见,该型风机的叶轮安装在圆筒形机壳内,叶轮与电机轴直接相连,而电动机也安装在机壳中,有的型号电动机外面还有流线型外罩,吸气口和排气口与机壳一起组成气流通道。当叶轮在电动机的带动下旋转时,空气由进口(电动机端)吸入,通过叶轮和扩压器压力增高后排出至风管中。因空气在机壳中的流动从电动机端入而叶轮端出,自始至终沿轴线方向,故称轴流式通风机。

由于轴流式通风机叶轮的叶片具有一定的扭斜或机翼形状,所以当叶轮旋转时,在叶片斜面的作用下,壳体中的空气一方面随叶轮转动,一方面还沿着轴向被推动前进,于是前面的空气便被压出,而叶片后面便形成一定真空,风机后面的空气便在大气压力下由入口进入风机,继之,这部分空气也被压出。于是,叶轮不停地旋转,空气便不断地被压出和吸入。

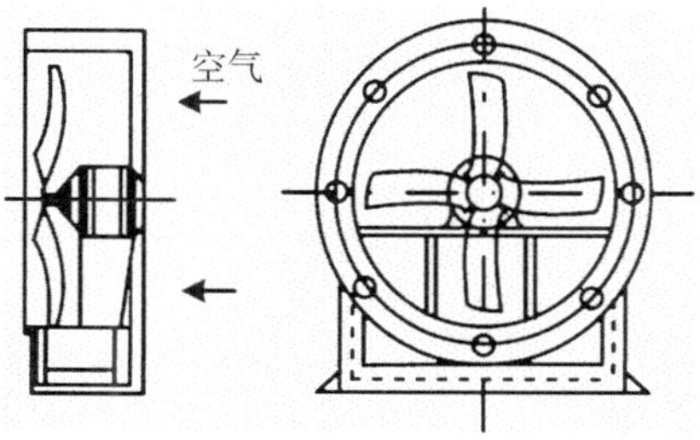

图 4-41　轴流风机

2. 轴流式通风机的命名书写规则

轴流式通风机的命名书写规则如图 4—42 所示。

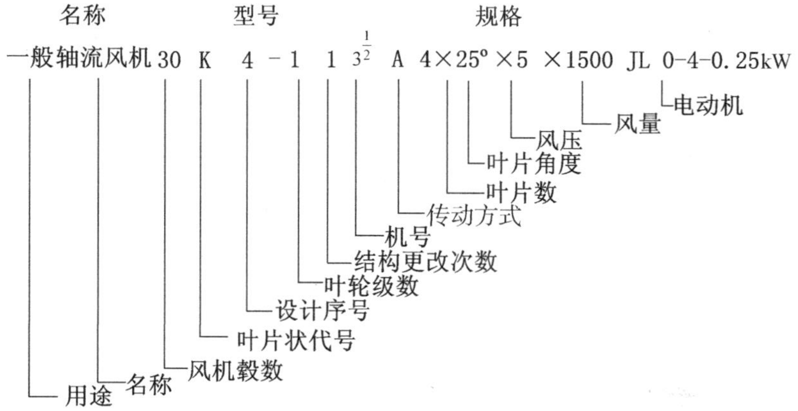

图 4-42　轴流式风机全称书写顺序举例

与离心式通风机命名书写规则相类似,其全称包括以下几部分。

(1)名称

名称按其作用原理称之为:轴流风机,名称前也可冠以用途字样,一般省写。

(2)型号

由基本型号与变型(派生)型号组成,中间用短横线隔开,如图 4-43 所示。

图 4-43　轴流式风机型号命名组成

1)基本型号:表示风机毂比(叶轮轮毂直径与叶轮直径之比)乘以100的值和叶片形状代号、设计序号。

2)变型(派生)型号:表示风机叶轮级数和结构(变更)设计序号。

(3)机号

以叶轮直径的分米数表示,有小数尾数时只取整数或1/2,且前面冠以“№”符号。

(4)传动方式

传动方式共有6种,见表4-30。

表4-30 轴流式通风机的传动方式

代号	传动方式
A	无轴承,电机直联传动
B	悬臂支承,皮带轮在轴承中间
C	悬臂支承,皮带轮在轴承外侧
D	悬臂支承,联轴器传动(有风筒)
E	悬臂支承,联轴器传动(无风筒)
F	齿轮和直联传动

(5)气流方向和风口位置

气流方向和风口位置一般可不表示。

轴流式通风机全称及性能书写顺序举例,如图4-42所示。

30K4型轴流式通风机为一般通用型机型,现在改进型代号为T40—11型轴流风机。

3. 轴流式通风机的性能

与离心式通风机一样,轴流式通风机的性能也是用压力、流量、轴功率、效率等参数表示的,他们之间的相互关系也是从实验中得到的,也可表示成相应的性能曲线。分析离心式通风机与轴流式通风机可知,二者的主要区别见表4-31。

表4-31 轴流式与离心式风机主要特点比较表

风机类型 主要特点	轴流式	离心式
气流进出风机方向	轴向	进轴向,出径向
旋转方向	一般左转,改向后气流方向改变,风量、风压并不减小	有左、右转向,以右为主改向后无风流出
风量、风压	风量较大而风压较低	风压较高而风量较小
启动操作	打开风机启动阀门	关闭风机启动阀门

4.8.3 人力通风机

空气流动的动力是通风机,通风机的选择,应符合下列要求:

1)通风机的风量、风压应满足平时和战时清洁、滤毒式通风的要求;当平时与战时或清洁式与滤毒式通风采用一台通风机不合理时,应分别选用通风机,或采用变速通风机。

2)对风量较大,阻力较小的通风系统,可采用多台同型号、同性能的通风机并联;并联通风机的进、出口应设置密闭式风量调节阀。

3)通风机的风压,应按通风系统计算的压力损失增大 10%～15%确定。

4)通风机的风量,应计入通风管道和设备的漏风量;通风管道漏风量应按表 4-32 确定。

表 4-32　通风管道漏风量

风道长度/m	建筑风道/(%)	钢板风管/(%)
$L\leqslant 20$	5	不计
$20<L\leqslant 200$	10	5
$100<L\leqslant 200$	15	10
$L>200$	20	15

5)工程内战时用电不能确保时,应采用人力、电动两用通风机。目前人力、电动两用通风机有 F270 手摇电动两用风机、DJF—1 型电动脚踏两用风机、SR900 型电动脚踏两用风机。

1. 电动手摇两用风机

该风机有 F270—1 和 F270—2 两种规格,其主要技术性能参数见表 4-33,结构示意图如图 4-44 所示,性能曲线如图 4-45 所示。

表 4-33　F270 型电动手摇两用风机主要技术性能参数表

风机型号		F270—1		F270—2	
风量/($m^3\cdot h^{-1}$)		300～700		500～1 100	
全压/Pa		1 117～568		1 225～568	
主轴转速/($r\cdot min^{-1}$)		2 800		2 800	
旋转方向(从电机端正视)		顺时针方向		顺时针方向	
配套电机	型号	Q8—S2	YSC122	Q8—S2	Q7—S2
	额定功率/kW	0.37	0.75	0.75	0.75
	额定电压/V	220	380	220	380
	额定电流/A	3.5	1.34	6.25	1.82
手摇机构		传动比 1/8×1/8,速度 44 r/min			

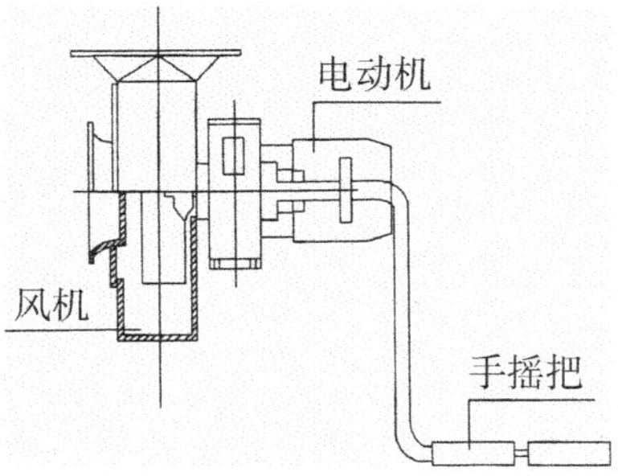

图 4-44　F270 型电动手摇两用风机结构示意图

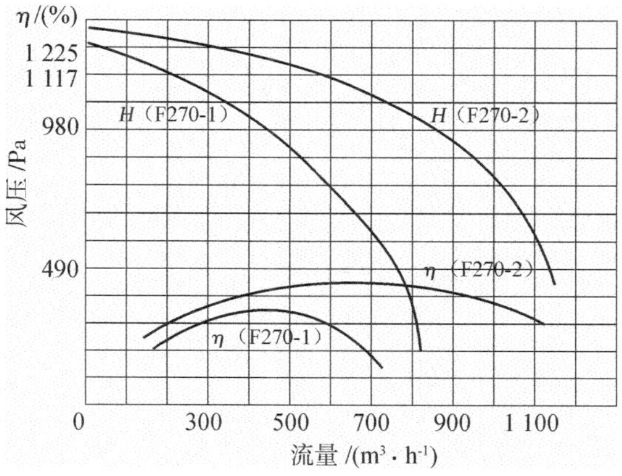

图 4-45　F270 型电动手摇两用风机性能曲线

2. SR900 型电动脚踏两用风机

SR900 型电动脚踏两用风机可由两人脚踏驱动，风机有左 90°和右 90°两种，结构示意图如图 4－46 所示，主要技术性能参数见表 4－34，主要尺寸见表 4－35。

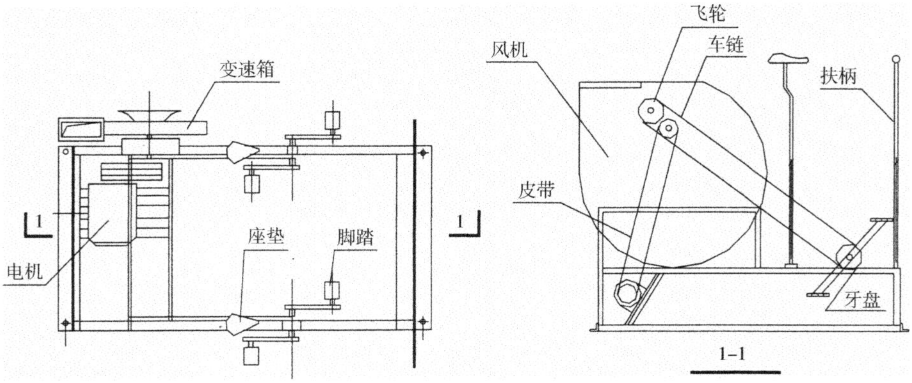

图 4－46　SR900 型电动脚踏两用风机结构示意图

表 4－34　SR900 型电动脚踏两用风机技术性能表

脚踏	转速 2 000 r/min	风量	900 m^3/h
		风压	1 250 Pa
电动	电源 380 V	电机功率	1.1 kW
	转速 2 900 r/min	风量	900～1 650 m^3/h
		风压	2 280～1 450 Pa

表 4－35　SR900 型电动脚踏两用风机主要尺寸表

长×宽×高/mm	风机出口尺寸/mm	风机进口尺寸/mm
1 250×780×1 000	175×80	Ø250

3. DJF—1 型电动脚踏两用风机

DJF—1 型电动脚踏两用风机可由四人脚踏驱动，其尺寸见表 4－36，主要技术性能参数见表 4－37，结构示意图如图 4－47 所示，性能曲线如图 4－48 所示。

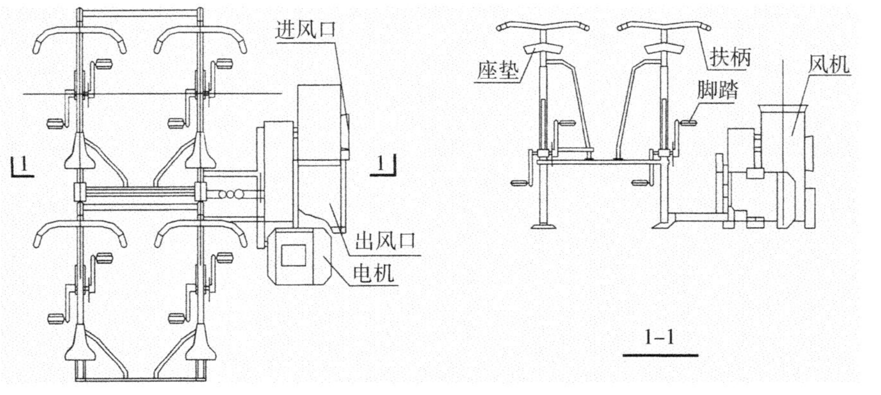

图 4－47　DJF—1 型电动脚踏两用风机结构示意图

表 4－36　DJF—1 型电动脚踏两用风机主要尺寸表

长×宽×高/mm	风机出口尺寸/mm	风机进口尺寸/mm
1 430×1 480×900	302×176	Ø320

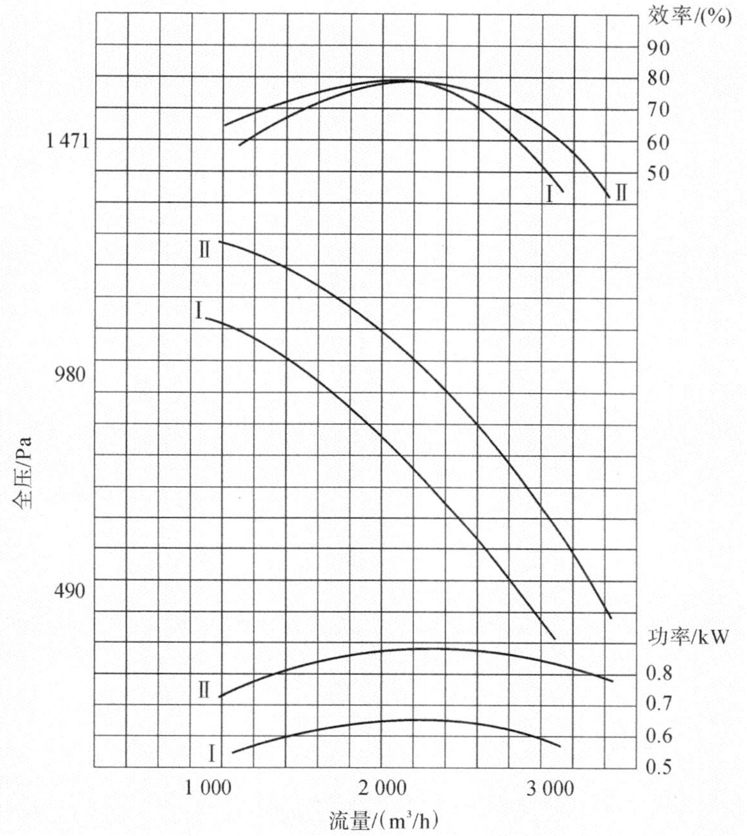

图 4－48　DJF—1 型电动脚踏两用风机性能曲线

曲线 I 转速为 2 750 rpm；曲线 II 转速为 3 000 rpm

表 4－37　DJF—1 型电动脚踏两用风机主要技术性能参数表

	电动机型号 Y90S—4，三相 380 V，1.1 kW									转速/($r \cdot min^{-1}$)
电动	全压(Pa)	410	548	629	843	964	1 204	1 370	1 430	3 000
	风量/($m^3 \cdot h^{-1}$)	3 273	3 154	2 988	2 701	2 421	2 033	1 548	1 278	
脚踏	全压/Pa	353	452	521	702	840	1 000	1 138	1 208	2 750
	风量/($m^3 \cdot h^{-1}$)	2 983	2 828	2 720	2 470	2 203	1 870	1 397	1 225	

思考题与习题

1. 试叙述防爆波活门的工作原理。
2. FLC02 型滤尘器的作用是什么？
3. FLC04 型粒子过滤器与 FLC02 型滤尘器相比增加了什么功能？

4. 试说明过滤吸收器的结构与功能？
5. 动排气活门用在什么地方？包括哪些类型？
6. 离心式通风机是如何实现运行调节的？
7. 离心式通风机与轴流式通风机启动时的操作有何不同？

第 5 章　通风换气量与通风管道计算

5.1 全面通风换气量

5.1.1 全面通风计算原则

通风就是采用自然或机械方法，将室外新鲜空气或经过净化处理的空气送入室内，并将室内污浊空气或经消毒、除害后的废气排至室外，使室内空气品质满足卫生要求。按通风服务范围一般可分为局部通风和全面通风。

局部通风应用于有害气体、蒸发或粉尘发散源集中的地方。当散发热、湿及有害气体的房间内发生源分散或不固定，而无法采用局部排风以达到卫生要求时，一般采用全面通风。全面通风既可以是自然通风也可以是机械通风，但应尽量采用自然通风，以达到节能、节省投资和避免噪声干扰的目的。地下工程一般采用全面通风。

全面通风的进、排风应使室内气流从有害物浓度较低的区域流向较高的区域，特别是应使气流将有害物从人员停留区带走。

采用全面通风消除余热、余湿或其他有害物时，应分别从室内温度最高、含湿量或有害物浓度最大的区域排出，且其风量分配应符合下述要求。

1)当有害气体和蒸汽的密度比空气小，或在相反情况下但会形成稳定的上升气流时，宜从房间上部排出所需风量的$\frac{2}{3}$，从下部排出$\frac{1}{3}$；

2)当有害气体和蒸汽的密度比空气大，且不会形成稳定的上升气流时，宜从房间上部排出所需风量的$\frac{1}{3}$，从下部排出$\frac{2}{3}$。

从房间下部排出的风量，包括距地面 2 m 以内的局部排风量，以及从房间上部排出的风量，不应小于每小时一次的换气次数。

当排出含有爆炸危险的气体或蒸汽时，其风口上缘距顶棚应小于 0.4 m。

通风系统室外进风口的底部距室外地坪不宜低于 2 m。当布置在绿化带时，不宜低于 1 m。进风口应设在排风口的上风侧，并且进风口与排风口设于同一高度时的水平距离要大于 20 m。当水平距离小于 20 m 时，进风口应比排风口至少低 6 m。

5.1.2 全面通风换气量计算

1. 按消除工程余热计算的通风换气量

对地下工程柴油电站机房、变压器室、通信机房等房间进行通风降温时，消除余热所需的通风量 G_1（m^3/h）为

$$G_1 = 3\ 600 \frac{Q}{\rho(i_N - i_o)} \tag{5-1}$$

当余热量主要是显热时，消除余热所需通风量

$$G_1' = 3\ 600 \frac{Q}{c\rho(t_p - t_i)} \tag{5-2}$$

式中：Q 为房间余热（显热）量，kW；i_N 为工程内空气的焓，kJ/kg；i_o 为送入空气的焓，kJ/kg；t_p 为排出空气的温度，℃；t_i 为进入空气的温度，℃；c 为空气的质量比热容，1.01 kJ/(kg·℃)；ρ 为进入空气的密度，kg/m^3。

设备发热量较大且高度较高的房间，房间内垂直方向存在温度梯度，排风温度 t_p 的取值与工作区温度 t_g 具有关系式

$$t_p = t_g + \beta(h - h_g) \tag{5-3}$$

式中：β 为温度梯度，即房间每升高 1 m 空气温度的增量，根据具体情况取值，一般取 β=0.3～2.0 ℃/m；h 为由地面到排风口中心的垂直距离，m；h_g 为工作区高度，m；t_g 为工作区温度，℃。

在大多数地下工程中，房间高度对室内温度的影响基本可以忽略，可近似认为排风温度等于工作区温度。

2. 按消除工程余湿计算的通风换气量

消除地下工程余湿的通风换气量

$$G_2 = \frac{W}{\frac{(d_N - d_i)\rho}{1\ 000}} \tag{5-4}$$

式中：W 为工程内的总余湿量，g/h；d_N 为工程内空气容许的含湿量，g/kg；d_i 为进入空气的含湿量，g/kg；ρ 为空气密度，kg/m^3。

3. 按消除工程有害气体计算的通风换气量

考虑地下工程内空气中有害气体对人员身体健康危害时，地下工程连续通风消除有害气体的通风量

$$G_3 = 3\ 600 \frac{m_x}{c - c_0} \tag{5-5}$$

式中：m_x 为房间单位时间内产生的有害气体质量，mg/s；c_0 为送入房间的新鲜空气中所含有害气体浓度，mg/m^3；c 为房间内容许的有害气体浓度，mg/m^3。

地下工程内各种有害气体的容许浓度，由相关的国防和人防标准查取。当房间内多种有害气体并存时，应分别计算通风量然后取最大值作为全面通风量。当多种有害气体对人体健康危害性质相同时，应分别计算每一种有害气体所需通风换气量，并取其总和作为全面通风换气量。

由于地下工程内各房间有害气体分布及空气流分布不均匀，采取通风手段对有害气体的稀释不可能瞬间完成。一般地，污染源附近有害气体浓度远高于室内平均有害气体浓度，为保

证污染源附近有害气体浓度控制在容许值以下，需要对理论计算通风量进行安全放大，即对公式(5－5)进行以下修正：

$$G_3=3\ 600\frac{m_x}{c-c_0}K \tag{5-6}$$

式中：K 表示安全系数，K 值受有害气体毒性、污染源分布及其散发的不均匀性、室内气流组织及通风的有效性等因素影响。一般情况下，通风房间应结合实际选用安全系数值。

当散入地下工程房间内的有害气体无法进行具体计算或为了简化计算时，可根据对类似房间全面通风换气量进行调查或测定，得出所需的换气次数作为经验值，然后确定其通风换气量，这种方法也称为“换气次数法”，有

$$G_3'=kV \tag{5-7}$$

式中：G_3'为房间通风量，m^3/h；k 为换气次数，次/h；V 为房间的容积，m^3。

地下工程平时某些功能房间的最小换气次数要求见表 5－1。

表 5－1　地下工程房间通风换气次数

房间名称	换气次数/(次·h^{-1})
水泵房、封闭式蓄电池室	2
盥洗室、浴室	3
水冲厕所	10
污水池、污水泵间	8
物资库	1
汽车库	4
发电机房储油间	6

例 5－1　测得某地下电站柴油机单位功率散发到室内的 CO 质量为 680 mg/(kW·h)，电站内最高 CO 容许浓度为 30 mg/m^3，若柴油机功率为 100 kW，求该电站排除 CO 所需的通风量为多少？

解　安全系数 K 取 1，$c_0=0$，$c=30\ mg/m^3$，则

$$m_x=680\times100=68\ 000(mg/h)$$

根据式(5－6)，排除 CO 所需的通风量为

$$G=\frac{1\times68\ 000}{30-0}=2\ 276(m^3/h)$$

4. 按卫生要求计算的通风换气量

以满足人员呼吸为主要因素计算全面通风量时，常根据标准要求查人员新风需求量，然后根据下式计算工程平时的通风新风量，有

$$G_X=nq \tag{5-8}$$

式中：G_X 为新风需求量，m^3/h；n 为工程内人数；q 为新风量标准，$m^3/(人\cdot h)$，地下工程平时使用通风时，人员新风需求量不应小于 30 $m^3/(人\cdot h)$。

5.1.3 事故通风

当工程内有可能突然从设备或管道中溢出大量有害气体或燃烧爆炸性气体时，则应设置

事故排风系统，尽快地将有害物排到工程外。

事故排风的吸风口应布置在有害气体或爆炸性气体散发量可能最大的地方。当放散的气体或蒸汽比空气重，吸风口应设在房间下部，反之应设在房间上部。当排除有爆炸性气体时，应考虑风机的防爆问题。

事故排风的排风口不应布置在人员停留或经常通风的地方。排风口与进风口的水平距离应大于 20 m；当水平距离不足 20 m 时，排风口必须高出进风口 6 m 以上。排风出口应设在工程外主导风向的下风侧。

事故通风量宜根据工艺设计要求通过计算确定，但换气次数不应小于 12 次/h。

5.2 通风管道设计

设计通风管路的基本任务，就是要使空气流动合理，保证风量分配要求，合理布置风管位置和断面尺寸，尽可能降低初投资和运行维护成本，并使得空调系统性能最佳。通风管路设计的好坏，直接影响整个通风空调系统在建设与使用时的经济性能。

5.2.1 风管选材

根据通风空调系统设计安装要求不同，通风管道材料也不尽相同。通风管道材料一般要满足以下要求：

1)便于制作、连接及安装，成品密闭性能强；

2)成品风道内表面光滑、风阻小，与建筑协调搭配；

3)材料获取容易，成本低廉；

4)防火性能好，防腐蚀能力强。

通常，风管材料分为金属材料和非金属材料。金属材料风管可分为厚度在 2 mm 以上的金属厚壁管和厚度在 1.5 mm 以下的金属薄壁管。高炉通风和粉尘输送管道常用薄壁管，地下工程口部染毒区的通风管道和预埋风管常用厚壁管。薄壁管大多由普通薄钢板(又称黑铁皮)和镀锌薄钢板(又称白铁皮)制成，某些有特殊要求的风管可采用铝板和不锈钢板材料。

非金属材料风管种类较多，常用的风管材料有玻璃钢、MPP 不燃型无机复合材料、硬聚氯乙烯塑料板、胶合板、纤维板、炉渣石膏板、砖及混凝土等。这些材料具有很好的防腐蚀性能，特别适用于地下工程。

玻璃钢风管是用玻璃丝布与合成树脂制成，具有耐酸、耐碱和自熄性，采用聚苯乙烯、聚氨酯泡沫塑料等作为夹心材料内附于玻璃钢风管管壁夹层，可使玻璃钢风管具有保温作用。MPP 通风管道采用玻璃纤维增强无机材料制作，具有防火、无毒、耐腐蚀、高强度、寿命长、价格低于玻璃钢风管和白铁皮风管等特点，一般用于人防、阵地、地铁等地下工程。

在需要与建筑、结构配合的场合，常以砖、混凝土等制作的建筑风道，此类风道可节省建筑用钢材、经久耐用，但通风阻力较大，在地下工程中也有应用。

制作风管时，应根据工程具体情况，结合各种材料的特点，合理选材。例如，地下工程口部染毒区的进、排风管，应满足抗力和密闭防毒性能要求；进风机室最后一道密闭阀门至进风扩散室的管道，排风机室最后一道密闭阀门至排风扩散室的管道、洗消间和防毒通道内的风管，应采用 2～3 mm 厚的钢板焊接而成，并保证气密性，此外进、排风管应有 0.5%的坡度坡向室外。钢板风管应除锈,并内外刷两道红丹防锈漆,外面还要刷二道面漆。

5.2.2 风管断面设计

通风管道形状一般根据建筑实际情况与使用要求确定,常见的风管一般有圆形截面和矩形截面两种。地下工程中,为充分利用建筑空间,常根据实际情况设计地下工程风道截面形式,如图 5-1 所示。

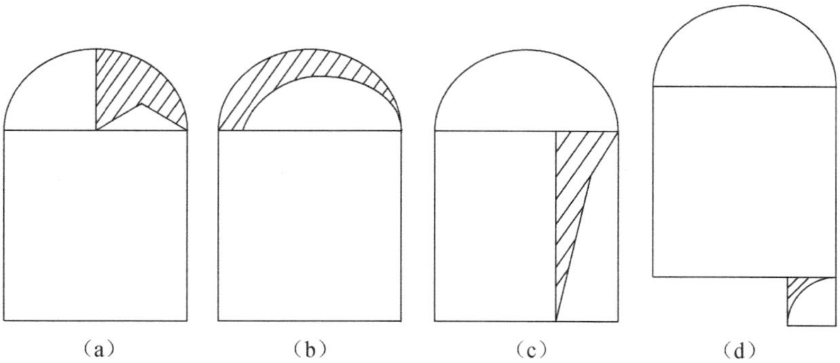

图 5-1　风道截面形式

(a)半吊顶风道;(b)全吊顶风道;(c)侧墙风道;(d)地沟风道

截面为圆形的风管,具有强度大、省材料、沿程阻力小的特点,但风管占用空间大、加工困难、明装时不易布置美观。矩形截面风管占用空间少,与建筑搭配方便,在工程中应用较多,矩形风管的高宽比最高可达 1∶8,但自 1∶1 增至 1∶8 表面积要增加 60%。设计风管时,除特殊情况外,高宽比宜在 1∶1 与 1∶3 之间。椭圆形螺旋风管兼具圆形和矩形风管的优点,由于加工工艺复杂,目前在地下工程中采用较少。吊顶风道是利用建筑空间进行密闭处理而形成的建筑风道,其使用时对风量要求不很严格。侧墙风道由于风道面积较大,送风压力比较均匀,送风口可根据需要开在相应的高度上,一般适用于风量较大的进风或送风;因为侧墙风道送风过程中空气状态可能发生变化,一般不适用于送风温度控制要求高的空调房间。地下工程中,经常将人行通道作为回风道,对于有大量余热或有毒气体产生的工程,不宜采用人行通道回风。

在地下工程部分弯角、风口连接处,常根据实际需要使用柔性风管,柔性风管以薄铝带等材料缠绕而成,具有质量轻、柔软,运输、安装方便的特点,适用于小支风管,但安装成本比较高。

5.2.3 风管布置

通风管道的设计,应遵循以下原则:

1)风管布置尽可能简单,管道尽可能短而直,尽量避免拐弯和交叉。管径和截面变化尽可能少,局部管件尽量简便。弯头、三通等连接管件要安排得当,与风管搭配要合理,尽量减少阻力和噪声。

2)通风管道的安装应尽量少占用建筑空间,不影响操作使用,安装前要预先考虑,防止与其他专业管道打架。

3)风管保温。为保证传输空气保持恒定的温度,或防止风管穿过房间时对室内空气参数产生影响,需要对风管进行保温。用于风管保温的材料主要有软木、聚苯乙烯泡沫塑料、超细玻璃棉、玻璃纤维板、聚氨酯泡沫塑料等。

风管保温层的厚度一般根据保温设计要求进行计算，再按相关规范要求校核。保温层按结构通常分为四层：①涂防腐漆的防腐层；②填贴保温材料的保温层；③防止水分侵入的防潮层，采用包铝箔、油毛毡、塑料布或刷沥青的方式，防止水分破坏保温层或在内部结露；④保护层，以玻璃布、塑料布、木板、铁丝网、水泥或铁皮等附着管道外侧，防止管道损坏。

4)应尽量按《通风管道统一规格》规定选用风管尺寸，以便于机械加工和标准阀门、配件配制。

5)阀门、压力表、温度计、风量测定孔等调节和测量装置应设置在风管上便于操作和观察的地点。

6)风管输送含有蒸汽、雾滴的气体时，为排除积液，应保证风管有不小于 0.005 的坡度，并应在风管的最低点和风机底部装设水封泄液管。

5.2.4 风管配件

通风管路系统除了风管外，还由各种异形配件(如弯管、变径管、“天圆地方”、三通和四通)、风量调节阀以及空气分布器(送、回风口)等部件组成。常见的风管配件按形状可分为圆形和矩形。

1. 钢板圆形风管配件

1)圆形风管。按照制作方法不同，有冲压成型弯管、皱褶型弯管和分节组合弯管 3 种。按弯管角度分有 90°弯管、60°弯管、45°弯管和 30°弯管，圆形弯管的曲率半径以中心线计。冲压成型弯管的管径 $D=75\sim250$ mm，其曲率半径 $r=1.5$ D；皱褶型弯管的管径 $D=100\sim400$ mm，其曲率半径 $r=1.5$ D。分节组合弯管由两个端节和若干个中节所组成。工程中常见的 5 节 90°弯管的管径 $D=80\sim1500$mm，曲率半径 $r=1.5D$；7 节 90°弯管的管径 $D=80\sim1\ 500$ mm，曲率半径 $r=2.5D$；3 节 90°弯管因阻力太大，一般不采用。

2)圆形变径管。分双面变径管和单面变径管，即“天圆地方”。

3)圆形来回弯管。由两个相同角度的圆形弯管按相反方向连接而成。

4)圆形三通。按照主管和支管的夹角不同，三通夹角也不同，有封板式三通和裤衩式三通几类。

2. 钢板矩形风管配件

(1)矩形弯管

工程上常见的矩形变管(见图 5-2)分为内外同心弧形弯管、内弧外直角型弯管、内斜线外直角型弯管、内外直角型弯管等四种。

(2)矩形变径管

工程上常用的矩形变径管(见图 5-3)分为单面偏和双面偏两种形式。对于双面偏的变径管，其夹角宜小于 60°；对于单面偏的变径管，其夹角宜小于 30°。为了减少气流阻力，风管断面缩小部分的收缩角尽量小于 45°，风管断面扩大部分的扩张角应尽量小于 20°。

(3)矩形来回弯管

分角接来回弯管、斜接来回弯管和双弧形来回弯管。

(4)矩形三通和四通

工程上常用分叉式和分隔式两种形式。

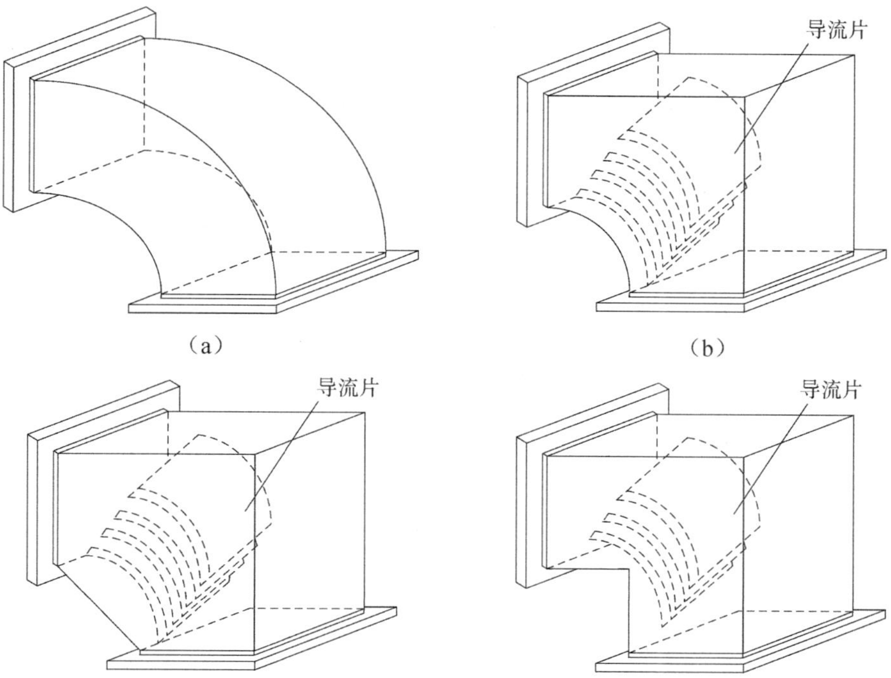

图 5-2　矩形弯管

(a)内外同心弧形弯管;(b)内弧外直角型弯管

(c)内斜线外直角型弯管;(d)内外直角型弯管

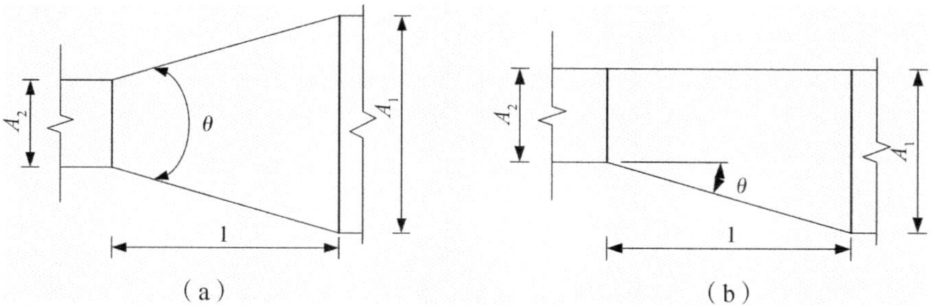

图 5-3　矩形变径管

(a)矩形双面偏变径管;(b)矩形单面偏变径管

3. 风量调节阀和定风量调节器

(1)风量调节阀

常用的有蝶阀、平行式多叶阀、对开式多叶阀、矩形三通阀等(见图 5-4)。

(2)定风量调节器

定风量调节器是一种机械式自力装置,如图 5-5 所示。它对风量的控制无需外加动力,只依靠气流自身的力来定位阀片的位置,从而在整个压力差范围内将气流保持在预先设定的流量上。适用于安装在要求风量固定的风管系统中。

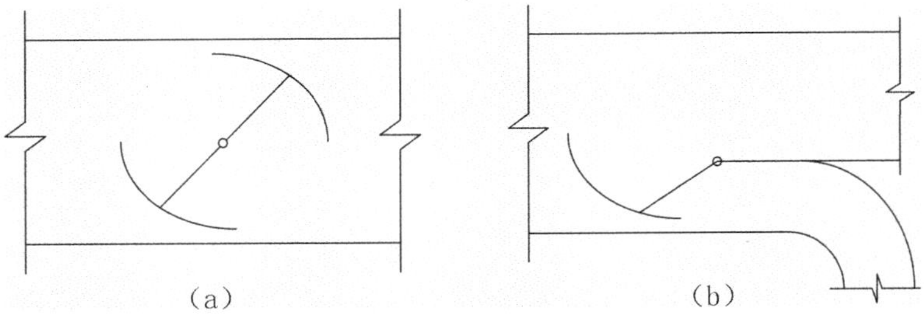

图 5-4　风量调节阀

(a)蝶阀;(b)矩形三通阀

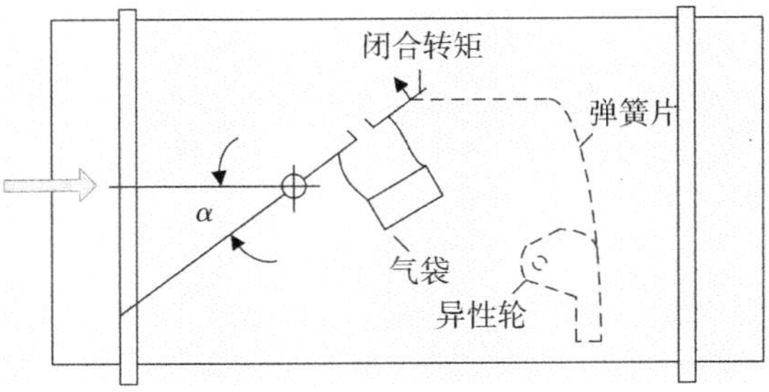

图 5-5　定风量调节器

5.3 风管内空气流动时的压力损失

通风管路内空气流动时，与管壁摩擦而产生摩擦阻力(沿程阻力)，克服沿程阻力而损失的能量称为沿程压力损失；当空气流过风管管件时，气流在局部产生流速和流动方向的变化，形成局部涡流，因而产生局部阻力，为克服局部阻力而引起的压力损失称为局部压力损失。

5.3.1 沿程压力损失

风管沿程压力损失

$$\Delta p_m = \Delta f_m l \tag{5-9}$$

式中，Δf_m 为单位管长沿程摩擦阻力(又称比摩阻)，有

$$\Delta f_m = \frac{\lambda}{d_e}\frac{\rho v^2}{2} \tag{5-10}$$

式中：λ 为摩擦阻力系数；v 为风管内空气的平均流速，m/s；ρ 为空气密度，kg/m^3；l 为风管长度，m；d_e 为风管当量直径，m。

则　对圆形风管：　　　$d_e = D$　(D 为圆形风管直径)

对矩形风管：　$d_e = \dfrac{2ab}{a+b}$　(a、b 为矩形风管的两个边长)

摩擦阻力系数 λ 与空气在风管内的流动状态和管壁粗糙度有关，可按下式计算，有

$$\frac{1}{\sqrt{\lambda}} = -2\log\left(\frac{k}{3.71d} + \frac{2.51}{Re\sqrt{\lambda}}\right) \tag{5-11}$$

式中：k 为风管内壁的绝对粗糙度，m；d 为风管直径，m；Re 为雷诺数。

为避免烦琐的计算过程，可根据公式制成各种形式的计算表或线解图，在进行通风管道的设计时，在已知比摩阻和管长等两个以上彼此独立的参数情况下，可查阅相关设计手册求解计算风管的沿程压力损失。

5.3.2 局部压力损失

当空气流过断面变化、流量变化或流向变化的风管管件（如弯头、变径等）和设备时，由于涡流的存在而产生局部性能量损失，称为局部阻力。局部阻力 Δp_j 一般按下式计算，有

$$\Delta p_j = \xi \frac{\rho v^2}{2} \tag{5-12}$$

式中：ξ 为局部阻力系数，可查取有关设计手册获得；v 为风管内局部压力损失发生处的空气流速，m/s；ρ 为空气密度，kg/m^3。

通风、空调风管系统中产生局部阻力的管件，主要包括空气进口、弯管、变径管、三通管、风量调节阀和空气出口等。大多数管件的局部阻力系数是用实验方法确定的，有的还整理成经验公式。由于通风、空调系统中空气的流动都处于阻力平方区，局部阻力系数 ξ 只取决于管件的形状，一般不考虑相对粗糙度和雷诺数的影响。

需要说明的是，局部压力损失是沿着风管长度上产生，不能将它从摩擦阻力损失中分离出来计算。局部阻力在通风系统阻力中占有较大比例，在设计中应采取措施减少局部阻力。

5.3.3 风管内压力分布

为更好地进行通风、空调系统设计计算，合理对空调设备进行设计选型，做好通风空调系统的运行管理，应了解并分析通风、空调系统风管内空气压力的分布规律。

风管内压力分布图的绘制，可采用两种不同的基准：以大气压力为基准或以绝对真空为基准。若以大气压力为基准时，其静压称为相对静压，高于大气压力者为正（画于大气压力线上方），低于大气压力者为负（画于大气压力线下方）。风机的吸风管段，其静压、全压都是负值；风机的送风管段，其静压、全压都是正值，动压总是正值。若以绝对真空作为基准时，其静压称为绝对静压，绝对静压与动压之和，就是绝对全压。不论是处在风机的吸风管段还是送风管段，绝对静压、绝对全压只有大小之分，而没有正负之别。

1. 风管内压力分布

风管内压力分布分为两种情况，一是仅有沿程压力损失，二是既有沿程压力损失又有局部压力损失。分别如图 5－6 和 5－7 所示。

2. 风管内压力分布特点

1）吸风管段和送风管段都是直管段时（见图 5－6），只要管径或断面尺寸不变，管内风速就不变，其动压也不变。管段的压力损失是由摩擦阻力造成的。此时，静压的坡降线与全压的坡降线彼此平行。全压的坡降即表示管段的压力损失。

2）当风管内的风量一定时，随着管径或断面尺寸的变化（如渐扩管或渐缩管），管内动压发生变化，其静压也随之发生变化。也就是说，动压和静压之间是可以互相转化的。

空气流过渐扩管时，由于克服局部阻力，使全压减小，随着风速的降低，动压减小，而静压增大（见图 5－7 中断面 6 至断面 7）。这个增加的静压值，是由动压转化而来，称为静压复得；空气流过渐缩管时，全压减小，随着风速的升高，动压增大，而静压减小，甚至使静压低于大气

压力(见图5-7中断面10)。这个动压的增加,是由静压转化而来。尽管断面10是处在风机的送风管段上(压出侧),但该处的静压为负值。若在断面10上开孔,将会吸入空气而不是压出空气。工程上,压送式气力输送系统的加料口和诱导式空调系统的诱导器就是基于这种原理。

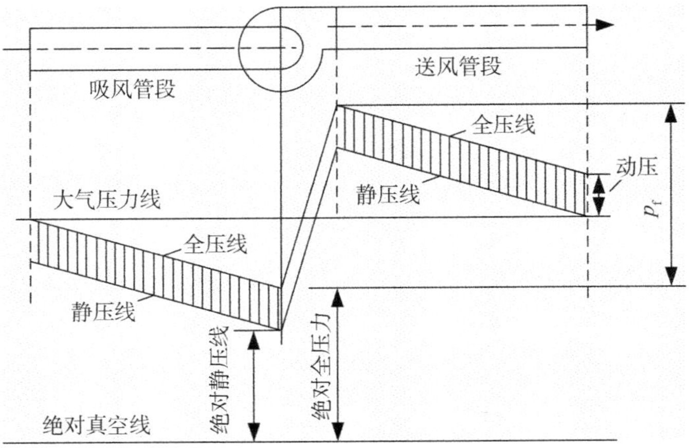

图5-6 仅有沿程压力损失的风管内压力分布图

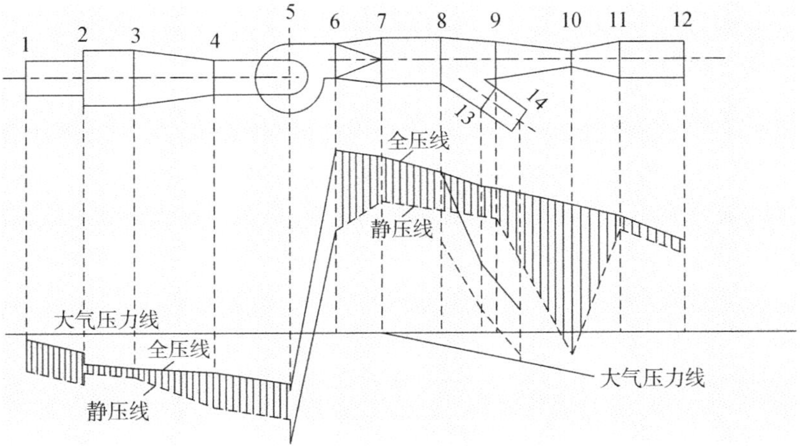

图5-7 沿程压力损失和局部压力损失都有的风管内压力分布图

3)风机的作用压头应等于风机出口和进口的全压之差,整个通风系统风管的沿程压力损失和局部压力损失之和,就是风管的总阻力。

3.单风机空调系统压力分布

只设一台送风机的空调系统称为单风机系统。单风机一次回风空调系统原理图如图5-8(a)所示,风管压力分布图如图5-8(b)所示。

图中,新风状态为W,其压力为环境大气压力;空调送风状态为S;回风状态为N,其压力为室内正压值;P点是排风与回风分流点,其压力为正压,以便排风;X点是新风与回风的汇合点,其压力为负压,以便吸入新风;O点是回风管路上压力零点,其压力为大气压力。空调机组处于风机进风侧,其压力为负压。

进风口宜靠近空调处理机组布置,以减小进风管路阻力;而排风口宜靠近空调房间布置,以避免空调房间正压过大。

单风机空调系统适合于定风量系统，当需要调节新风、回风和排风量时，采用双风机空调系统。

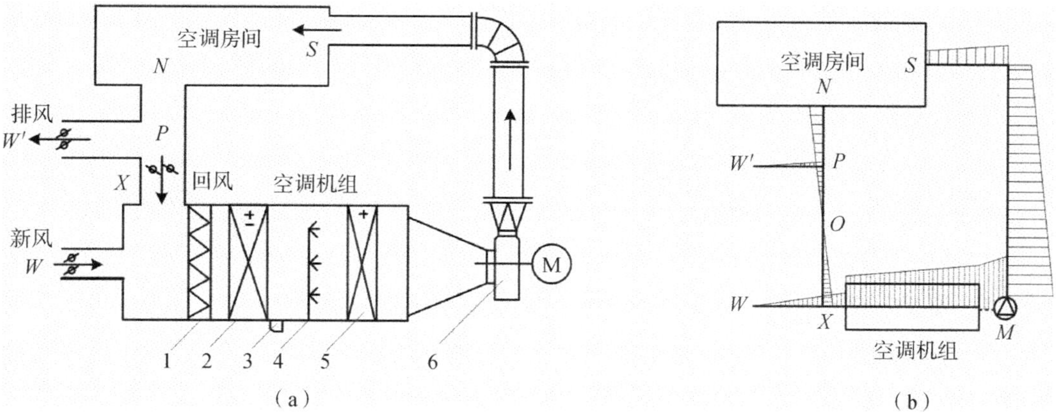

图 5－8　单风机一次回风空调系统

(a)系统原理图；(b)风管压力分布图

1－过滤器；2－表面式换热器；3－排水口；4－加湿器；5－再热器；6－送风机

4. 双风机空调系统压力分布

同时设有送风机和回风机的空调系统称为双风机系统，如图 5－9 所示。

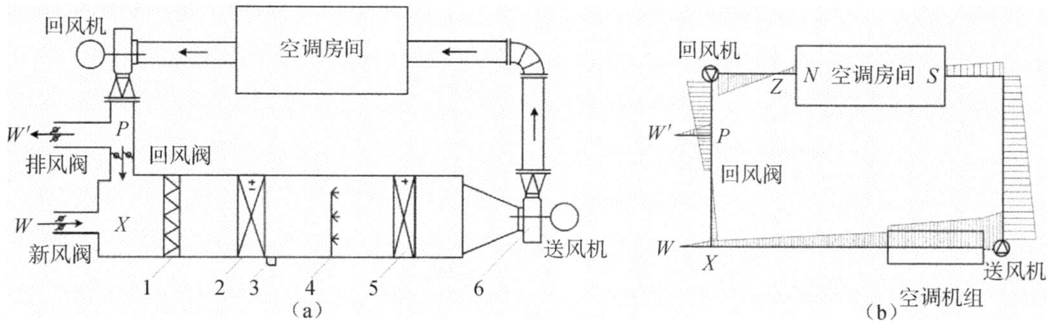

图 5－9　双风机空调系统

(a)系统原理图；(b)风管压力分布图

1－过滤器；2－表面式换热器；3－排水口；4－加湿器；5－再热器；6－送风机

与单风机系统不同的是，在回风管路上设置了回风机。送风机压头用于克服从新风进口至空调房间之间的管路阻力，并提供房间正压。回风机压头用于克服从回风管吸入段零压力处(图 5－9(b)中 Z 点)至回风阀之间的管路阻力。进风口设在送风机的吸入段上，排风口设在回风机的压出段上。

图 5－9(b)为双风机一次回风空调系统风管压力分布图。与单风机系统一样，回风与排风的分流点 P 必须为正压，以便排风；新风与回风的汇合点 X 必须是负压，以便进风。由于空调房间为正压而回风机吸入口为负压，所以在房间至回风机之间存在零压力点 Z。同样地，P 点与 X 点之间也存在零压力点，一般通过调节回风阀，使回风阀与 X 点之间的压力等于新风口与 X 点之间的压力，即回风阀处的压力为零。

5.4 通风管道计算

通风管道计算的主要目的，是为了确定风管断面和系统阻力，进行风机等设备选型，保证系统内风量分配负荷要求。计算前，首先要布置通风空调管道系统和设备、确定风管材料、各送、排风点的位置和风量等。

通风管道的计算方法有假定流速法、压损平均法和静压复得法等几种。对于低速送、排风系统和空调系统的风管计算，大多采用假定流速法和压损平均法；对于高速送风系统或变风量空调系统的风管计算，宜采用静压复得法。

5.4.1 假定流速法

假定流速法按技术经济和噪声要求选定风管内流速，结合风管的通风量确定风管的断面尺寸，并计算系统阻力。

假定流速法的计算步骤和方法如下。

(1)绘制通风系统轴测图

编号、标注各管段长度和风量。管道长度一般按两管件中心线长度计算，不扣除管件(如三通、弯头)本身的长度。

(2)确定合理的空气流速

风管内的空气流速直接影响通风系统的经济性。断面小、空气流速高的风管，材料耗用少，建造成本低，但通风时的阻力大，气流动力消耗大，运行成本高，会增加空调系统噪声和除尘系统的设备和管道磨损。空气流速低的风管，通风阻力小，动力消耗少，但风管断面大，材料消耗多，建造成本高大，占用的空间也大，易使粉尘沉积堵塞除尘系统管道。因此，确定合理的管内流速必须全面考虑空调系统运行的经济性和技术特点。根据经验总结，风管内空气流速见表 5-2。

表 5-2　风管和出风口的最大允许风速

低速风管				高速风管	
允许噪声/dB(A)	干管/($m\cdot s^{-1}$)	支管/($m\cdot s^{-1}$)	风口/($m\cdot s^{-1}$)	风量范围/($m^3\cdot s^{-1}$)	最大风速/($m\cdot s^{-1}$)
25～35	3～4	≤2	≤0.8	1 700～5 050	12.5
35～50	4～7	2～3	0.8～1.5	5 050～10 000	15
50～65	6～9	3～5	1.5～2.5	10 000～17 000	17.5
65～85	8～12	5～8	2.5～3.5	17000～22500	20.5
口部风道	4～8		3～5	22500～42500	22.5
排烟风管	≤20	≤20	≤10	42500～68000	25
加压送风	≤20	≤20	≤7	68000～100000	30

(3)计算沿程阻力和局部阻力

沿程阻力和局部阻力应根据各风管的风发量和选择的流速，首先确定各管段的断面尺寸，然后选择最不利管路(估算阻力最大)进行计算。

(4)按实际流速计算阻力

结合工程实际(吊顶高度、建筑层高和通风管道统一规格等)确定风管断面尺寸后,按管内实际流速从最不利管路开始计算系统阻力。

(5)并联管路的阻力平衡

并联支管的阻力平衡是为了保证各送、排风点达到设计风量值。一般的通风系统中,两个支管的阻力差不得超过 15%,相应的除尘系统阻力差不得超过 10%。应调整管径或用阀门调节阻力使之符合规定,调整后的管径

$$D'=D\left(\frac{\Delta p}{\Delta p'}\right)^{0.225} \tag{5-13}$$

式中:D'为调整后管径,mm;D 为原设计管径,mm;Δp 为原设计支管的阻力,Pa;$\Delta p'$为要求达到的支管阻力,Pa。

理论上,通过改变阀门的开度进行管道阻力调节,看似是一种简便的方法,实际操作中,对一个多支管的通风系统进行调试,必须进行反复的调整、测试才能达到设计要求,工作技术性很强、非常复杂。

(6)计算系统总阻力

(7)选择风机

风机的类型和具体型号必须根据输送气体的性质、系统的风量和阻力来确定。考虑系统风量和阻力时,因为风管、设备漏风及阻力计算存在不精确性,可视情况对风量和风压增加 10%～15%的附加值,一般地下工程选用滤毒进风机时还要考虑工程 50～100 Pa 的超压值。

当风机在非标准状态下工作时,应对风机性能参数进行标态化换算再进行风机选择。空气状态发生变化时,实际所需风机的电机功率会有所变化,应进行验算,检查选择配用的电机功率是否满足要求。

送风机静压应等于管网总压力损失加上空气通过过滤器、加热器、除湿机等空气处理设备的压力损失之和,推荐的送风机静压值见表 5-3。

表 5-3　推荐的送风机静压值

类　型		风机静压值/Pa
送、排风系统	小型系统	100～250
	一般系统	300～400
空调系统	小型(空调面积≤300 m²)	400～500
	中型(300 m²≤空调面积≤2 000 m²)	600～750
	大型(空调面积≥2 000 m²)	650～1 100
	高速系统(中型)	1 000～1 500
	高速系统(大型)	1 500～2 500

5.4.2 静压复得法

静压复得法是利用风管分支处复得的静压来克服该管段阻力,确定风管断面的尺寸,其原理图如图 5-10 所示。

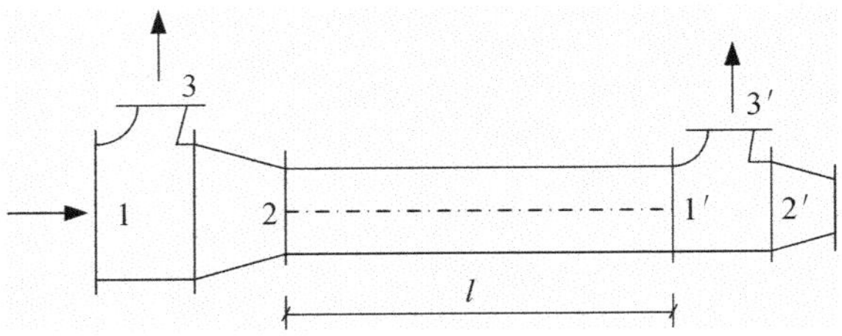

图 5-10　静压复得法原理图

在有分支的通风系统中，由于支管对通风的分流作用，所以在每个分流三通后，系统风量都有所减少。此时，如果三通前后风管断面变化不大，那么风速就要降低。当全压一定时，风速降低即动压减少，则静压就要增加，使断面 2 的静压大于断面 1 的静压。利用这部分“复得”的静压，克服下一段风道阻力。

在 2 点处复得的静压，理论上应为

$$\Delta p_{\text{th}}=p_2-p_1=\frac{\rho v_1^2}{2}-\frac{\rho v_2^2}{2} \tag{5-14}$$

实际上，由于三通本身阻力要消耗部分静压，因此静压复得值为，即

$$\Delta p=\frac{\rho v_1^2}{2}-\frac{\rho v_2^2}{2}-\xi_{\text{t}}\frac{\rho v_2^2}{2} \tag{5-15}$$

式中：ξ_{t} 为对应三通直通流速的局部阻力系数。

式(5－15)可改写为

$$\Delta p=K\left(\frac{\rho v_1^2}{2}-\frac{\rho v_2^2}{2}\right) \tag{5-16}$$

式中：K 为静压复得系数，其取值范围为 0.5～0.95。

对比式(5－15)与式(5－16)，可得

$$K=\frac{v_1^2-(1+\xi_{\text{t}})v_2^2}{v_1^2-v_2^2} \tag{5-17}$$

从式(5－17)可以看出，K 与 v_1，v_2 和 ξ_t 有关。由于 ξ_{t} 与 v_1，v_2 有关，所以可以近似地认为 K 是 v_1，v_2 的函数，同时 K 值还与三通的制作工艺有关。为方便计算，设计时 K 值一般取为 0.75。

从式(5－17)可以看出，复得的静压值与前后风速的平方成正比，风速越大则静压复得越多，风速越小则静压复得越少，因而此法仅适用于高速系统。用此法进行风管设计计算时，由于复得的静压用于克服下一段管道的阻力，使得各分支处的静压都相等，能够保证各分支处出风口风量均匀，使平衡风量的调节工作大为简化，计算均匀送风管道最为适宜。

在计算管道阻力时，沿程阻力与局部阻力之和即为管段阻力，即

$$h=\left[\lambda\frac{l}{d}+\sum\xi\right]\frac{\rho v_2^2}{2} \tag{5-18}$$

静压复得值用于克服管段阻力，即

$$K\left[\frac{\rho v_1^2}{2}-\frac{\rho v_2^2}{2}\right]=\left[\lambda\frac{l}{d}+\sum\xi\right]\frac{\rho v_2^2}{2} \tag{5-19}$$

推导可得

$$v_2 = v_1 \sqrt{\frac{K}{\lambda \frac{l}{d} + \sum \xi + K}} \tag{5-20}$$

式(5－20)表明：给定管道内三通上游空气流速 v_1 时，可计算出下游三通前的空气流速 v_2，结合需确定尺寸的管段内空气流量，即可确定该管段对应的直径。

5.4.3 压损平均法

压损平均法又称等摩阻法，它是以单位长度风管具有相等的摩擦压力损失为前提，其特点是，将已知总的作用压力按干管长度平均分配给每一管段，再根据每一管段的风量和分配到的作用压力，确定风管的尺寸，并结合各环路间压力损失的平衡进行调整，以保证各环路间的压力损失的差额小于设计规范的规定值。这种方法对于系统所用的风机压头已定，或对分支管路进行压力损失平衡时，使用起来比较方便。

思考题与习题

1. 有一直流空调系统，风道材料为镀锌铁皮，系统有 5 个活动百叶送风口(有效面积为 80%)，每个风口送风量均为 800 m^3/h，要求出风口风速为 3.5 m/s，试确定风道断面尺寸，系统总阻力与所需风机风压。(注：①管道尺寸尽量采用定型规格；②空调箱总阻力为 200 Pa；③管道系统中应根据需要增设变径管)。

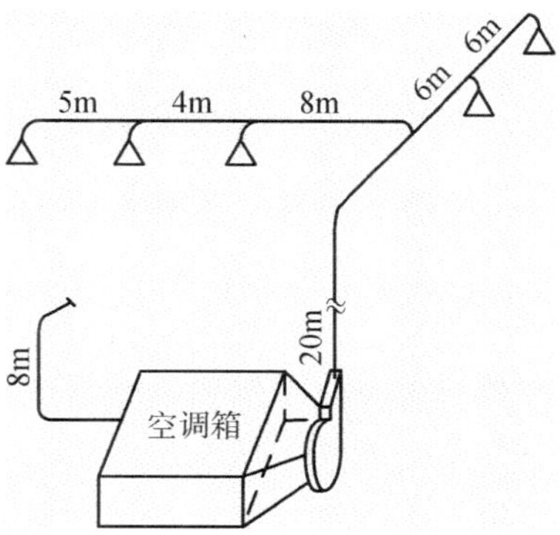

习题 1 附图

2. 有一总送风量为 720 m^3/h 的送风系统，要求采用 6 个侧孔的均匀送风管道，各侧孔面积相等，如图所示。孔口流出的平均流速为 4.0 m/s，起始管段空气流速为 3.5 m/s (即断面 1 处)，试确定其孔口面积，风道各段直径及总阻力。

3. 用空气压力分布图说明下图中均匀送风管道断面 1，2，3，4 处风管内空气的静压、动压、全压以及各侧孔间压力损失，并回答以下问题：

(1)这种均匀送风管道送风为什么能均匀？

(2)各侧孔真正的出风速度是否相等？为什么？

(3)此均匀送风管道总阻力如何计算？

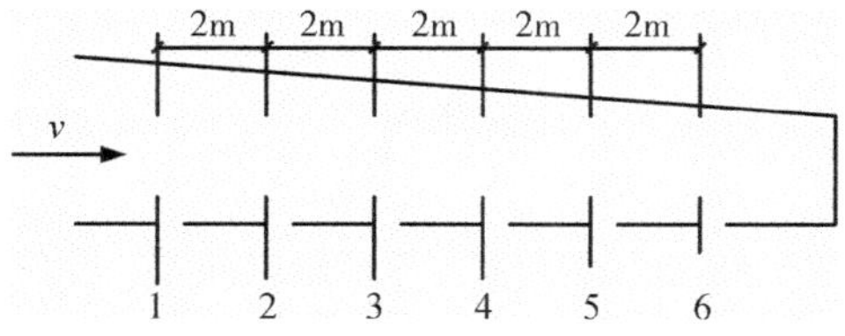

习题 2 附图

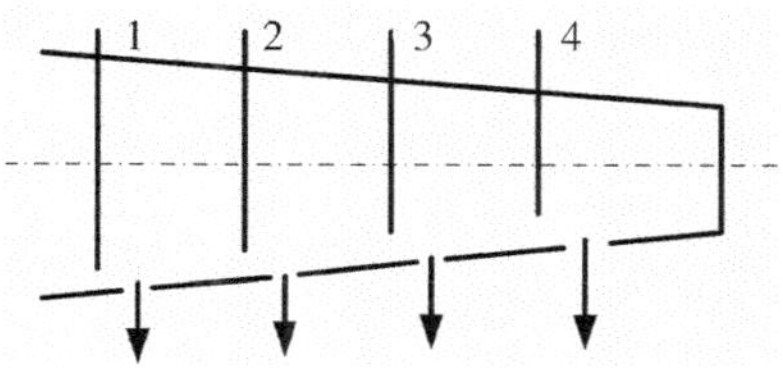

习题 3 附图

4. 空调系统在什么情况下用单风机？什么情况下用双风机？

5. 确定单风机和双风机的压力零点时应当注意什么问题？试画出空调系统的压力分布图？

第6章 空气调节系统

空气调节系统实现对某一房间或空间内空气的温度、湿度、洁净度和流动速度等参数进行调节与控制，并提供足够量的新鲜空气，以改善室内热湿环境和空气品质。

6.1 空气调节系统的分类

一个完整的空气调节系统由冷热源、空气处理设备、空气输配系统和空气分配设备等四部分组成。根据系统结构和应用特点不同，空气调节系统分为多种类型。

1. 按空气处理设备分类

空调系统按空气处理设备分类可分为集中式、半集中式和局部式空调系统。

(1)集中式空调系统

所有空气处理设备(包括过滤器、冷却器、加热器和加湿器等)和送、回风机集中设置在空调机房内，通过送、回风管道与被调节的空调场所相连，对空气进行集中处理和分配。集中式空调系统适用于新风量变化大，空气调节房间面积大、多室而热湿负荷类似的建筑物。集中式空调系统的特点是处理空气量大，有集中的冷源和热源，便于气流组织和控制管理，维修方便、运行可靠，但机房占地面积较大，各空调房间温湿度要求相差较大时，统一的送风就不太方便了。单风管系统和变风量系统是典型的集中式空调系统。

(2)半集中式空调系统

送入空调房间的新风由空调机房集中处理，空调房间内的空气由分散在空调房间内的二次设备(又称末端装置)处理，二次设备也对来自集中处理设备的空气作进一步补充处理。半集中式空调系统适用于空气调节房间较多，且各房间要求单独调节的建筑物。风机盘管或诱导器加新风空调系统即属于半集中式空调系统。

集中式空调系统和半集中式空调系统通常又被称为中央空调系统。

(3)局部式空调系统

对于服务面积较小的空调系统，可将其冷热源、空气处理设备、空气输送设备(风机)等集中设置在一个箱体中，形成一个紧凑的空调系统。机组可根据需要灵活而分散的安装在空调室内或邻室内，因此不需设集中的空调机房。也可将特制的机组移动使用，如地下工程中常用的移动式除湿机。还有恒温恒湿机组、冷风机、多联机等均属此类。

2. 按空调工作介质分类

空调系统按空调工作介质分类可分为全空气式、全水式、空气一水式和制冷剂式空调系统，如图6-1所示。

(1)全空气式空调系统

空调房间内的热湿负荷全部由经过处理的空气来承担的空调系统称为全空气式空调系统(见图 6-1(a))。它是利用空调系统送风对室内空气温度、湿度进行调节。由于空气的比热和比重较小,需要用较大的空气量才能达到消除室内余热、余湿的目的,所以这种系统要求的风道截面积较大,占用建筑物空间较多。

(2)全水式空调系统

空调房间内的热湿负荷全部由经过处理的水来承担的空调系统称为全水式系统(见图 6-1(b))。它是利用冷冻机处理后的冷冻水(或锅炉制出的热水)送往空调房间的末端设备(例如风机盘管)对室内空气温度、湿度进行调节。由于水的比热和比重比空气大得多,所以全水式系统的体积较全空气式系统小,能够节省建筑物空间,但它不能够解决房间的通风换气问题,因而通常不单独采用这种方法。

(3)空气-水式空调系统

空调房间内的热湿负荷由经过处理的空气和水共同来承担的空调系统称为空气-水式空调系统(见图 6-1(c))。典型的空气-水式空调系统是风机盘管加新风系统。它既可解决全水式系统无法通风换气的困难,又可克服全空气系统风道截面积大、占用建筑空间多的缺点。

(4)制冷剂式空调系统

空调房间内的热湿负荷由制冷剂来承担的空调系统称为制冷剂式空调系统(见图 6-1(d))。它是利用制冷系统换热器内制冷剂的状态变化,对室内空气温度、湿度进行调节。这种系统常采用分散安装的空调机组来处理室内负荷,但由于制冷剂不便于长距离输送并且制冷系统对密封性要求高,因此这种系统不宜作为集中式空调系统来使用。

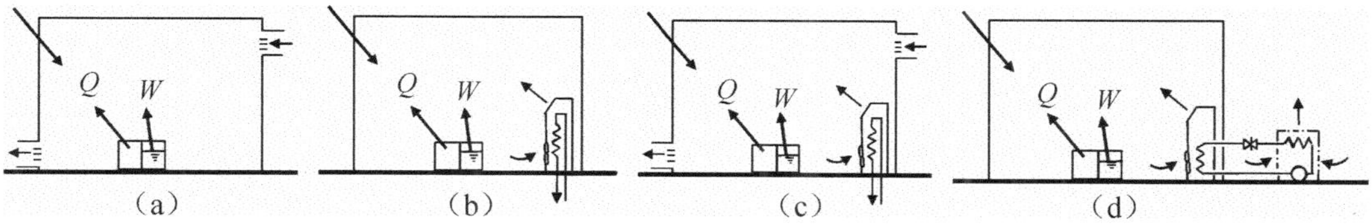

图 6-1　空调系统按工作介质分类图

(a)全空气系统;(b)全水系统;(c)空气一水系统;(d)冷剂系统

3. 集中式空调系统分类

集中式空调系统按所处理的空气来源分为封闭式、直流式和混合式,如图 6-2 所示。

(1)封闭式空调系统

空调机组所处理的空气全部为室内回风,不补充室外新风的系统称为封闭式空调系统(又称为循环式空调系统)(见图 6-2(a))。由于处理的空气全部来自室内,回风与送风状态差别较小,热湿处理负荷小,因此耗能少,最为经济,但空气新鲜程度差。这种系统只适用于一些特殊场合。当地下工程为物资库时,平时降湿的目的主要是保证物资贮存湿度不超限,因此潮湿季节可将工程口部封闭,采用内部循环,会收到良好的防潮降湿效果和经济效果。有些特殊时机,如战时全封闭隔绝防护时,则全部采用再循环空气,但有大量人员在工程内部活动时,则必须有补氧措施。

(2)直流式空调系统

空调机组所处理的空气全部为室外新风,送风经空调房间使用后又全部排出室外的系统称为直流式空调系统(又称为全新风式空调系统)(见图 6-2(b))。与封闭式系统相比,直流式系统具有完全不同的特点,即由于处理的空气全部来自室外,与送风状态差别较大,热湿负荷大,因此能耗高,经济性差,但空气新鲜程度好。这种系统适用于室内产生有害气体和污染物质的场合,如地下工程中的柴油发电站等。为了利用排风的冷量或热量来冷却或加热新风,可在这种系统中设置热回收设备。

(3)混合式空调系统

空调机组所处理的空气是由新风和室内回风混合的系统称为混合式系统(又称为回风式空调系统)(见图 6-2(c))。由上述可知,封闭式系统不能满足卫生要求,直流式系统运行不经济,因此,采用混合式系统可克服二者的缺点。采用新风既能保证人员卫生的需要,又能补充漏风,保证工程内部正压的需要;采用回风则可以节约空气处理设备的耗能量。根据新风、回风混合次数的不同,混合式系统又分为一次回风系统和二次回风系统。

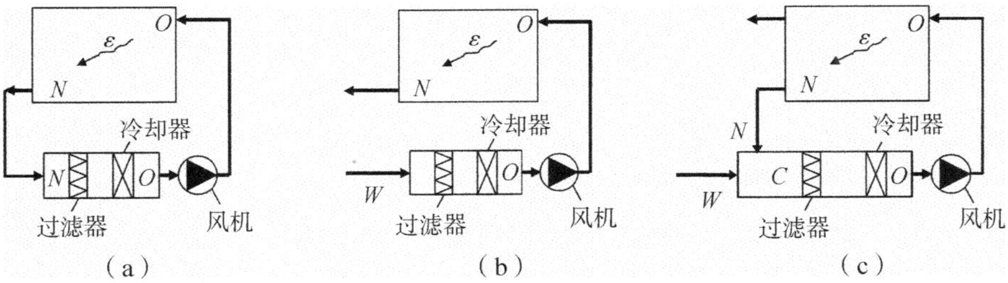

图 6-2　集中式空调系统分类

(a)封闭式系统;(b)直流式系统;(c)一次回风式系统

4. 其他分类

(1)按空调系统的送风量是否变化分类

空调系统送风量一定的系统称为定风量系统,其特点是系统的送风量并不随室内热湿负荷的变化而变化,而是依靠送风温度的变化来达到调节室内温湿度的目的。空调系统送风量变化的系统称为变风量系统,其特点是系统的送风量随室内热湿负荷的变化而变化,即通过改变风量的大小来适应室内负荷的变化,达到调节室内温湿度的目的。

(2)按空调系统风管中风速分类

按风管中的风速分类,空调系统可分为低速系统和高速系统。低速系统考虑节能与消声要求,风管截面积较大,民用建筑主风管风速小于 10 m/s,工业建筑主风管风速小于 15 m/s。高速系统考虑建筑空间,减少风管截面积,能耗与噪声均较大,民用建筑主风管风速大于 12 m/s,工业建筑主风管风速大于 15 m/s。

6.2 空调房间送风状态和送风量的确定

1. 夏季送风状态及送风量的确定

图 6-3 所示为一个空调房间送回风示意图。室内余热量(即室内冷负荷)为 Q,余湿量为

W。为了消除余热余湿，保持室内空气状态为 N 点，送入流量为 G 的空气。当送入空气吸收余热 Q 和余湿 W 后，由送风状态 $O(h_0,d_0)$ 变为空内状态 $N(h_N,d_N)$ 而排出，从而保证了室内空气温、湿度满足要求。

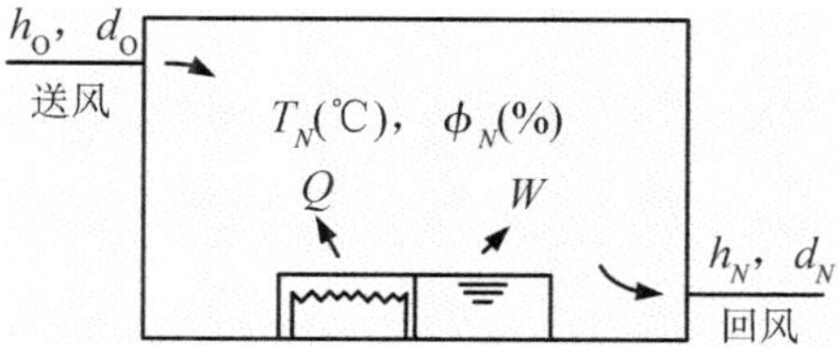

图 6-3　空调房间送回风示意图

根据风量热平衡可得

$$Gh_O+Q=Gh_N$$

即

$$h_N-h_O=\frac{Q}{G} \tag{6-1}$$

表明 1 kg 送风量吸收了 Q/G 的热量后，空气焓由 h_O 变为 h_N。

根据风量湿平衡可得

$$G\frac{d_O}{1\,000}+W=\frac{Gd_N}{1000}$$

即

$$\frac{d_N-d_O}{1\,000}=\frac{W}{G} \tag{6-2}$$

式(6-2)表明 1 kg 送风量吸收了 W/G 的湿量后，空气含湿量由 d_O 变为 d_N。式中除以 1 000是将单位 g/kg 变换为 kg/kg。

将式(6-1)和式(6-2)相除，即得送入空气由 O 点变为 N 点时的状态变化过程(或方向)的热湿比(或角系数)

$$\varepsilon=\frac{Q}{W}=\frac{h_N-h_O}{\dfrac{d_N-d_O}{1\,000}}$$

在 $h-d$ 图上利用热湿比 $\varepsilon=\frac{Q}{W}$ 的过程线(方向线)表示送入空气状态变化的方向。也就是说，只要送风状态点 $O(h_O,d_O)$ 位于通过室内空气状态点 N 的热湿比线上，那么将一定数量这种状态的空气送入室内，就能同时吸收房间余热 Q 和余湿 W，从而保证室内要求的空气状态 $N(h_N,d_N)$。

既然送入的空气能够同时吸收余热和余湿，则送风量必定满足：

$$G=\frac{Q}{h_N-h_O}=\frac{W}{d_N-d_O}1\,000 \tag{6-3}$$

式中 Q 和 W 都是已知的，并且室内状态点 N 在 $h-d$ 图上的位置也已确定，因而只要经 N 点作出 $\varepsilon=\frac{Q}{W}$ 的过程线，即可在该过程线上确定 O 点，从而计算出通风量 G。但从式(6-3)可以看出，凡是位于 N 点以下的该过程线上的诸点直到 O 点(见图 6-4)均可作为送风状态点，只不过 O 点距 N 点愈近，则送风量愈大；距 N 点愈远则送风量愈小。送风量小，意味着处理空气和输送空气所需的设备就可相应地小一些，从而减小初投资和运行费用。但要注意的是，送风量过小时送风温度将过低，可能使人感受冷气流的作用，且室内温度和湿度分布的均匀性和稳定性也将受到影响。

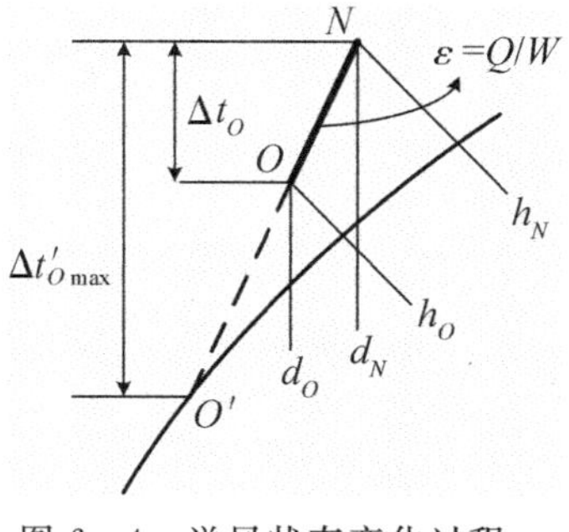

图 6-4　送风状态变化过程

暖通空调规范(GB 50736—2012)规定了夏季送风温差的建议值，该值与恒温精度有关(见表 6-1)。表 6-1 还推荐了换气次数的取值。换气次数是空调工程中常用的衡量送风量的指标，它的定义是：房间通风量 L(m^3/h)与房间体积 V(m^3)的比值，即换气次数 $n=\frac{L}{V}$(次/h)。如果采用表中送风温差计算所得空气量折合的换气次数值大于表中的推荐值，则符合要求。

表 6-1　送风温差与换气次数

室温允许波动范围/℃	送风温差/℃	换气次数/(次/h)
±0.1～0.2	2～3	150～20
±0.5	3～6	>8
±1.0	6～10	≥5
>±1	人工冷源：≤15 天然冷源：可能的最大值	

地下工程的送风温差对无余热且精度不高的房间取 6～12 ℃，有余热的房间取 8～15 ℃。工艺房间的送风换气次数按工艺所提要求进行磋商确定，而对于舒适性空调房间的送风换气次数，按表 6-1 选用。

送风温差一旦选定之后，即可按以下步骤确定送风状态和计算送风量。

1)在 $h-d$ 图上找出室内空气状态点 N；

2)根据负荷计算的余热 Q 和余湿 W，求热湿比 $\varepsilon=Q/W$，再通过 N 点画出过程线 ε；

3)根据所选取的送风温差 Δt_O 求出送风温度 t_O，等温线 t_O 与过程线 ε 的交点 O 即为送风状态点；

4)按式(6-3)计算送风量。

例 6-1　某人防地下指挥所空调房间总余热量 Q=5.26 kW，总余湿量 W=0.32 g/s，要求室内全年维持空气状态参数为：$t_N=(22\pm1)$ ℃，$\varphi_N=55\%\pm5\%$，当地大气压力为 101 325 Pa，求送风状态和送风量。

解　(1)求热湿比，有

$$\varepsilon=\frac{Q}{W}=\frac{5\ 260}{0.32}=16\ 438$$

(2)在 $h-d$ 图上(见图 6-5)确定室内空气状态点 N，通过该点画出 ε=16 438 的过程线。取送风温差为 Δt_O=8 ℃，则送风温度 t_O=23-8=15 ℃。从而得

$$h_O=38.3\ \text{kJ/kg},$$

$$h_N=48.0\ \text{kJ/kg},$$

$$d_O=9.1\ \text{g/kg},$$

$$d_N=9.7\ \text{g/kg}$$

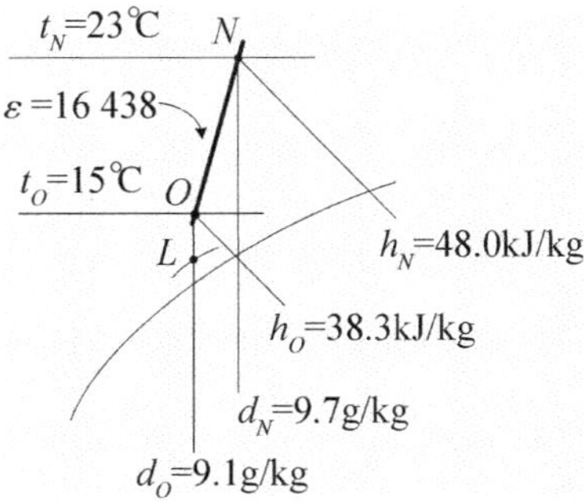

图 6-5　例 6-1 在 $h-d$ 图表示

(3)计算送风量。

按消除余热计算，则

$$G=\frac{Q}{h_N-h_O}=\frac{5.26}{48.0-38.3}=0.54\ \text{kg/s}$$

按消除余湿计算，则

$$G=\frac{W}{d_N-d_O}=\frac{0.32}{9.7-9.1}=0.54\ \mathrm{kg/s}$$

按消除余热和余湿所计算通风量相同，说明计算无误。

顺便指出，送风量和送风状态也可利用余热量中的显热部分和送风温差来计算确定。因为在总余热中既包括引起空气温度变化的显热部分，也包括引起空气含湿量变化的潜热部分，即

$$Q=Q_x+Q_q$$

式中：Q_x 是只对空气温度有影响的显热量；Q_q 是由于人体等散发水分而带给空气的潜热量。由于显热部分只对空气温度起作用，则流量为 G(kg/s)的空气送入室内后，温度由 t_O 变为 t_N，是由于吸收了余热量中显热部分 Q_x，可近似用下式表示为

$$Q_x=G\times1.01(t_N-t_O)$$

即

$$G=\frac{Q_x}{1.01(t_N-t_O)} \tag{6-4}$$

式中：1.01 为干空气定压比热容，kJ/(kg・℃)。

用式(6—4)所求出的送风量是近似值，但误差不大。根据所求送风量，利用式(6—3)可以求出 d_O，于是得到送风状态点。

2. 冬季送风状态与送风量的确定

在冬季，通过围护结构的温差传热是由内向外传递，即只有室内热源向室内散热，因此冬季室内余热量往往比夏季少得多，有时甚至为负值。而余湿量则冬夏一般相同。这样，冬季房间的热湿比值常小于夏季，也可能是负值。所以空调送风温度 t'_O往往接近或高于室温 t_N，$h'_O>h_N$。由于送热风时送风温差比送冷风时的送风温差大，所以冬季送风量比夏季小，故空调送风量一般是先确定夏季送风量，在冬季可采取与夏季风量相同或较小。全年采取固定送风量是比较方便的，因只调送风参数即可。而冬季用提高送风温度减少送风量的做法，则可以节约能耗，尤其对于较大的空调系统，减少风量的经济意义更为突出。当然减少风量也是有所限制的，它必须满足最少换气次数的要求，同时送风温度也不宜过高，一般以不超出 45 ℃为宜。

例 6—2　仍按上题基本条件，如冬季余热量为 $Q=-2.135$ kW，余湿量 $W=0.32$ g/s，试确定冬季送风状态及送风量。

解　(1)求冬季热湿比，有

$$\varepsilon=\frac{-2.135}{\frac{0.320}{1\ 000}}=-6\ 672$$

(2)以全年送风量不变，计算送风参数。由于冬、夏室内散湿量相同，所以冬季送风含湿量必与夏季相等，即

$$d'_O=d_O=9.1\ \mathrm{g/kg}$$

过 N 点作 $\varepsilon=-6\ 672$ 之过程线(见图 6－6)，它与 9.1 g/kg 等含湿量线之交点即为冬季送风状态点 O'。

$$h'_O=52.0\ \mathrm{kJ/kg}\ ,\quad t'_O=28.5\ ℃$$

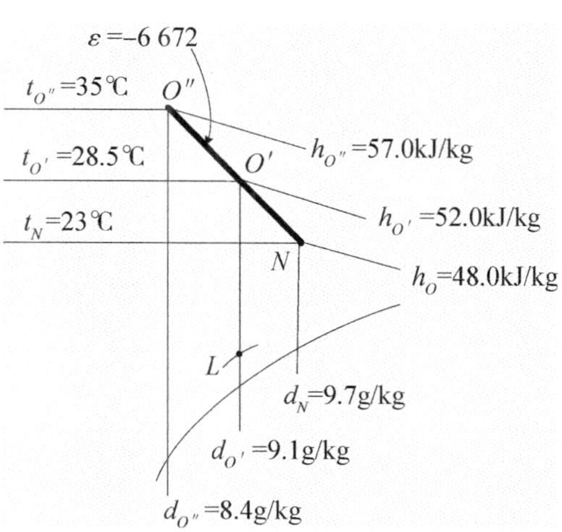

图 6－6　例 6－2 在 h－d 图上表示

其实，在全年送风量不变的条件下，送风量是已知数，由此可计算出送风状态，有

$$h'_O = h_N + \frac{Q}{G} = 48.0 + \frac{2.135}{0.54} = 52.0\ \text{kJ/kg}$$

由 $h-d$ 图查得： $t'_O = 28.5$ ℃

如果希望冬季减少送风量，提高送风温度，比如使 $t''_O = 35$ ℃，则在 $\varepsilon = -6\ 672$ 过程线上可得到 O'' 点，有

$$t''_O = 35\ ℃,\quad h''_O = 57.0\ \text{kJ/kg},\quad d''_O = 8.4\ \text{g/kg}$$

送风量为

$$G = \frac{-2.135}{48.0 - 57.0} = 0.24\ \text{kg/s} = 854\ \text{kg/h}$$

6.3 集中式空调系统

集中式空调系统是典型的全空气系统，是地下工程中最常用的系统之一。它广泛应用于舒适性或工艺性的各类空调工程中。

6.3.1 集中式空调系统特点

集中式空调系统有下述特点。

1)空气处理设备和制冷设备集中布置在机房内，便于集中管理和集中控制，便于全年多工况运行调节。

2)能够严格控制室内空气温度、湿度和洁净度。能够利用天然冷源，过渡季节充分利用室外新风，减少制冷机运行时间。

3)使用寿命长，对空调系统可以采取有效的消声与隔振措施。

4)机房面积大，风管布置复杂，占用建筑空间较多，安装工作量大，施工周期较长。各房间由风管连接，不易防火。

5)对于房间热湿负荷变化不一致或运行时间不一致的地下工程，系统运行不经济。风管系统各支路和风口的风量不易平衡。

6.3.2 集中式空调系统组成

集中式空调系统由冷热源、空气处理设备、空气输配系统和被调对象等组成，如图 6-7 所示。

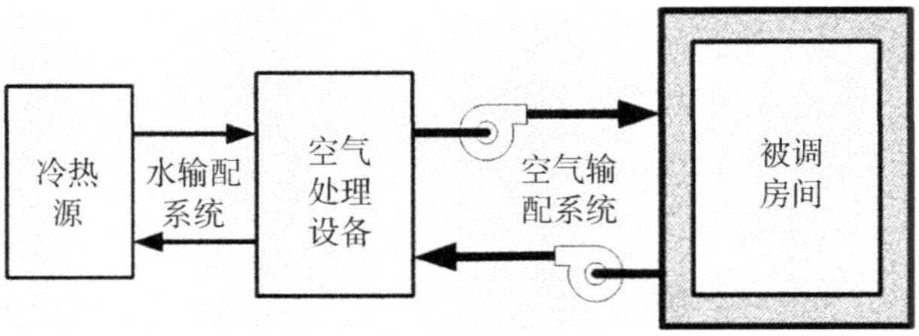

图 6-7　集中式空调系统组成

1. 冷热源

冷热源是指为空气处理设备所提供的冷源(例如制冷机)和热源(例如锅炉或热交换站，地

下工程一般为电加热器)。有条件的地方可采用天然冷源或热源。

2. 空气处理设备

空气处理设备是对空气进行过滤和各种热湿处理的设备，包括空气过滤器、预热器、冷却器、加湿器和再热器等，其作用是使室内空气达到预定的温度、湿度和洁净度。

3. 空气输配系统

空气输配系统包括空气输送和分配两部分。输送设备包括送风机、回风机、风管系统，以及安装在风管上的调节阀、防火阀、消声器，风机减振器等配件。输送设备作用是将经过处理的空气按照预定要求输送到各个空调房间，并抽回或排出一定量的室内空气。

空气分配设备包括设在空调房间内的各种送风口(例如百叶风口、散流器)和回风口。其作用是合理地组织室内气流，通过置换、混合和热湿交换，保证工作区(通常指离地 2 m 以下的空间)内形成均匀的温度、湿度、气流速度和洁净度。

4. 被调对象

被调对象即空调场所，它既可以是敞开式的，也可以是封闭式的；可以是一个房间的一部分，也可以由一个房间或多个房间组成。

除了上述 4 个主要部分外，还有一些附属设备，如自动控制和自动检测系统等。

6.3.3 直流式空调系统

直流式空调系统全部使用室外新风，新风从百叶栅进入，经处理后达到送风状态，送入房间。其流程图如图 6－8 所示。

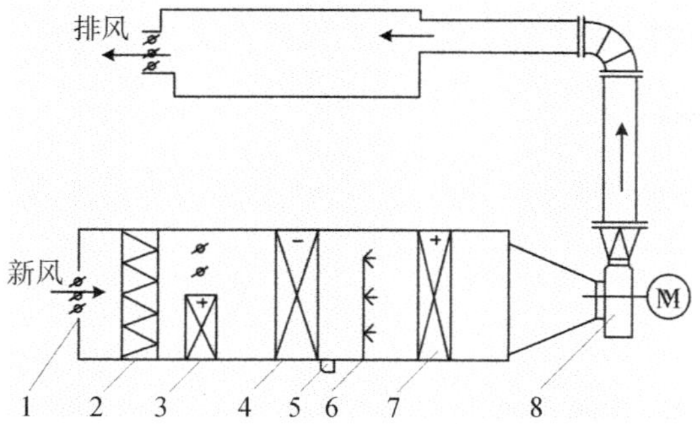

图 6－8　直流式空调系统流程图

1—百叶栅；2—空气过滤器；3—预热器；4—表冷器；5—排水口；6—加湿器；7—再热器；8—风机

1. 夏季处理过程

如图 6－9 所示，室外空气状态为 $W_x(h_{Wx}, d_{Wx})$ 的新风，经空气过滤器过滤后进入表冷器冷却去湿，达到机器露点状态 $L_x(h_{L_x}, d_{L_x})$(习惯上称相对湿度为 90%～95% 的空气状态为“机器露点”状态)，然后经过再热器加热至所需的送风状态点 $O_x(h_{Ox}, d_{Ox})$ 送入室内。送风在空调房间沿热湿比线吸热吸湿后，达到室内状态 $N_x(h_{Nx}, d_{Nx})$，最后全部排出室外。整个处理过程可以表示为

$$W_x \rightarrow L_x \rightarrow O_x \rightarrow N_x \rightarrow \text{排出室外}$$

2. 冬季处理过程

冬季室外一般是温度低含湿量小的空气，要把这样的空气处理到送风状态，必须进行加热

和加湿处理。如图 6－10 所示，室外空气状态为 $W_d(h_{W_d},d_{W_d})$ 的新风，经空气过滤器过滤后，由预热器等湿加热到状态 $W'_d(h_{W_{d'}},d_{W_{d'}})$（$W_{d'}$ 位于送风状态点 O_d 的等温线上），然后喷蒸气等温加湿至所需的送风状态点 O_d 送入室内，在空调房间放热达到室内状态点 N_d 后被排出室外。整个处理过程可以写为

$$W_d \xrightarrow{\text{等湿加热}} W_{d'} \xrightarrow{\text{等温加湿}} O_d \xrightarrow{\varepsilon} N_d \longrightarrow \text{排出室外}$$

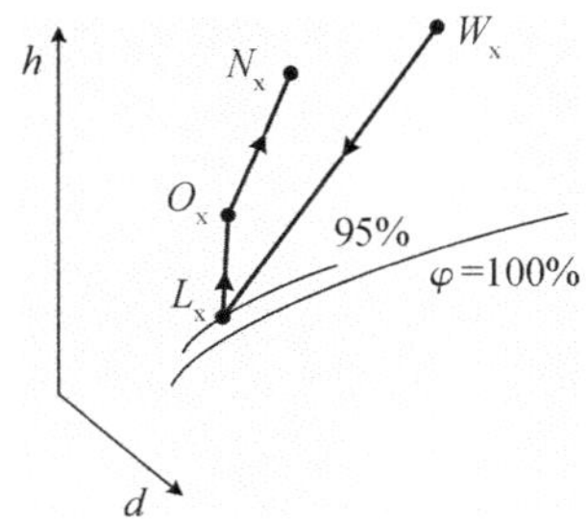

图 6－9　直流式空调系统夏季处理过程

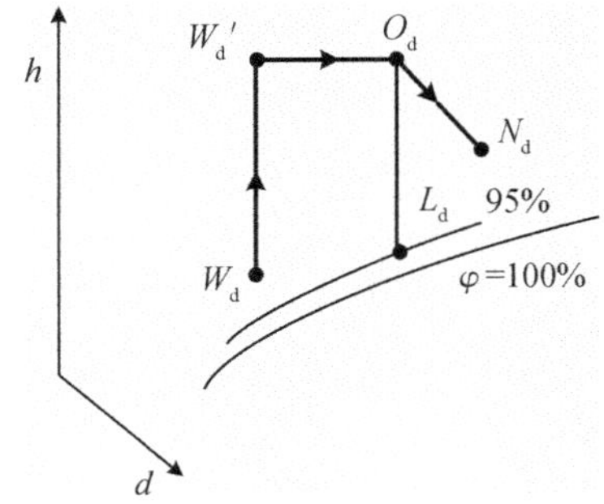

图 6－10　直流式空调系统冬季处理过程

直流式空调系统的房间内空气能够得到百分之百的置换，但此系统能量损失较大，运行不够经济，一般只在特殊的有毒房间、放射性实验室等场合应用。

6.3.4 一次回风式空调系统

工程中的回风式空调系统分为一次回风系统和二次回风系统两种。一次回风系统是指在喷水室或表面式冷却器前，回风与新风进行混合的系统；二次回风系统是指一次回风的混合风经过喷水室或表面式冷却器处理之后，再次与回风进行混合的系统。其中，一次回风式空调系统是地下工程中使用较多的一种系统，其流程图如图 6－11 所示。

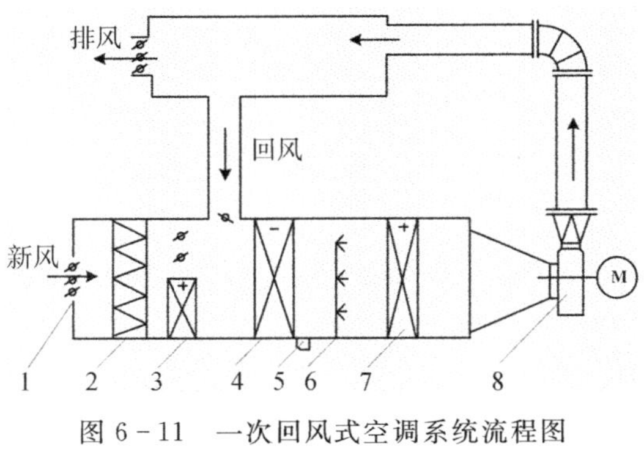

图 6－11　一次回风式空调系统流程图

1—新风口；2—空气过滤器；3—预热器；4—表面式冷却器；5—排水口；6—加湿器；7—再热器；8—风机

1. 一次回风系统夏季处理过程

如图 6－12 所示，室外空气状态为 $W_x(h_{W_x},d_{W_x})$ 的新风与来自空调房间状态为 $N_x(h_{N_x},d_{N_x})$ 的回风混合后进入喷水室冷却去湿达到机器露点状态 $L_x(h_{L_x},d_{L_x})$，然后经过再热器加热至所需的送风状态 $O_x(h_{O_x},d_{O_x})$ 送入室内吸热、吸湿，当达到状态 $N_x(h_{N_x},d_{N_x})$ 后部分排出室外，部分进入空气处理系统与室外新鲜空气混合，如此循环。整个处理过程可以写为

$$\left.\begin{matrix}W_x\\N_x\end{matrix}\right\}\xrightarrow{\text{混合}}C_x\xrightarrow{\text{冷却减湿}}L_x\xrightarrow{\text{等湿加热}}Q_x\xrightarrow{\text{吸收余热余湿}}N_x\longrightarrow\text{排出室外}$$

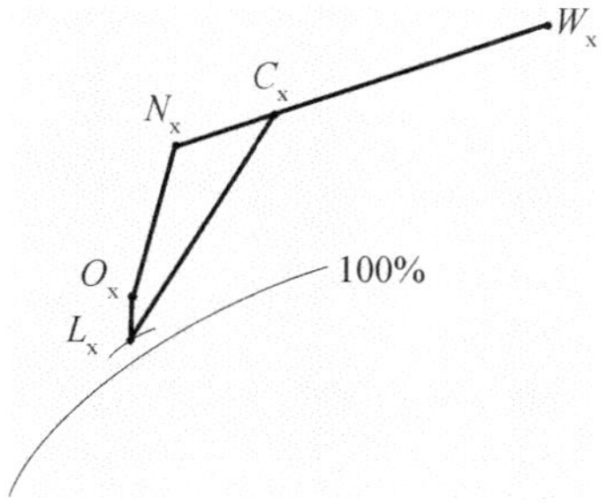

图 6-12　一次回风系统夏季处理过程

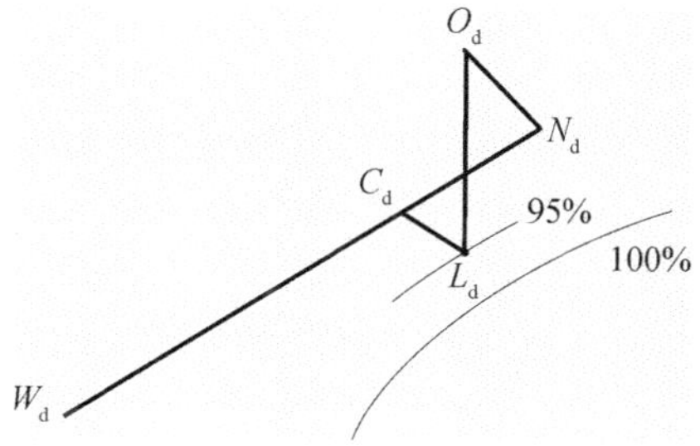

图 6-13　一次回风系统冬季处理过程

2. 一次回风系统冬季处理过程

从节能角度看，冬季送风量应小于夏季，但目前工程上采用的大多数空调系统在冬、夏季使用同一风机送风，也就是说冬、夏季的风量是相等的。空调系统的送风机是按满足夏季所需送风量确定的。

如图 6-13 所示，冬季室外空气状态为 $W_d(h_{W_d},d_{W_d})$ 的新风与室内空气状态为 $N_d(h_{N_d},d_{N_d})$ 的回风混合至状态 $C_d(h_{c_d},d_{c_d})$，进入喷水室绝热加湿（喷循环水）到状态点 $L_d(h_{L_d},d_{L_d})$，再经再热器加热至送风状态 $O_d(h_{O_d},d_{O_d})$ 送入室内。在室内放热放湿达到室内设计的空气状态点 $N_d(h_{N_d},d_{N_d})$ 后，一部分被排出室外，另一部分进入空气处理系统与室外新风混合，如此循环。整个处理过程可以写为

$$\left.\begin{matrix}W_d\\N_d\end{matrix}\right\}\xrightarrow{\text{混合}}C_d\xrightarrow{\text{绝热加湿}}L_d\xrightarrow{\text{等湿加热}}Q_d\xrightarrow{\text{放热放湿}}N_d\longrightarrow\text{排出室外}$$

在我国长江以南地区，冬季室外空气温度和湿度较高，如果按夏季规定的最小新风量来确定混合状态点 C_d，则 C_d 的焓值可能高于 L_d 的焓值，这时可用改变新风和回风混合比加大新风量的方法进行调节，使 $h_{c_d}=h_{L_d}$。如在严寒地区，应将室外空气用预热器加热后再与回风混合，加热后的新风温度应不低于 5 ℃，否则就可能出现混合后的空气达到饱和，产生水雾或凝露现象。

3. 一次回风系统空气调节过程的设计计算方法

例 6—3　为某人防地下指挥所设计一次回风空调系统，确定空气处理设备的容量。要求室内全年维持空气状态参数为：$t_N=(23\pm1)$ ℃，$\varphi_N=55\%\pm5\%$。

已知夏季室内总余热量 $Q=5.26$ kW，冬季 $Q=-2.135$ kW，冬、夏室内总余湿量 $W=0.32$ g/s，新风百分比 25%。

室外设计参数夏季 $t_W=34$ ℃，$\varphi_W=70\%$，$h_W=96.0$ kJ/kg，冬季 $t'_W=-10$ ℃，$\varphi'_W=40\%$，$h'_W=-8.6$ kJ/kg，$d'_W=0.64$ g/kg 当地大气压力为 101 325 Pa。

解　夏季工况：

(1)求热湿比，有

$$\varepsilon=\frac{Q}{W}=\frac{5\ 260}{0.32}=16\ 438$$

(2)在 $h-d$ 图上（见图 6-14），确定室内空气状态点 N，通过该点画出 $\varepsilon=16\ 438$ 的过

程线。

根据空调精度查表6-1，得到送风温差为$\Delta t_O=8$ ℃，则送风温度$t_O=23-8=15$ ℃。从而得到

$h_O=38.3$ kJ/kg，　$h_N=48.0$ kJ/kg

$d_O=9.1$ g/kg，　$d_N=9.7$ g/kg

(3)计算送风量、新风量和回风量。

按消除余热求得送风量

$$G=\frac{Q}{h_N-h_O}=\frac{5.26}{48.0-38.3}=0.54\ \text{kg/s}$$

新风量

$$G_w=Gm=0.54\times25\%=0.14\ \text{kg/s}$$

一次回风量

$$G_{h1}=G-G_w=0.54-0.14=0.40\ \text{kg/s}$$

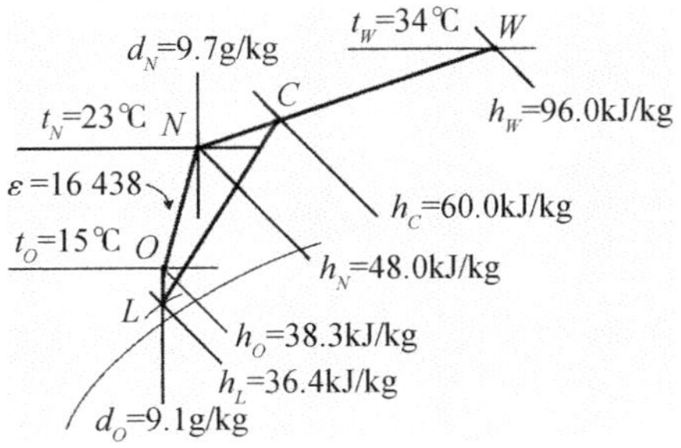

图6-14　例6—3夏季工况$h-d$图

(4)确定新、回风混合点C的位置。

由新风比0.25(即$G_W=0.25G$)和混合空气的比例关系，可直接确定出混合点C的位置：

由
$$\frac{h_c-h_N}{h_W-h_N}=m$$

可知
$$\frac{h_c-48.0}{96.0-48.0}=25\%$$

所以$h_c=60.0$ kJ/kg，在$h-d$图上h_c线与NW的连线交点即为C点。

(5)夏季空调系统所需的冷量。

在$h-d$图上过O点作等d线与$\varphi=95\%$的曲线相交，交点为机器露点L。

$t_L=13.2$ ℃

$h_L=36.4$ kJ/kg

$d_L=9.1$ g/kg

$Q_0=G(h_c-h_L)=0.54\times(60.0-36.4)=12.7$ kW

(6)夏季空调系统所需的再热量。

$$Q=G(h_O-h_L)=0.54\times(38.3-36.4)=1.0\ \text{kW}$$

冬季工况：

(1)求冬季热湿比，有

$$\varepsilon=\frac{-2.135}{\frac{0.320}{1\ 000}}=-6\ 672$$

(2)确定送风状态点。

由于冬夏室内散湿量相同，所以冬季送风含湿量必与夏季相等，即

$$d_O=d_O'=9.1\ \text{g/kg}$$

过N点作$\varepsilon=-6\ 672$之过程线(见图6-15)，它与9.1 g/kg等含湿量线之交点即冬季送风状态点O'，则

$$h_O'=52.0\ \text{kJ/kg},\quad t_O'=28.5\ ℃$$

其实，在全年送风量不变的条件下，送风量是已知数，即

$$G'=G=0.54\ \text{kg/s}$$

因而可算出送风状态，冬季送风参数计算如下：

$$h_O'=h_N=\frac{Q'}{G}=48.0-\frac{-2.135}{0.54}=52.0\ \text{kJ/kg}$$

由 $h_O'=1.01\ t_O'+(2\ 500+1.84\ t_O')\dfrac{d_O'}{1\ 000}$，得

$$52.0=1.01t_O'+(2\ 500+1.854\ t_O')\frac{9.1}{1\ 000}$$

解之可得 $t_O'=28.5$ ℃。

(3)检查是否预热。

由 $\dfrac{h_N-h_L}{h_N-h_{W1}}=m$，可知 $\dfrac{48.0-36.4}{48.0-h_{W1}}=25\%$

即　$h_{W1}=1.6$ kJ/kg

由于 $h_{W1}=1.6>h_W'=-8.6$，所以需要预热。

(4)确定新风预热后状态点。

由 W' 点作等含湿量线与等焓线（$h_{W1}=1.6$ kJ/kg）交于 W_1 点，此点即为所求。

(5)确定新风与一次回风混合状态点。

N 点和 W_1 点的连线与 $h_L=36.4$ kJ/kg 线交点，即为 C_1 点。

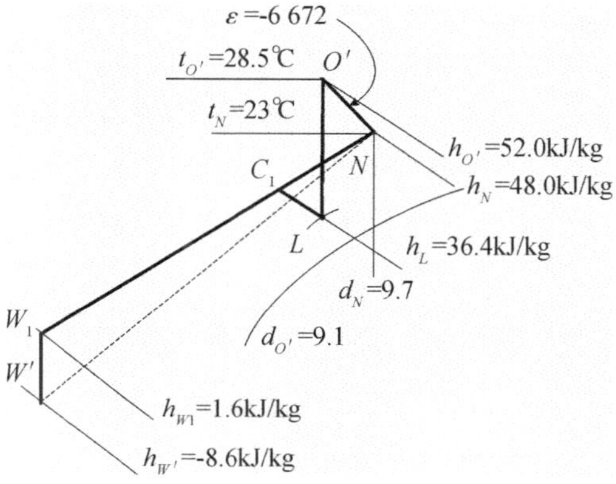

图 6-15　例 6—3 冬季工况 h-d 图

(6)冬季工况系统需要的预热量为

$$Q_1=G_W(h_{W1}-h_{W'})=0.54\times25\%\times(1.6-(-8.6))=1.4\ \text{kW}$$

(7)冬季工况系统需要的加湿量为

$$Q_S=G_W(d_L-d_W')=0.14\times(9.1-0.64)=1.18\ \text{g/3}=4.3\ \text{kg/h}$$

(8)冬季工况系统需要的再热量为

$$Q_1=G(h_O'-h_L)=0.54\times(52.0-36.4)=8.4\ \text{kW}$$

6.4 一次回风空调系统的运行调节

全年运行的空调系统设备容量是按夏、冬季节室外空气参数为设计参数、室内负荷为最不利条件时的设计负荷选定的。但是，从全年来看，一方面室外空气参数时刻在变化，另一方面室内余热余湿量也是经常变化的。如果空调系统不根据这两方面的变化进行运行调节，就会使室内温、湿度发生变化，从而不能满足设计要求，同时还浪费了空调系统的冷、热量。因此必须了解空调系统在非设计条件下的运行调节。

空调房间一般允许室内温湿度有一定波动范围。根据调节对象的不同，允许的波动幅度不同。对于工艺性空调，应由工艺要求确定室内温、湿度及其允许的波动范围。对于舒适性空调，允许温、湿度波动的范围比较宽，温度冬季为 18～24 ℃，夏季为 24～28 ℃，湿度为30%～70%。

地下工程温湿度调节中采用电加热、由电热或电极产生的蒸汽加湿以及除湿机降温除湿。冷冻除湿机工作时，采用制冷系统冷凝器对除湿后的空气再热。

在空调系统的运行过程中，往往同时存在着室外空气参数的变化和室内负荷的变化，为了便于分析，下面分别讨论室外空气参数变化时和室内负荷变化时的运行调节方法。

6.4.1 室外空气参数变化时的运行调节

地下工程围护结构一年中绝大部分时间均存在散湿量和吸热量，所以需要除湿和加热。与地面建筑不同，地下工程环境保障的显著特点是防潮除湿，所以空气调节宜以湿负荷处理为主。

根据室外空气参数全年的变化情况，在焓湿图上以等含湿量线作为分界线，将全年室外空气状态划分为Ⅰ～Ⅲ3个工况区，如图6-16所示。工况区Ⅰ对应于冬季，室内具有热负荷和湿负荷，空调系统新风需要加热加湿；工况区Ⅱ对应于过渡季节，新风温湿度适宜，采用通风除湿；工况区Ⅲ对应于夏季，室内具有冷负荷和湿负荷，新风需要降温除湿。对于每一个空调工况区，空气处理都应尽可能按最经济的运行方式进行调节，而相邻的空调工况应能自动转换。以下的运行调节分析，以一次回风空调系统为例。

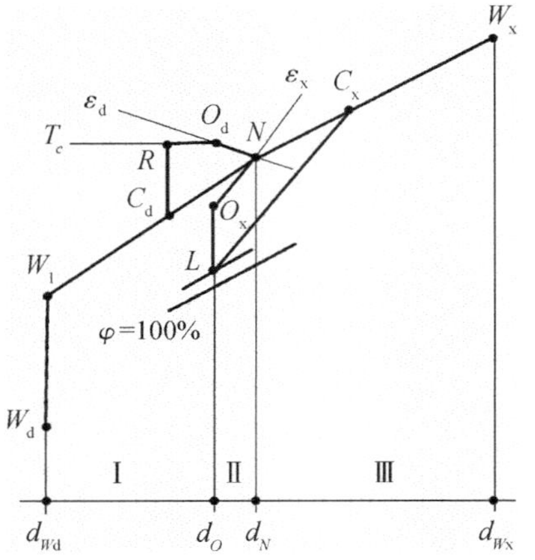

图6-16 一次回风系统全年运行调节

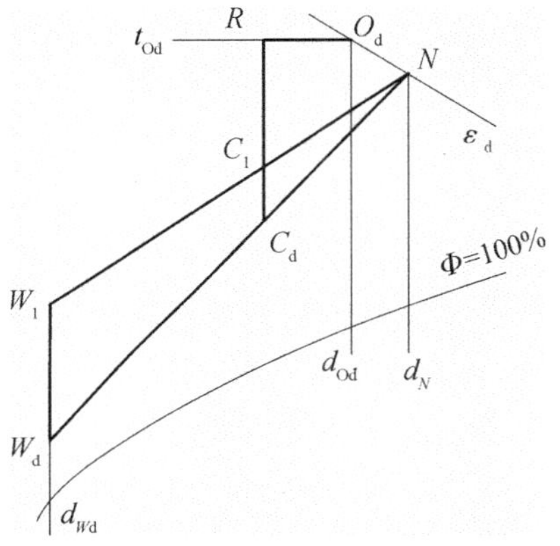

图6-17 第Ⅰ工况区的空气处理过程

1. 冬季运行调节方法

冬季工况区是室外空气含湿量 d_W 小于室内空气含湿量 d_N 的第Ⅰ工况区，属于寒冷季节，如图6-17所示。从节能角度考虑，可把新风阀门开到最小，按最小新风比混合。根据新风与回风混合、加热的先后顺序不同，空调处理分为先预热后混合和先混合后加热两种方式。

(1)先预热后混合

首先将新风 W_d 预热到 W_1，然后与回风 N 混合，得到混合点 C_1，接着等湿再热到送风温度 R 点，随后喷干蒸汽加湿到 O_d 送入室内。送风在房间内沿冬季热湿比线 ε_d 变化到室内状态 N。处理过程如下：

$$\left.\begin{array}{l} W_d \xrightarrow{\text{预热}} W_1 \\ N \end{array}\right\} \xrightarrow{\text{混合}} C_1 \xrightarrow{\text{再热}} R \xrightarrow{\text{加湿}} O_d \xrightarrow{\varepsilon_d} \mathrm{N}$$

(2)先混合后加热

如果室外温度不是太低，新风与回风混合温度高于室内露点温度，混合不产生雾或霜，则允许取消预热环节，新风与回风直接混合，然后加热、加湿、送风。处理过程如下：

$$\left.\begin{matrix}W_d\\N\end{matrix}\right\}\xrightarrow{混合}C_d\xrightarrow{再热}R\xrightarrow{加湿}O_d\xrightarrow{\varepsilon_d}N$$

随着室外温度及含湿量的升高，加热量及加湿量逐渐减少。当混合点含湿量达到送风含湿量时，停止加湿，此后逐渐增加新风量使混合点含湿量保持在送风含湿量。在此过程中，若室外温度低于室内温度则继续加热；当室外温度升高到送风温度时，采用全新风，停止回风，并停止加热；若室外温度高于室内温度则将室内温度设置为上限，并逐步减小新风量直至最小新风量，以便推迟制冷机启动时间。

新回风混合比的调节方法，是在新、回风口处安装联动多叶调节阀，使风阀同时按比例调节，一个开大时，另一个就关小，但是总风量不变，如图 6－18 所示。根据室外空气含湿量控制联动阀门的开启度，使新、回风混合后的状态点保持在送风含湿量 d_{Od} 线上。在整个调节过程中，为了不使空调房间的正压过高，需相应地开大排风阀门。按照这一阶段的要求，在空调系统设计时新风口和风管尺寸应按全新风计算，而排风口和管道尺寸应按全排风确定，所以这种调节方式的不足之处就是风管尺寸较大，会占用较多的建筑空间。

在地下工程集中式全空气系统中，主要采用电加热器对新风预热和再热，可以方便地对加热功率进行调节，加热后空气的状态点总是位于通过加热前状态点的等含湿量线上。

当室外空气含湿量 d_W 升高到室内空气含湿量 d_N 时，进入过渡季节。

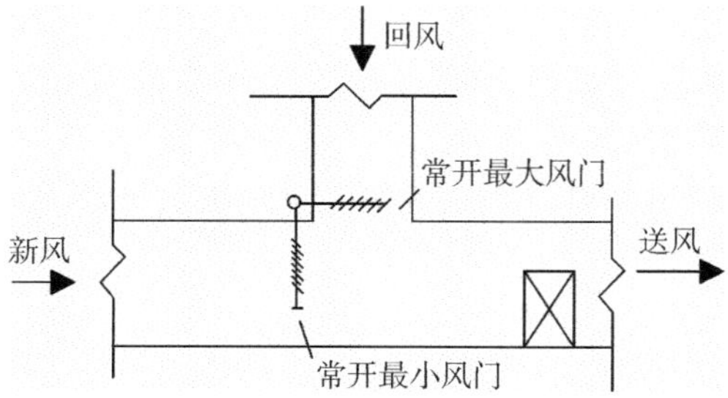

图 6－18　联动调节阀调节新回风量

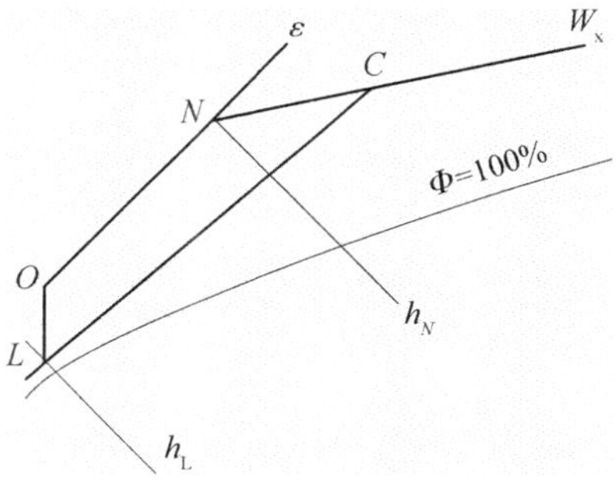

图 6－19　第Ⅲ工况区的空气处理过程

2. 过渡季节运行调节方法

过渡季节工况区的室外空气含湿量值介于 d_O 与 d_N 之间的第Ⅱ工况区，这时室外气候应是春季或秋季。采用全新风驱湿，关闭回风。此方法不但符合卫生要求，而且由于充分利用了通风除湿，可以推迟启动冷冻除湿机的时间和减小加热量，从而起到节能的效果。

如果室内温湿度不满足要求，则启动调温除湿机进行调节。

3. 夏季运行调节方法

夏季工况区是室外空气含湿量 d_w 高于室内空气含湿量 d_N 的第Ⅲ工况区，此时室外气候处于高温高湿的夏季，如图 6－19 所示。为了节约冷量，可采用最小新风比 $m\%$，并启动调温除湿机对新风及回风进行降温除湿处理。随着新风焓值的增高，处理空气所需制冷量增多。调节过程属于典型的一次回风夏季处理过程。图中由 C 至 L 的冷却除湿过程在除湿机蒸发器中实现，由 L 至 O 的再热过程在除湿机风冷冷凝器中实现。处理过程如下：

$$\left.\begin{matrix}W_x\\N\end{matrix}\right\}\xrightarrow{混合}C\xrightarrow{冷却除湿}L\xrightarrow{冷凝热再热}O\xrightarrow{\varepsilon}N$$

6.4.2 室内负荷变化时的运行调节

室外空气状态参数一年四季总是处于不断变化之中，室内人员数量及散热设备的工作状态同样处于一定的变化之中，而空调设备容量的确定以室外空气设计参数为依据，并且满足室内最大负荷的要求，因此为了始终满足室内设计参数的要求，同时节约空调系统的冷、热量，需要根据室内热湿负荷的变化对空调系统进行运行调节。

空调房间的温度 t 和相对湿度 φ 允许有一定的波动范围 $(t-\Delta t)\sim(t+\Delta t)$ 和 $(\varphi-\Delta\varphi)\sim$ $(\varphi+\Delta\varphi$，此波动范围称为“室内空气温湿度允许波动区”，如图 6－20 中的菱形区域所示。只要空气参数落在这一范围内，就可认为满足要求。允许波动区的大小，根据空调工程的精度来确定。

空调房间的负荷一般随着人员进出、照明与发热设备是否工作以及室外气象条件的变化而变化，要保持室内温、湿度在允许范围内，对于全空气系统来说，只有两种调节方法——调节风量和调节送风参数。

对于定风量单风道空调系统，只能采用改变送风参数的方法。所谓改变送风参数，即改变送风温度和送风含湿量。当室内显热冷负荷减少时，就要减少送风温差，即提高送风温度，才能保持室内设定的温度；反之，应增加送风温差，即降低送风温度；而当室内湿负荷减少时，只有减少送风含湿量差，即提高送风的含湿量，才能维持设定的室内相对湿度；反之，应增大含湿量差，即降低送风含湿量。

对送风参数的调节手段有：对空气热湿处理设备进行调节；根据室外空气参数的变化，为充分利用室外空气的自然冷量，变换空气处理过程模式进行调节。

室内热湿负荷变化有不同的特点，主要分为以下两种情况：热负荷变化而湿负荷基本不变；热、湿负荷均变化。

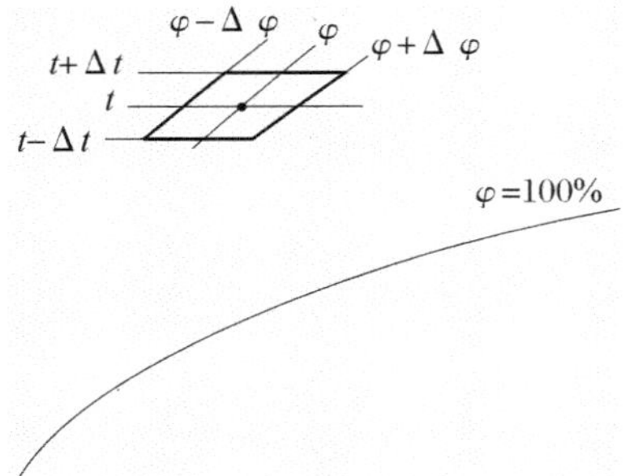

图 6－20　室内参数允许波动范围

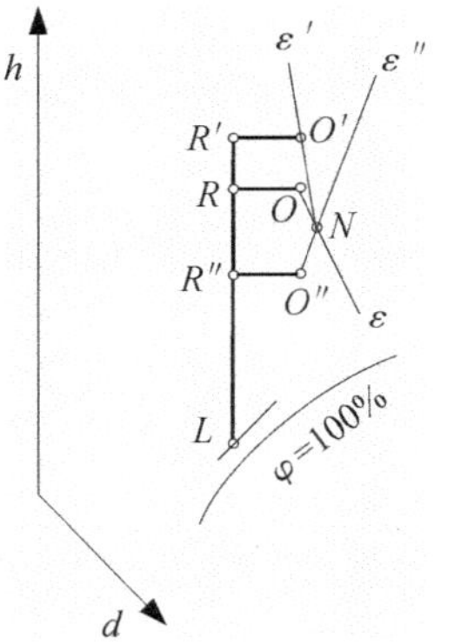

图 6－21　室内湿负荷不变，显热负荷变化时的调节

1. 热负荷变化而湿负荷基本不变时的运行调节

当室内余热量变化而余湿量不变时，如图 6－21 所示，通过调节再热量使送风点（O、O'、O''）处理到室内热湿比线（ε、ε'、ε''）上。此种调节方法适用于室内设备散热量发生变化，而围护结构、人体、设备散湿量基本不变等情况。

这种变化过程的分析如下：设计工况下，空气从机器露点 L 沿热湿比线 ε 变化到室内状态 N 点，如图 6－22(a)所示。如果余热量减少而余湿量不变，则热湿比由 ε 变为 ε'，室内状态点

也相应地由 N 变为 N'，如图 6－22(b)所示。若仍在波动范围内，则不调节，若超出波动范围，则应采取调节再热量的方法调节。通过前面送风量的计算公式可知，在定风量系统中，实际工况送风状态点的温度随室内余热的减少而升高；而且送风状态点的含湿量和设计工况下送风状态点的含湿量相同，这表明无论热湿比线怎样随热负荷变化，送风状态点总是沿着同一条等湿线变化的，显然在这种情况下，仍然可以在控制露点不变的情况下，通过改变再热量使实际工况下的 N 点不变化，如图 6－22(c)所示。

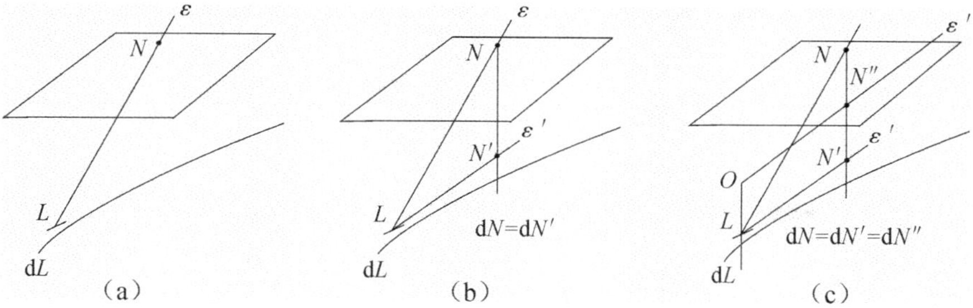

图 6－22　余热变余湿不变时的室内状态点

(a)$L \xrightarrow{\varepsilon} N$；(b)$L \xrightarrow{\varepsilon'} N'$；(c)$L \xrightarrow{\text{等湿加热}} O \xrightarrow{\varepsilon'} N''$

2. 热、湿负荷均变化时的运行调节

定风量空调系统特点是送风量全年固定不变，即送风量不能随负荷变化而改变，因而这种系统的运行调节只能从改变送风温度，调节新回风混合比等角度来考虑。当空调房间内余热量和余湿量均发生变化时，室内的热湿比将随之发生变化(除非余热量和余湿量成比例地变化)。

如图 6－23 所示，室外空气状态 W_d 加热至 R 后，由于室内热、湿负荷的变化，热湿比由 ε 变化为 ε′，新状态点 N' 超出了允许范围。此时可采用调节加湿器加湿量，使送风状态点由 O 点等温加湿到 O' 送风即可。

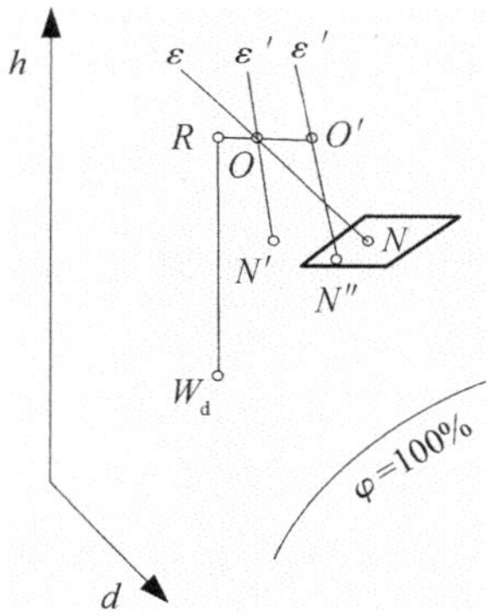

图 6－23　室内显热负荷不变，湿负荷变化时的调节

6.5 变风量空调系统

当空调房间负荷随时间变化时，为了消除空调负荷，于是就产生了定风量(Constant Air Volume，CAV)和变风量(Variable Air Volume，VAV)两种空调系统。定风量空调系统改变送风温度 t_o，而送风量 G 不发生变化；变风量空调系统改变送风量 G，而送风温度 t_o 不发生变化。

当房间负荷低于设计负荷时，定风量空调系统是通过再热或者混合，进行冷热抵消来维持室温设计水平；而变风量空调系统是通过变风量末端设备来满足室温设计要求的。这样变风量系统就避免了冷热抵消造成的双重能量消耗；同时，随着负荷减少，系统风量相应减少，可减少风机运行能耗。

6.5.1 变风量系统组成

变风量系统与定风量系统相似，所不同的是，变风量系统的末端送风装置，可以按房间负荷变化的需要调节送风量。典型的变风量单风道空调系统组成如图6-24所示。送入每个区域或房间的送风量由变风量末端机组控制。每个变风量末端机组可带若干个送风口。

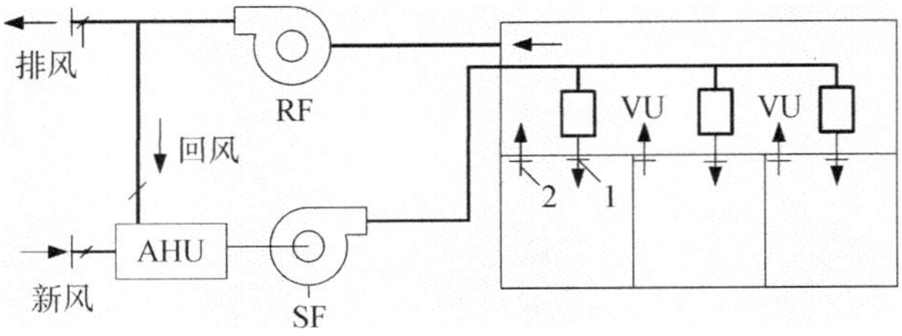

图6-24 变风量单风道空调系统

AHU—空气处理机组；VU—变风量末端机组；RF—回风机；

SF—送风机；1—送风口；2—回风口

变风量空调系统是针对室内温度进行变风量调节的全空气空调系统，所以当室内热湿比变化时，变风量系统就不一定满足房间湿度调节的要求。

6.5.2 变风量系统形式

变风量系统可分为两种，一种是只能改变系统总送风量，另一种不仅系统总送风量可以改变，而且各送风末端还加装有变风量末端装置。

根据是否有变风量末端装置，变风量系统又分为送风末端为普通送风口的系统和送风末端为变风量末端装置的系统。

1. 只能改变系统总送风量的变风量系统

对系统总送风量进行调节以适应房间负荷变化的变风量系统，主要是用于具有相同温度控制要求的大型空调房间。如影剧院、候车厅、生产车间等。系统总送风量的调节，一般采用电动机变频调速方法。

2. 加装变风量末端装置的变风量系统

对于服务多个空调房间或区域，且有可调节性差异控制要求的全空气系统，通常采用加装变风量末端装置的变风量系统，利用分设在各个空调房间或区域的变风量末端装置来适应相应房间或区域热湿负荷的变化，以保证其温湿度在要求的范围内。

加装有变风量末端装置的变风量系统，具有下述特点。

(1)由于末端装置可以随所服务房间或区域实际负荷的变化而改变送风量，因此整个空调系统的供冷(热)量可以在各个空调房间或区域之间自动合理分配，并能转移。

这充分利用了在同一时刻，各个空调房间或区域在位置、功能和使用时间上的不一致，负荷参差不齐这一特点，化不利条件为有利因素，减少了整个系统的负荷总量(包括总送风量和处理空气所需的总冷热量)。从而使设备的安装容量减小，设备、管道尺寸减小，能源消耗降低，机房占用面积也相应减少，初投资和运行费用也都可以减少。

(2)配以合理的自动控制，空调设备和冷热源设备只按实际需要运行，耗电降低，运行费用还可进一步减少。

(3)每个空调房间或区域的送风量调节,直接受装在室内的恒温器控制,故可实现单个房间或区域的温度自动控制,当然也可以独立地选择自己要求的控制温度。

(4)由于增加了变风量末端装置及系统静压,室内最大送风量和最小送风量、室外新风量控制,所以变风量系统的造价会有所提高,但由于系统的总装机容量和管道尺寸可以减小,综合性初投资不一定增加太多。

6.5.3 变风量末端装置形式

变风量末端装置,又称为变风量箱,是变风量系统的关键装置之一,需要通过它来调节送入房间的风量,补偿变化的室内负荷,维持室温。

加装变风量末端装置的变风量系统运行效果如何,在很大程度上取决于所选用的变风量末端装置性能的好坏。变风量末端装置的种类很多,构造各异,有的还与送风散流器连成一体,但都具有以下基本功能:①接受房间温控器的指令,根据室温的高低,自动调节送风量;②当系统压力升高时,能自动维持房间送风量不超过设计最大值;③当房间负荷降低时,能保证最小送风量,以满足最小新风量和室内气流组织的要求;④具有一定的消声功能;⑤当不使用时,能完全关闭。

目前常用的变风量末端装置主要有单风管型、风管再热型和风机动力型 3 种基本形式。

1. 单风管型

单风管型变风量末端装置由圆形进风管、蝶形风阀、风阀执行器及其联动装置、箱体以及与控制配套的电气元件和测量元件(如风量、温度传感器及控制器等)组成,如图 6-25 所示。该装置结构简单,工作可靠,控制也较为容易,因此是目前应用较多的一种变风量末端装置。

当室温升高负荷增大时,通过温控器控制的风阀执行机构开大风阀,增加送入室内的冷风量;当室温降低时,则温控器又使风阀关小,减少冷风的送风量。当房间负荷很小时,就有可能使送风量过小,导致房间得不到足够量的新风,或导致室内气流均匀性变差,最终使室内温度不均匀,影响人体舒适感。因此变风量末端机组都有限位机构,当送风量减少到一定值时就不再减少了。通常变风量末端机组的风量可减少到 30%~50%。

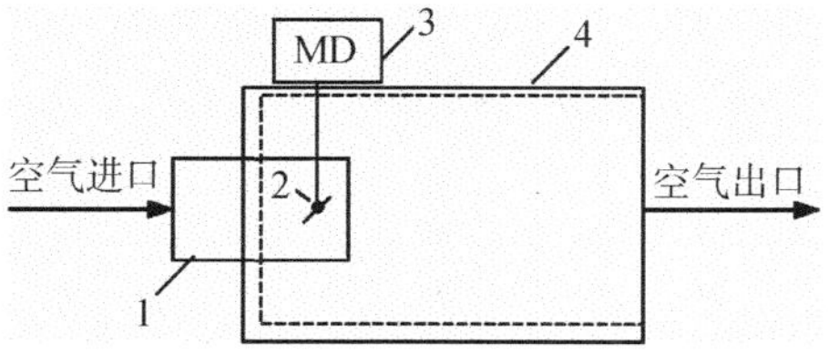

图 6-25　单风管型变风量末端装置

1—圆形进风管;2—蝶形风阀;
3—风阀执行器及其联动装置;4—箱体

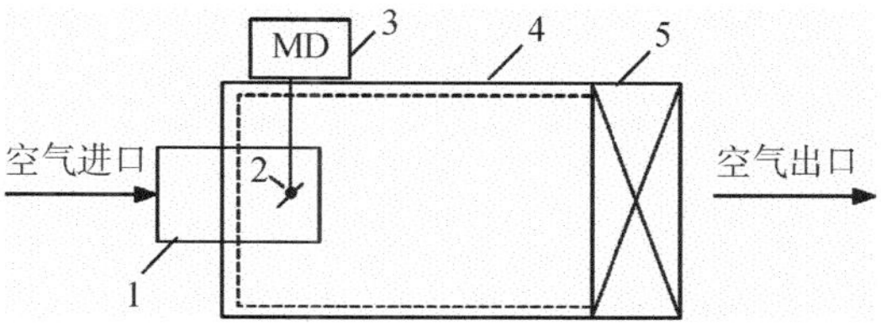

图 6-26　单风管再热型变风量末端

1—圆形进风管;2—蝶形风阀;
3—风阀执行器及其联动装置;
4—箱体;5—空气加热器

2. 风管再热型

如图 6-26 所示,单风管再热型变风量末端装置,即在普通单风管型上增加了一个用于再热的空气加热器,使每个变风量末端装置能够就地独立地加热空气,而不受整个系统空气参数变化的影响。比如在最小负荷时,变风量末端机组已在最小风量下运行,有可能出现室内温度过低。为此，可以在最小风量时启动再热盘管进行补充加热，以维持室内温度。显然，这种形式的变风量末端装置适用范围和控制精度均超过普通单风管型，对使用者来说是更加具有灵活性和方便性的产品，但因此也增加了再热器的费用。

单风管再热型变风量末端装置在夏季时的控制方式与普通单风管型相同，但冬季则要求既控制风阀又控制再热器来实现对室温的控制。通常是优先控制风量，在送风量满足室温要求时再调节再热量。

3. 风机动力型

风机动力型变风量末端装置如图 6-27 所示。由温控器根据室内负荷情况控制风阀的开启度，以调节来自风管系统并经过处理的风量。处理过的空气（一次风）与室内回风（二次风）混合后由风机加压送入室内。

这种变风量末端装置的特点是：送风量可保持不变。可确保室内气流组织稳定，非常适用于低温送风的场合。此外，由于这种末端装置增加了风机 3，使该系统送风机压头有所降低。

上述 3 种变风量末端装置都属于节流型，即利用节流机构如蝶型风门、文丘里管（配圆锥形阀）、双套筒（改变套筒上缝隙面积）和气囊（利用气囊的胀缩改变空气流通断面）等调节风量。除节流型以外，还有旁通型、诱导型等其他多种类型，以及上述这 3 种基本类型的多种组合。

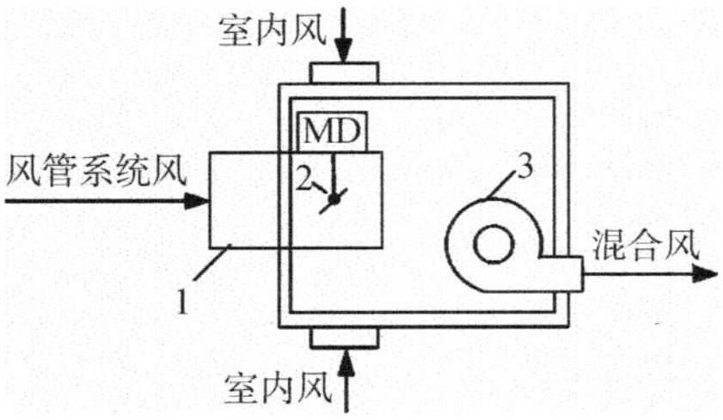

图 6-27　风机动力型变风量末端装置

1—圆形进风管；2—蝶形风阀；3—风机

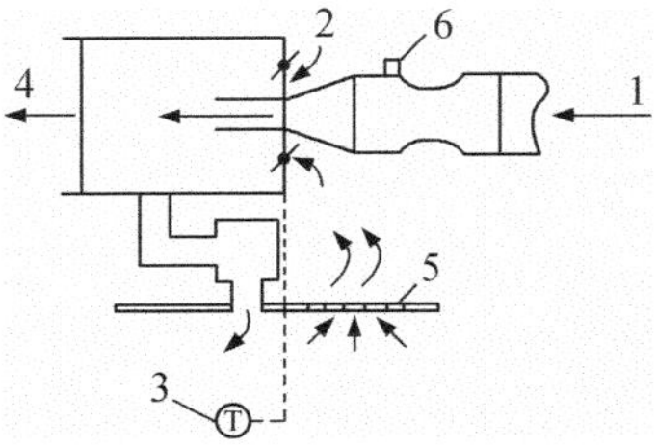

图 6-28　诱导型变风量末端装置

1—一次风；2—二次风；3—室内感温元件；4—混合空气；5—灯光罩；6—定风量装置

旁通型是将部分送风旁通到回风顶棚或回风道中，从而减少室内送风量。这样有部分经热、湿处理过的空气随排风被排到室外，但系统的总风量是不变的。这样的系统浪费能量，这里不再详细介绍。

诱导型是用一次风高速诱导由室内进入顶棚内的二次风，经过混合后送入室内，如图 6-28所示。

由于诱导型变风量系统通过诱导回风可以提高送风温度，因此，一次风温度可以较低，所需风量少了，同时又可以采用高速送风，所以断面较小，然而为了达到诱导作用却提高了风机压头。另外即使负荷减少，房间风量变化不大，故对气流组织的影响小于节流型。这种系统的缺点是室内空气（二次风）不能进行有效的过滤，所以不适用于对洁净度要求较高的系统。

6.5.4 变风量系统控制方法

变风量系统控制分为末端控制和系统控制两部分。末端控制根据室内温度控制末端风量，系统控制则是根据末端控制的总体效果控制系统风量。

1. 变风量末端控制

变风量末端根据风量调节方式，分为压力有关型和压力无关型两类。压力有关型是由恒温控制器直接控制风门的角度，VAV末端的送风量随系统静压的变化而波动，即送风量往往不稳定。压力无关型VAV末端的风门角度根据风量给定值(有上、下限)来调节。这种VAV末端需在入口处设置风量传感器。风量传感器由两根测压管(全压和静压)组成，可以测流速(即流量)。风量控制器根据实测风量值与风量给定值之差控制风门，而恒温控制器根据室内温度的变化设定风量控制器的风量给定值，这时VAV末端的送风量不会因系统静压的变化而变化。压力无关型VAV末端还可由用户设定最小和最大风量。控制最小风量以防止新风量供应过小和防止室内气流分布不均匀；控制最大风量以防止系统压力升高时送风量超过设计最大值。

在非设计负荷时，变风量末端风门关小，系统阻力增加，这时管道内的静压将增加，系统漏风增加，还可能使风机处于不稳定状态工作。另外过度节流会导致噪声增加。因此，在VAV末端调节的同时，还应对系统风机进行调节，使总风量适应变风量末端调节所要求的风量，且使管道内的静压维持在一定水平内。风机风量调节的方法有多种：变风机转速、变风机入口导叶角度、风机出口风门调节、风机旁通风量调节等。风机出口风门调节实质上是增加阻力的调节方法，并不改变风机特性；风量旁通调节虽然解决了风管内静压不致升高的问题，但风机能耗并未因风量下降而减少，变风量系统的节能优点就失去了；改变离心风机入口导叶角度，使空气进入叶轮时预旋一个角度，从而改变风机的特性；变风机转速(如采用变频电机)也是改变风机的特性。后两种调节方法尤其是变频调速方法的节能效果好，因此变风量系统宜采用这两种风量调节方法。

2. 空调系统控制

系统总送风量的控制主要有两种策略：①定静压控制。保持风道内的静压恒定，即根据风道的静压控制风机的转速或入口导叶的角度。这种控制方法实际上只能保持安装静压传感器处的静压恒定，因此静压传感器安装位置就成关键问题之一，目前通常是安装在风机离最远端的2/3之处。大多数情况下，静压设定值为200～375 Pa。②变静压控制。在调节过程中，风道内静压根据变风量末端机组风门开度来调整。自动控制系统测定每个变风量末端机组的阀位，风道内的静压应使最大开度的变风量末端机组的风门(即最大的相对负荷)接近全开位置。当最大开度的VAV末端机组风门开度小于85%时，则减少风道静压设定值；反之，当风门开度为100%时，则增加静压设定值。风机转速或入口导叶角度根据变化的静压设定值进行调节。如此，使末端风门总开度较大(即阻力较小，静压较小)，所以变静压比定静压更节能。

6.5.5 变风量空调系统设计中需要注意的问题

1. 风量的确定

空调系统在夏季、冬季的最大风量是根据系统最大冷负荷和最大热负荷计算确定的。而最大冷、热负荷不是各区或房间最大负荷的总和，应考虑系统的同时负荷率，因为空调系统提供的冷热量能在建筑物内部随负荷的变化自动地调整。而同时负荷率与诸多因素有关，比如房间数量以及内部使用功能等，需要通过具体分析来确定取值，一般为70%～80%。系统的最小风量可按系统最大风量的40%～50%计算，该最小风量必须满足气流组织方面的最低要求，同时必须大于卫生要求的新风量。

2. 气流组织问题

当室内实际负荷减小过多时，送风量相应地也会减少较多，这时会影响到室内气流分布的均匀性和稳定性，甚至射流达不到应有的射程就下降到工作区，气流组织恶化的结果会导致无法满足工艺要求和人体舒适感。

因此在设计时，宜选用扩散性能好的风口，当风量减少时，此类风口仍具有诱导室内空气的性能；而喷射型风口扩散性能较差，当风量减少时，此类风口就会改变射程而直接下降到工作区。此外，配置多个风口比用少量风口的效果为好。采用普通风口时，一般可按 80％左右的最大送风量作为选定风口风量的依据。还应注意，由于热风的浮升作用，当变风量系统风量变小时，气流组织变差。

3. VAV 末端机组选择

VAV 末端机组根据风量选择。在同一负荷特点的房间可选一台或多台 VAV 末端机组。台数的确定应考虑噪声、建筑隔断可能的变化、气流分布等的要求。选用规格大(风量大)的末端机组，噪声相对较大，不利于建筑隔断的变更，但初投资少。同一台 VAV 末端机组，在同一压差下有不同的风量，这表明机组中调节风门的开度是不同的。风量小，开度小；风量大，开度大。

思考题与习题

1. 一次回风系统的需冷量是由哪几部分组成的?

2. 怎样确定空调房间的送风状态和送风量？冬、夏季空调房间送风状态和送风量的确定方法是否相同，为什么?

3. 某空调车间夏季空调设计冷负荷 $Q=3\ \mathrm{kW}$，余湿量 $W=5\ \mathrm{kg/h}$，车间设计温度 $t_N=22\pm1\ ℃$，相对湿度 $\varphi_N=55\%\pm5\%$，当地大气压力为 $B=101\ 325\ \mathrm{Pa}$，试确定该空调车间的送风状态和送风量。

4. 在全年变风量的空调系统中，新风管和排风管的设计应当注意什么问题?

5. 什么是空调机组的工作点？确定空调机组的工作点有什么意义?

6. 某仪表装配车间体积为 450 $\mathrm{m^3}$，内有工作人员 8 人，计算送风量 2 500 $\mathrm{m^3/h}$。车间内密闭工作台的排风量为 350 $\mathrm{m^3/h}$，车间要求维持正压的渗风量相当于一次换气次数，试确定该空调车间所需的新风量。

7. 定风量空调系统与变风量空调系统的区别是什么？何种性质的工程适宜采用变风量空调系统?

第 7 章　空气热湿处理设备

地下工程中的空气热湿处理设备包括除湿机、加热器和加湿器等，分别实现对空气的降温除湿、加热和加湿处理，以满足内部环境的温湿度要求。地下工程环境保障的主要问题是防潮除湿，空气除湿采用除湿机。根据工作原理的不同，除湿机一般分为冷冻除湿机、转轮除湿机和溶液除湿机，冷冻除湿机又分为降温、升温和调温 3 种不同类型。冷冻除湿机由于设备紧凑、除湿效率高所以得到广泛应用，转轮除湿机应用于低温场合，溶液除湿机在地下工程中鲜有应用。

由于安装空间以及废气排放的限制，地下工程一般采用电加热器。在湿度要求高的房间，采用电加湿器。

7.1 加热器

7.1.1 表面式换热器

在空调系统中，空气与热媒或冷媒通过壁面进行热交换的设备称为表面式空气换热器。表面式空气换热器具有构造简单、占地少、水质要求不高、水系统阻力小等优点，已成为常用的空气处理设备。表面式换热器包括空气加热器和表面冷却器两类。前者用热水或蒸汽做热媒，后者以冷水或制冷剂做冷媒。因此表面式空气换热器既能对空气进行加热，又能对空气进行冷却和减湿处理。

表面式换热器一般采用肋管式换热器，由换热管和肋片构成，如图 7－1 所示。为了保证换热性能，应力求使换热管与肋片间接触紧密，减小接触热阻，并保证长久使用后也不会松动。根据加工方法不同，肋片管分为绕片管、串片管和轧片管等。

将铜带或钢带用绕片机紧紧地缠绕在换热管上可制成折皱式绕片管，如图 7－2(a)所示。皱折的存在既增加了肋片与换热管间的接触面积，又增强了空气流过时的扰动，因而能提高传热系数。但是，皱折的存在也增加了空气阻力，而且容易积灰，不便于清理。为了消除肋片与换热管接触处的缝隙，可将这种换热器浸镀锌、锡。浸镀锌、锡还能防止金属生锈。

有的绕片管不带皱折，它们是用延展性好的铝带绕在钢管上制成的，如图 7－2(b)所示。将事先冲好管孔的肋片与管束串在一起，经过胀管后可制成串片管，如图 7－2(c)所示。串片管生产的机械化程度高，大批量的铜管铝片表面式换热器均采用此法生产。

用轧片机在铜管或铝管外面轧出肋片便成了轧片管，如图 7－2(d)所示。由于轧片管的肋片和管子是一个整体，没有缝隙，所以传热性能更好，但是轧片管的肋片不能太高，管壁不能太薄。

图 7－2(e)的二次翻边片可进一步强化管外侧的热交换系数，并可提高胀管的质量。

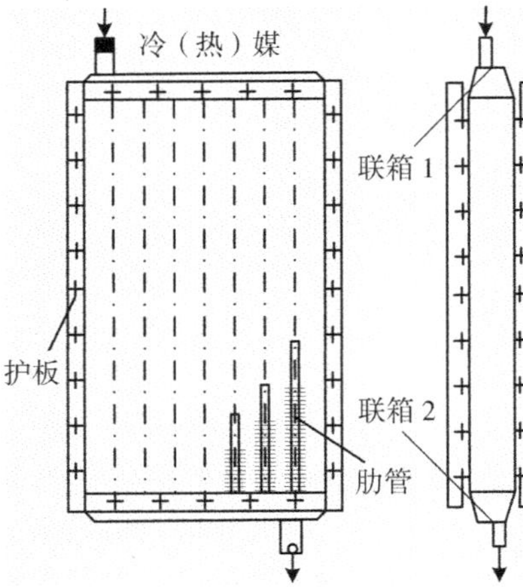

图 7－1　肋管式换热器

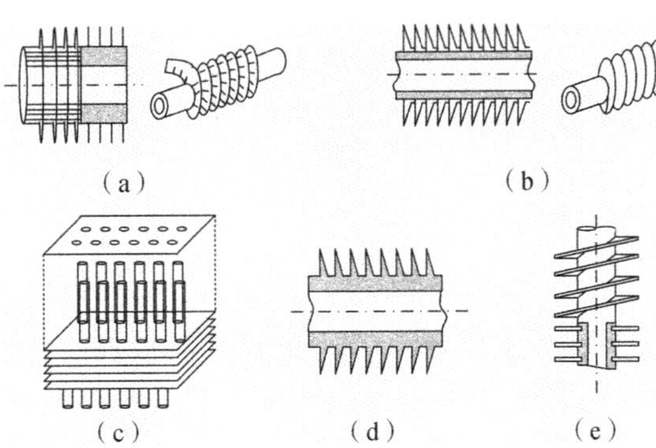

图 7－2　各种肋片管式换热器的构造

7.1.2 电加热器

在空调系统中，除了利用表面式换热器加热空气外，还可采用电加热器对空气进行加热。电加热器是通过电阻丝将电能转化为热能来加热空气的设备，具有结构紧凑、加热均匀、热量稳定、控制方便等优点。但由于电加热器是利用高品位能源，所以只宜在一部分空调机组和小型空调系统中采用。在恒温精度要求较高的大型空调系统中，也常用电加热器控制局部或做末级加热器使用。

电加热器有裸线式和管式两种。抽屉式电加热器是一种常用的裸线式电加热器。裸线式电加热器加热迅速，热惯性小，结构简单，但易断线和漏电，安全性差，所以使用时必须有可靠的接地装置，并应与送风机联锁，以免发生安全事故。管式电加热器由管状电热元件组成。这种电热元件是将金属丝装在特制的金属套管中，中间填充导热性好的电绝缘材料。管式电加热器加热均匀、热量稳定、经久耐用、安全性好，可直接装在风道内，但其热惯性较大，结构复杂。

电加热器功率 P(kW)，由下式计算：

$$P=\frac{L\Delta t}{3\ 000\eta} \tag{7—1}$$

式中：L 为送风量，m^3/h；η 为电加热器的效率，$\eta=0.85\sim0.90$，一般取 $\eta=0.85$；Δt 为经电加热器所要求的空气温升，℃。

电加热器工作正常与否，直接影响室内温湿度和整个系统的安全，因此必须加强管理。设计运行时应注意以下问题。

(1)安全措施

为了确保安全，设计电加热系统特别是采用裸线式电加热器时，必须满足下述安全要求：①电加热器宜安设在风管中，尽量不要放在空调器内；②电加热器应与送风机联锁；③安装电加热器的金属风管应有良好的接地；④电加热器前后各 0.8 m 范围内的风管，其保温材料均应采用绝缘的非燃烧材料；⑤安装电加热器的风管与其前后段风管连接的法兰中间须加绝热材料的衬垫，同时也不要让螺栓传电；⑥暗装在吊顶内风管上的电加热器，在相对于电加热器位置处得吊顶上应开设检修孔；⑦在电加热器后的风管中宜安设超温保护装置。

（2）电加热器断路

由于施工的疏忽，电源和电加热器的连线——多芯电缆往往接错线头，造成电加热器断路，电加热器不工作。此时可以用试电笔检查，如发现电阻丝两端均有电，是零线断路；如两端均无电而电阻丝又无损坏，则是火线断路或两根线全接错。

（3）电阻丝烧断

由于电阻丝用久了或过细而断开，造成电加热器不能正常工作也是常有发生。为了避免这种现象，维护时要测量电阻丝的电阻值。

7.2 加湿器

空气的加湿方法有多种，常用的有蒸汽加湿、电热式或电极式加湿、喷雾加湿、湿膜加湿和超声波加湿等方法。

7.2.1 蒸汽加湿器

蒸汽加湿是利用喷管向空气中直接喷水蒸气，是一个近似等温的加湿过程。

1. 蒸汽喷管

蒸汽喷管是最简单的加湿装置，它由直径略大于供汽管的管段组成。管段上开有多个直径为 2～3 mm 的小孔。蒸汽在管网压力的作用下，由这些小孔喷出，混合到流经喷管周围的空气中去。小孔的数目及直径大小应根据需要的加湿量确定。

蒸汽喷管虽然构造简单，加工容易，但喷出的水蒸气中往往夹带冷凝水滴。为了避免蒸汽喷管内产生冷凝水及蒸汽管网中的凝结水流入喷管，喷管外面增加一个保温外套，做成所谓干蒸汽喷管，即干蒸汽加湿器。

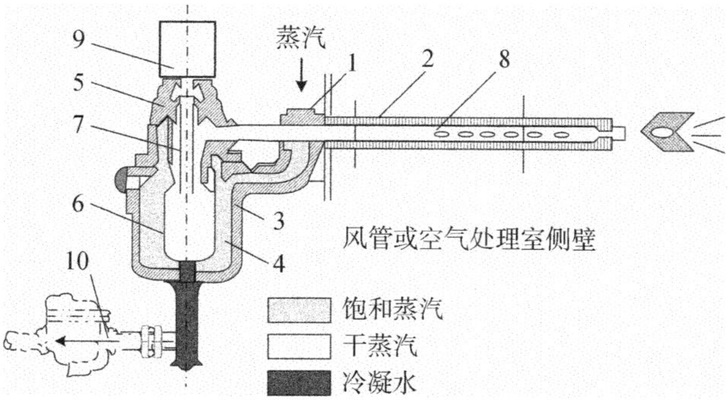

图 7－3　干蒸汽加湿器

1—管；2—外套；3—挡板；4—分离室；5—阀孔；6—干燥室；

7—消声器；8—喷管；9—电动执行机构；10—疏水器

2. 干蒸汽加湿器

干蒸汽加湿器是由蒸汽喷管、分离室、干燥室和电动或气动调节阀等组成，具体结构如图 7－3 所示。干蒸汽加湿器的工作原理是：蒸汽由进口 1 进入外套 2 内，外套 2 对喷管内的蒸汽起到加热、保温并防止蒸汽冷凝的作用。由于外套的外表面直接与被处理的空气接触，所以外套内将产生一些凝结水并随蒸汽一起进入分离室4。由于分离室断面大，使蒸汽减速，再加上惯性作用及分离挡板3的阻挡，冷凝水便被分离下来。分离出冷凝水的蒸汽，经由分离室顶部的调节阀孔5减压后进入干燥室6，残存在蒸汽中的水滴在干燥室中汽化，最后从小孔中喷出的则是干蒸汽。

干蒸汽加湿器具有加湿速度快、均匀性好、安装方便、不带细菌、噪声小、节能等优点，可以满足室内相对湿度波动范围≤+3%的要求，广泛应用于医院手术室、电子生物实验室及精密仪器制造车间等场合。

7.2.2 电加湿器

1. 电极式加湿器

电热加湿所需功率P(kW)可根据加湿量W(kg/h)按下式计算：

$$P=\frac{W(h_s-h_w)}{3\ 600}C \tag{7-2}$$

式中：h_s为蒸汽的焓值，kJ/kg；h_w为水的焓值，kJ/kg；C为修正系数，采用蒸馏水时$C=1.05$，采用普通生活或生产用水(硬度较低)时$C=1.10$，采用普通生活或生产用水(硬度较高)时$C=1.20$。

电极式加湿器的构造如图7-4所示。它是利用三根铜棒或不锈钢棒插入盛水的容器中做电极。将电极与三相电源接通后，就有电流从水中通过。在这里水是导体，由于水的电阻比较大，因而能被加热蒸发成蒸汽。除三相电外，也有使用两根电极的单相电极式加湿器。

由于水位越高，导电面积越大，通过电流也越强，因而发热量也越大。所以，产生的蒸汽量多少可以用水位高低来调节。

电极式加湿器结构紧凑，而且加湿量也容易控制，所以用得较多。它的缺点是耗电量较大，电极上易积水垢和腐蚀，因此，宜用在小型空调系统中。

电极式加湿器的安装使用注意事项：

1)极式加湿器的供电电源应增装电流表，以便调整水位防止电流过载。

2)电极式加湿器应装在接近加湿而又便于观察和操作的地点，以方便调整和维修。

3)电极式加湿器宜设专门的供水管，并在水管上安装一个DN15的启闭用闸阀和电磁阀，闸阀和电磁阀间增设一个DN15的冲洗用水龙头。

4)电极式加湿器应有良好的接地。

5)电极式加湿器底侧部应设排污管，并安装阀门。

6)电极式加湿器的用水最好进行适当的软化处理。

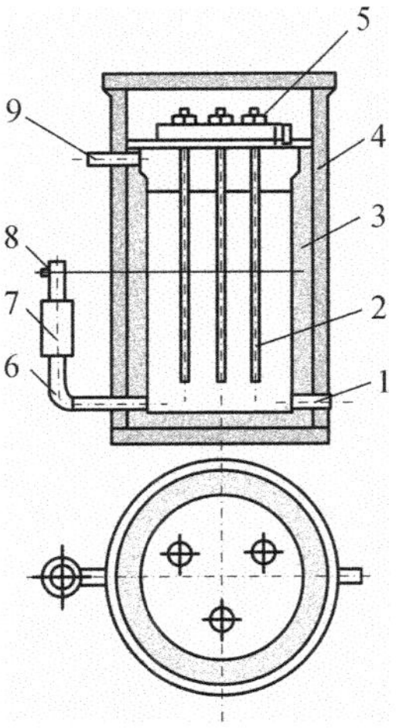

图7-4　电极式加湿器

1—给水管；2—电极；3—保温层；4—外壳；5—接线柱；6—溢水管；7—橡皮短管；8—溢水口；9—蒸汽出口

7)电极式加湿器投入使用前，须标定最大允许额定电流下的水位高度，与此同时应标出不少于5条水位线，以便于调节加湿量。

8)电极式加湿器应经常进行排污和除垢，根据水质条件的不同，一般累积运行8 h排污一次，2 个月左右清垢一次。其除垢周期可比电热式加湿器稍长些。

2. 电热式加湿器

电热式加湿器是用管状电热元件置于水盘中做成的，如图 7－5 所示。元件通电之后便能将水加热而产生蒸汽。补水靠浮球阀自动控制，以免发生断水空烧现象。此种电热式加湿器的加湿量大小取决于水温和水表面积。电热式加湿器的排污周期与电极式基本相同，其除垢周期比电极式加湿器应稍短些。

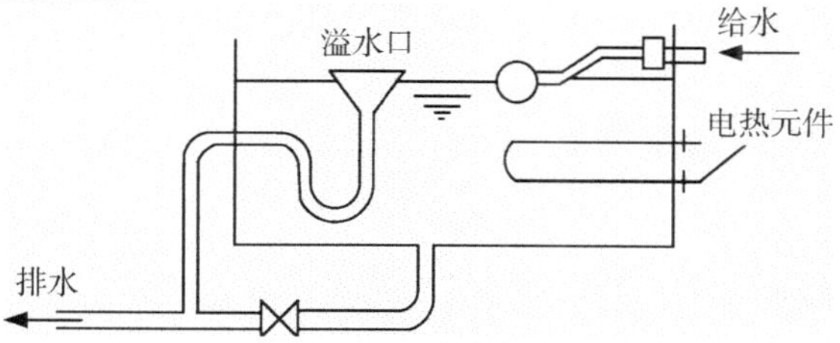

图 7－5　电热式加热器

PTC 蒸汽加湿器是一种电热式加湿器，其发热元件为 PTC 热电变阻器（导电陶瓷），置于水中，通电后水被加热而产生蒸汽。

7.2.3 高压喷雾加湿

利用水泵将水加压到 0.3～0.35 MPa（表压）下进行喷雾，可获得平均粒径为 20～30 μm 的水滴，在空气中吸热汽化，这是一个接近等焓的加湿过程。高压喷雾的优点是加湿量大、噪声低、消耗功率小、运行费用低。缺点是有水滴析出，使用未经软化处理的水会出现“白粉”现象（钙、镁等杂质析出）。这是目前空调机组中应用较多的一种加湿方法。

7.2.4 湿膜加湿

湿膜加湿又称淋水填料层加湿。利用湿材料表面向空气中蒸发水汽进行加湿。可以利用玻璃纤维、金属丝、波纹纸板等做成一定厚度的填料层，材料上淋水或喷水使之湿润，空气通过湿填料层而被加湿。这个加湿过程与高压喷雾一样，是一个接近等焓的加湿过程。这种加湿方法的优点是设备结构简单、体积小、填料层有过滤灰尘作用，填料还有挡水功能，空气中不会夹带水滴。缺点是湿表面容易滋生微生物，用普通水的填料层易产生水垢，另外填料层容易被灰尘堵塞，需定期维护。

7.2.5 超声波加湿

超声波加湿的原理是将电能通过压电换能片转换成机械振动，向水中发射 1.7 MHz 的超声波，使水表面直接雾化，雾粒直径约为 3～5 μm，水雾在空气中吸热汽化，从而加湿了空气，这种方法也是接近等焓的加湿过程。这种方法要求使用软化水或去离子水，以防止换能片结垢而降低加湿能力。超声波加湿的优点是雾化效果好、运行稳定可靠、噪声低、反应灵敏而易于控制、雾化过程中还能产生有益人体健康的负离子，耗电不多，约为电热式加湿的 10％左右。其缺点是对水质要求高，而且由于是等焓加湿，空气经过加湿后，温度将有一定幅度的降低，所以尚需进行加热升温。目前国内空调机组尚无现成的超声波加湿段，但可以把超声波加湿器直接装于空调机组中。

7.3 冷冻除湿机

冷冻除湿机是指以机械制冷方法对空气降温除湿，以冷凝热进行再热的除湿机。冷冻除湿机由制冷系统、通风系统和电控系统组成。制冷系统通过制冷剂的流动和换热，提供制冷量和制热量。通风系统通过空气的流动和换热，实现除湿和调温。电控系统则保障除湿机的安全可靠运行。

7.3.1 冷冻除湿机种类与基本参数

1. 冷冻除湿机种类

根据出风温度不同，冷冻除湿机分为降温、升温和调温 3 种类型。一般地，降温除湿机采用水冷冷凝器，升温除湿机采用风冷冷凝器，而调温除湿机同时采用风冷和水冷两个冷凝器。调温除湿机又分为水冷调温型和风冷调温型，水冷调温型的出风温度通过控制冷却水流量进行调节；风冷调温型的出风温度通过控制冷却空气流量进行调节。地下工程由于无法将冷凝器置于室外而采用水冷型调温除湿机，调温型除湿机的水冷冷凝器进水温度应不高于 34 ℃。

根据进风温度不同，冷冻除湿机分为 A、B 两种类型，A 型的进风温度为 18～32 ℃，B 型的进风温度为 5～32 ℃。B 型除湿机工作时蒸发器会结霜，所以配备了融霜装置。

根据结构型式的不同，除湿机分为移动式和固定式，移动式中又分为立式和卧式。移动式除湿机带风机，不用另外连接风管，能够方便地移动到需要除湿的房间使用，但在对房间除湿的同时，也对房间进行着加热升温。固定式除湿机需要使用风管连接到通风系统中，大中型除湿机本身不带风机，风机另外配置。

2. 冷冻除湿机基本参数

除湿机的主要性能参数为名义工况的除湿量和单位输入功率除湿量。除湿机规定的名义工况为进风干球温度 27 ℃、相对湿度 60%，冷却水入口 30 ℃、出口 35 ℃。除湿机基本参数的规定见表 7-1。

表 7-1　除湿机基本参数

名义除湿量/($kg \cdot h^{-1}$)	单位输入功率除湿量/($kg \cdot h^{-1} \cdot kW^{-1}$)	
	风冷及调温型	水冷降温型
<0.5	1.35	
0.5～1.0	1.50	
1.0～5.0	1.60	
5.0～10.0	1.70	1.90
10.0～20.0	1.75	1.95
20.0～30.0	1.80	2.00
30.0～40.0	1.85	2.10
40.0～60.0	1.90	2.20
60.0～80.0	1.95	2.30
>80.0	2.00	2.40

除湿机除湿量受结构参数和运行条件影响而变化。普通除湿机的压缩机容量不变化，通风机风量也不变化，除湿量变化范围小；而全工况除湿机由于采用数码涡旋压缩机或者螺杆压缩机，制冷量根据运行工况调节，除湿量变化范围大。除湿机运行条件主要指进风温度、湿度和冷却水进口温度，随着进风含湿量增大，除湿量相应地增大。

7.3.2 冻除湿机的冷却除湿

冷冻除湿机对空气冷却除湿是通过制冷系统蒸发器实现的。蒸发器的热工计算根据已知条件和所求参数不同，可分为设计计算和校核计算。设计计算是已知被处理空气量 G，空气入口干湿球温度 t_1、t_{s1} 和处理后所要求的出口干湿球温度 t_2、t_{s2}，选择蒸发器型号、排数 N 和蒸发温度 t_0。校核计算是已知蒸发器的型号、排数 N，被处理空气量 G 和空气入口干湿球温度 t_1、t_{s1}，求处理后空气出口干湿球温度 t_2、t_{s2} 和蒸发温度 t_0。

1. 冷却全效率 E

对于蒸发器来说，由于热量交换与质量交换同时发生，能量传递的推动力是比焓差，而比焓差和湿球温度近似地存在一定的比例关系，因此定义冷却全效率 E(或湿球效率)为

$$E=\frac{i_1-i_2}{i_1-i_0}=\frac{a(t_{s1}-t_{s2})}{a(t_{s1}-t_0)}=\frac{t_{s1}-t_{s2}}{t_{s1}-t_0} \tag{7—3}$$

2. 安全因数

蒸发器在使用一段时间后，由于外表面的积灰和内表面积油(油膜层)，使其实际冷却效率有所降低，蒸发器冷却效率计算时应考虑安全因数，一般取为 0.9～0.95。

3. 蒸发器通风阻力

蒸发器对空气的阻力，与其结构形式、排数 N、迎面风速 V 有关，一般由设备样本提供。对于湿工况，由于析湿使空气阻力增大，所以要乘以修正系数 β，β 值与气流方向及迎面风速 V 有关，可按表 7－2 选用。

所以蒸发器对空气的阻力为

$$\Delta H_s=1.1\beta\Delta H_g \tag{7—4}$$

式中：1.1 为安全因数；ΔH_s 为湿工况通风阻力，Pa；ΔH_g 为干工况通风阻力，Pa。

表 7－2　不同迎面风速的 β 值

气流方向	迎面风速 $u/(m\cdot s^{-1})$			
	1.5	2.0	2.5	3.0
水平气流(蒸发器立放)	1.65	1.52	1.50	1.48
垂直气流(蒸发器平放)	1.28	1.30	1.32	1.34

4. 迎面风速 v

迎面风速 v 取值过大会使蒸发器的冷却效率降低，同时为了减少空气阻力和避免析出的水分重新带入风道系统，迎面风速 v 不宜过大。而迎面风速过小，又会使迎风面积过大，从而加大初投资。因此，一般取 $v=1.5\sim2.5$ m/s。

5. 蒸发温度 t_0

为了提高除湿机产冷量，蒸发温度 t_0 宜处于 0～7℃范围内。运转中过高和过低的蒸发温

度对除湿机都是不利的。为了防止蒸发器表面结霜(结冰),蒸发温度应大于表 7-3 中的值。

表 7-3　蒸发温度 t_0(℃)的限定值

出风湿球温度/℃	迎面风速 u/(m·s^{-1})		
	1.5	2.0	2.5
7.2	0	0	0
10	0	0	0
12.8	0	−0.6	−1
15.6	−2.8	−3.3	−4

7.4 冷风机

冷风机即降温除湿机,它利用制冷工质提供的冷量,通过表面式换热器,使被处理空气放热冷却、进而除湿。冷量可以由制冷剂提供,也可以由冷水提供,但通常由制冷剂提供冷量。冷风机应用于余热大的地下工程房间,主要实现对空气进行降温处理。

7.4.1 系统组成

冷风机由制冷系统、空气输送系统和电气控制系统三部分组成,其结构和原理图分别如图 7-6(a)和(b)所示。

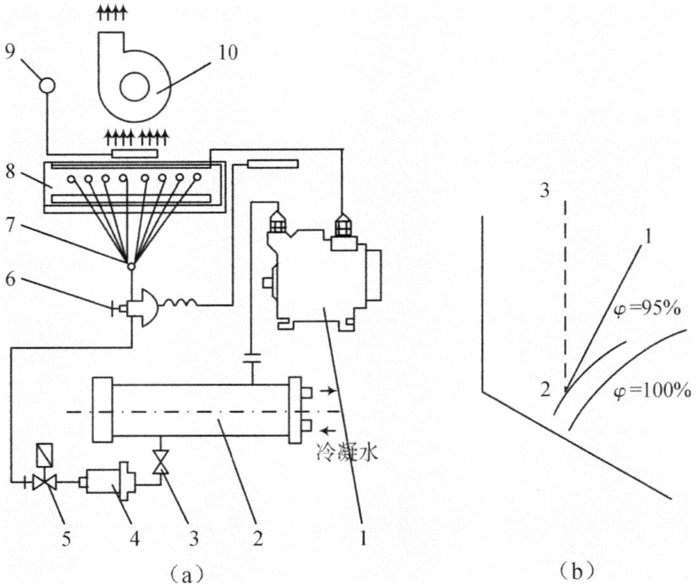

图 7-6　冷风机结构原理图

(a)制冷系统图;(b)除湿过程在焓湿图上的表示

1—制冷压缩机;2—水冷冷凝器;3—供液阀;4—干燥过滤器;5—电磁阀;

6—热力膨胀阀;7—分液器;8—蒸发器;9—温度表;10—通风机

制冷系统由制冷压缩机、水冷冷凝器、热力膨胀阀和蒸发器等“四大件”,以及干燥过滤器、电磁阀等辅助设备组成。水冷冷凝器以水为冷却介质，故又称该机组为水冷式冷风机；蒸发器为制冷工质汽化设备，因工质汽化要吸收热量，所吸收的热量来自处理空气，因此，蒸发器为直接向处理空气提供冷量的设备。空气输送系统包括过滤网、风机和通风道等，其任务是对处理空气过滤、加压并输送到需要的地方去。电气控制系统控制冷风机启停和安全可靠运行。

7.4.2 冷风机的空气处理过程

来自室内或外界的空气，在通风机的作用下流过制冷机的蒸发器，通过蒸发器管壁与制冷剂换热降温，当空气温度降到露点湿度时，其中的水蒸气便凝结析出，这就是除湿。空气经过制冷机蒸发器时的除湿过程在焓湿图上的表示如图 7－6(b)中的 1—2 过程，1，2 点分别为冷风机的进风和出风状态点。

由图 7－6(b)可见，处理后的空气温度降低了，含湿量减小了，但相对湿度反而升高了，属于机器露点(相对湿度 90%～95%)送风。显然，冷风机处理过的空气，只适宜于送入余热较大的场所，如地下工程的通讯坑道或柴油发电机机房。如果房间余热较小或没有余热，甚至余热为负值时，由于送入空气得不到加热而相对湿度较高，仍不能较好地满足房间设备贮存及使用环境要求。

7.5 升温除湿机

冷风机应用于余热较大的地下工程，对于余热为负(需要加热)的地下工程则采用升温除湿机。与冷风机不同，升温除湿机采用风冷冷凝器，出风温度高于进风温度，所以升温除湿机也称为热泵型或热回收型除湿机。

7.5.1 系统组成

升温除湿机组成与冷风机类似，也是由制冷系统、空气输送系统和电气控制系统三部分组成，但由于制冷系统采用风冷冷凝器所以不需要冷却水，如图 7－7 所示。风冷冷凝器对制冷剂而言起冷却作用，而对空气而言则起加热作用，因而也可以叫作空气加热器。

7.5.2 升温除湿机的空气处理过程

升温除湿机处理空气过程分为两步，第一步与冷风机完全一致，空气经蒸发器降温除湿；第二步从蒸发器出来的空气经冷凝器加热后，再由风机送入工程内部。

根据制冷机工作原理，冷凝器放出的冷凝热为蒸发器吸收的蒸发热与制冷压缩机消耗的电能之和，即空气在通过蒸发器时失去的热量(制冷量)小于在通过冷凝器时得到的热量(冷凝热)，所以，空气在通过升温除湿机后，其温度总是升高的。一般升温除湿机的出风温都在 20℃以上。

7.5.3 升温除湿机性能指标

1. 最佳风量

对于冷冻除湿机来说，通过除湿机的风量与除湿量之间存在一个最佳的配合关系，风量过大或过小都不能达到最合理的除湿效果。如图 7－8 所示为 GS—20 型除湿机的风量与除湿量关系曲线。除湿机只有在额定风量(最佳风量)下,才能达到最大除湿量,所以,运行中应注意设法满足这一合适的额定风量要求,不能任意调配风机和调整风量。

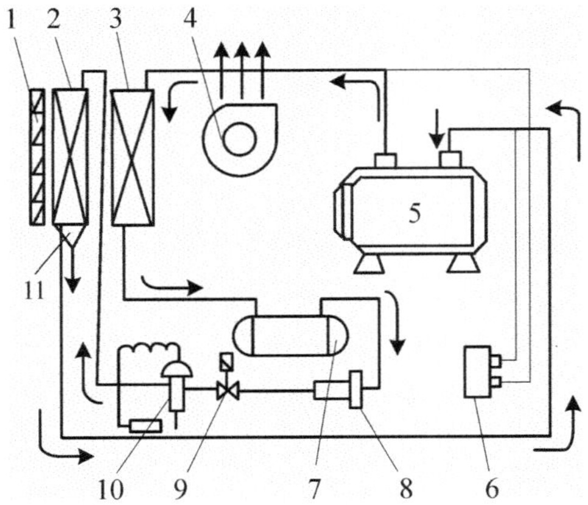

图 7-7　升温除湿机结构原理图

1—空气过滤器;2—蒸发器;3—冷凝器;
4—离心风机;5—制冷压缩机;6—压力继电器;
7—贮液器;8—干燥过滤器;9—电磁阀;
10—热力膨胀阀;11—积水盘

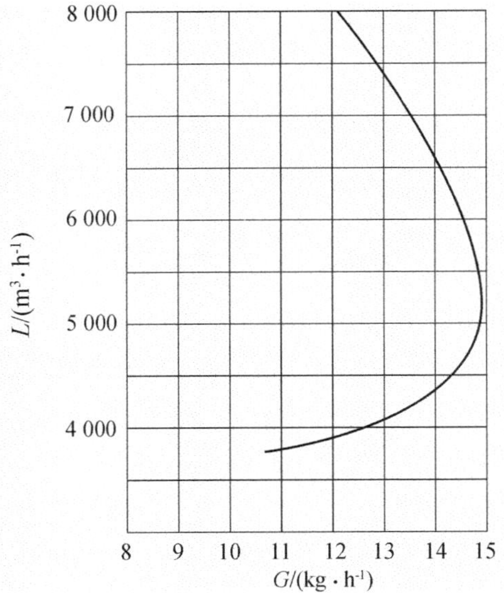

图 7-8　GS—20 型除湿机除湿量随风量变化关系(进风 18℃,70%)

2. 进风参数与除湿量

KQF6 型除湿机的工作性能曲线如图 7-9 所示。

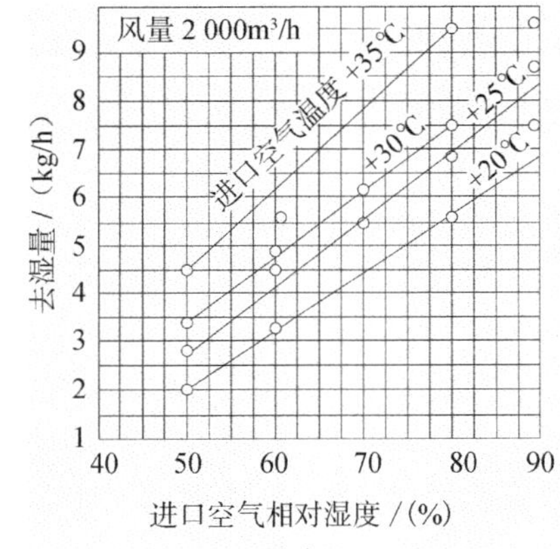

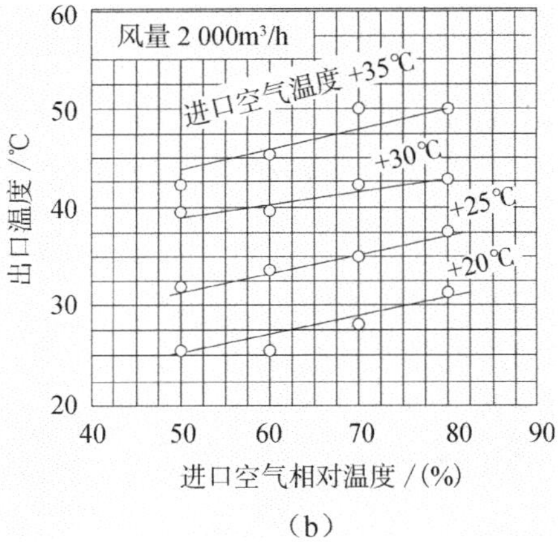

图 7-9　KQF6 型除湿机的工作性能曲线

(a)去湿量曲线;(b)出口空气曲线

图 7-9(a)为 KQF6 除湿机进口空气参数与除湿量的关系曲线,该曲线是在额定风量的条件下作出的。由图可知,在空气进口温度一定情况下,相对湿度越大,则除湿量就越大;在进

口相对湿度一定的情况下，温度越高，则除湿量越大。除湿机除湿量一般是指在额定风量和标准工况（进风温度27 ℃，相对湿度60%）下的名义除湿量，而实际除湿量由于进风参数偏离标准工况，可能高于或低于名义除湿量，一般情况下，都低于名义除湿量。

3.进风参数与出风参数

图7-9(b)为KQF6型除湿机的空气进口参数与出风温度曲线。出风温度随着进风温度和相对湿度的升高而升高。应用中，如测得出风干湿球温度，其他出风参数即可查焓湿图确定，也可由计算方法求出。

例7—1　一台KQF6型升温除湿机，风量$L=2\ 000\ m^3/h$，如果机组进风参数$t_1=20℃$，$\varphi_1=70\%$，试问出口空气参数为多少？

解　(1)由$t_1=20\ ℃$，$\varphi_1=70\%$查$h-d$图得

$$d_1=10.3\ g/kg,h_1=46.4\ kJ/kg$$

(2)由$t_1=20\ ℃$，$\varphi_1=70\%$查图7-9(a)得除湿量为

$$W=4.5\ kg/h$$

则有

$$d_3=d_1-\frac{1\ 000W}{L\rho}=10.3-\frac{1\ 000\times4.5}{2\ 000\times1.2}=8.4\ (g/kg)$$

(3)由$t_1=20\ ℃$，$\varphi_1=70\%$查图7-9(b)得出风温度

$$t_3=28\ ℃$$

(4)由$t_3=28\ ℃$，$d_3=8.4\ g/kg$查$h-d$图得

$$\varphi_3=35\%,h_3=49.7\ kJ/kg$$

例7—2　某地下工程夏季工程内余热量为—12 000 kJ/h，余湿量为2.5 kg/h。工程内要求的空气参数为$t_N=24\sim28\ ℃$，$\varphi_N<75\%$，夏季工程外的空气计算参数为：$t_X=32\ ℃$，$d_X=21\ g/kg$，要求新风量为$L_X=400\ m^3/h$。试选用除湿机并计算有关参数。

解　(1)计算湿负荷。

取室内空气参数为$t_N=28\ ℃$，$\varphi_N=70\%$，则$d_N=17.6\ g/kg$

新风湿负荷为

$$W_X=\frac{d_X-d_N}{1\ 000}L_X\rho=\frac{21-17.6}{1\ 000}\times400\times1.2=1.63\ (kg/h)$$

除湿机需要承担的总湿负荷为

$$W=W_X+W_N=1.63+2.5=4.13(kg/h)$$

(2)选用除湿机。

根据除湿机的除湿量应大于或等于需要它担负的除湿量的原则，选用CF5除湿机，风量$L=2\ 000\ m^3/h$，在额定工况下($t_1=27\ ℃$，$t_{s1}=21.2\ ℃$)，除湿量为5 kg/h，大于总湿负荷4.13 kg/h。

(3)确定进除湿机的空气参数并校核除湿量。

总风量$L=2\ 000\ m^3/h$，新风量$L_X=400\ m^3/h$，则回风量为$L_N=L-L_X=2\ 000-400=1\ 600\ m^3/h$。根据新风与回风的混合比可以确定进除湿机的空气参数为：$t_1=28.6\ ℃$，$\varphi_1=70\%$，$d_1=18.3\ g/kg$，$h_1=75.6\ kJ/kg$

查CF5除湿机的性能曲线，当进风参数为除湿量$t_1=28.6\ ℃$，$\varphi_1=70\%$时，除湿机的除湿量为$W=5.8\ kg/h$，满足要求。

(4)确定除湿机的出口空气参数,有

$$d_3=d_1-\frac{1\ 000\ W}{L\rho}=18.3-\frac{1000\times5.8}{2000\times1.2}=15.9(\text{g/kg})$$

根据进风参数 $t_1=28.6$ ℃,$\varphi_1=70\%$查 CF5 除湿机的性能曲线,得出风温度 $t_3=38.5$ ℃

从除湿机至送风口有一段风道,考虑风道降温,一般取 3~6 ℃,这里取 3 ℃,则修正后的送风温度为 38.5−3=35.5 ℃,所以送风参数为 $t_3=35.5$ ℃,$\varphi_3=42\%$,$d_3=15.9$ g/kg,$h_3=76.6$ kJ/kg

(5)校核室内空气参数,有

$$d_N=d_3+\frac{1\ 000W}{L\rho}=15.9+\frac{1\ 000\times2.5}{2\ 000\times1.2}=16.9(\text{g/kg})$$

$$h_N=h_3+\frac{Q}{L\rho}=76.6+\frac{-12\ 000}{2\ 000\times1.2}=71.6(\text{kJ/kg})$$

由 h_N,d_N得 $t_N=28.2$ ℃,$\varphi_N=67\%$,与室内假设参数 $t_N=28$ ℃,$\varphi_N=70\%$相差不多,说明所设的室内参数合适。如果相差较多,则应重新假设计算。

7.6 调温除湿机

用冷风机与升温除湿机除湿,一个出风温度低、相对湿度高,另一个出风温度高相对湿度低。前者对余热余湿均较大的场合适宜,后者对余湿较大而余热为负的场合适宜。但另外一些场合,工程的余热余湿不定,如某些战时使用平时只做维护的工程,平时设备工作时间短,只有少量工作人员进入工程,所以余热就较小;而战时不仅设备大量投入工作,进入工程人员也大量增加,因而工程余热余湿陡增,国防工程基本如此。另外,还有一些民用建筑,如地下商场、地下电影院,余热余湿骤然增减的情况更为突出。对于这种余热余湿陡然增减的工程,采用冷风机或升温除湿机显然都不理想。为此,在上述两种除湿机的基础上,就产生了可以调温除湿的调温除湿机。

7.6.1 系统组成与 3 种工况

在系统组成上,调温除湿机是冷风机与升温除湿机的结合,也是由制冷系统、空气输送系统和电气控制系统组成,但配置了水冷与风冷两个冷凝器,如图 7-10 所示。通过水冷与风冷冷凝器热负荷的分配调节,在除湿的同时实现对出风的降温、升温和调温控制。分别说明如下:

1. 降温除湿工况

如果关闭电磁阀 2,3,将风冷冷凝器切除,打开电磁阀 1,将水冷冷凝器接通并通冷却水,此时该机组制冷机冷凝热负荷全部由水冷冷凝器承担,机组完全变成了一个冷风机。这就是降温除湿工况。

2. 升温除湿工况

如关闭电磁阀 1,打开电磁阀 2,3,也不向水冷冷凝器供水(此时该冷凝器仅作通道使用),此时的运行工况为升温除湿,完全变成了升温除湿机,制冷机的冷凝器热负荷完全由风冷冷凝器承担。

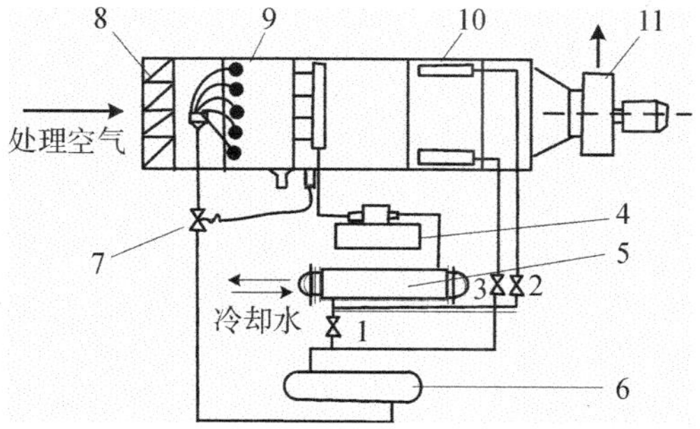

图 7－10　调温除湿系统

1,2,3—电磁阀;4—制冷压缩机;5—水冷冷凝器;6—贮液器;

7—热力膨胀阀;8—滤尘器;9—蒸发器;10—风冷冷凝器;11—通风机

3. 调温除湿工况

系统中控制冷剂流动路线的 3 个电磁阀 1,2,3 的开关状态与升温除湿工况相同,但根据需要向水冷冷凝器供给不同水量,从而不同程度地带走制冷剂的冷凝热。如果水冷冷凝器通水量大,负担的冷凝热负荷就大,那么风冷冷凝器热负荷小,出风温度低;如果水冷冷凝器通水量小,负担的冷凝热负荷就小,那么风冷冷凝器热负荷大,出风温度高。此为调温除湿机的调温除湿工况。

7.6.2 调温除湿机组的工作性能

调温除湿机的工作性能除了出风温度可以通过调节水冷冷凝器水量在一定范围内变化外,其他特性,如风量对除湿量的影响,进口空气参数对除湿量的影响等与升温除湿机大体相同。LCT—20 型调温除湿机的工作性能曲线如图 7－11～7－16 所示。

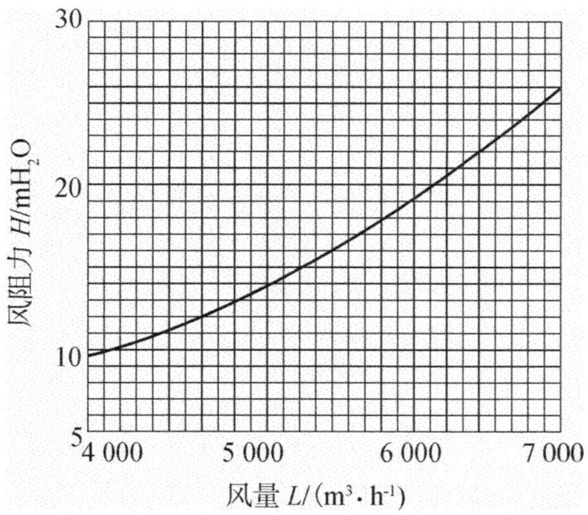

图 7－11　LCT—20 型除湿机通风阻力曲线

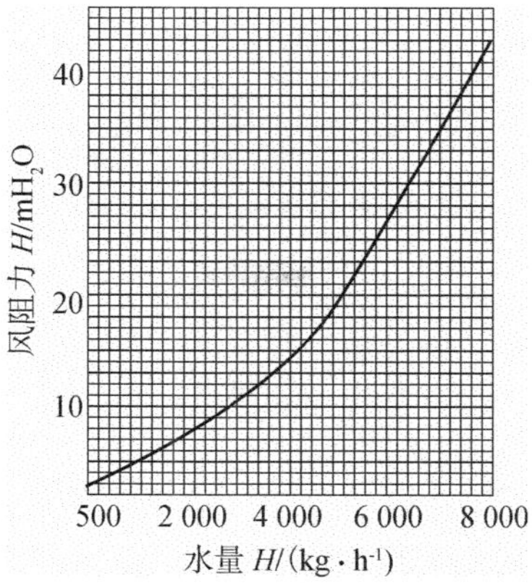

图 7－12　LCT—20 型除湿机冷凝器水阻力曲线

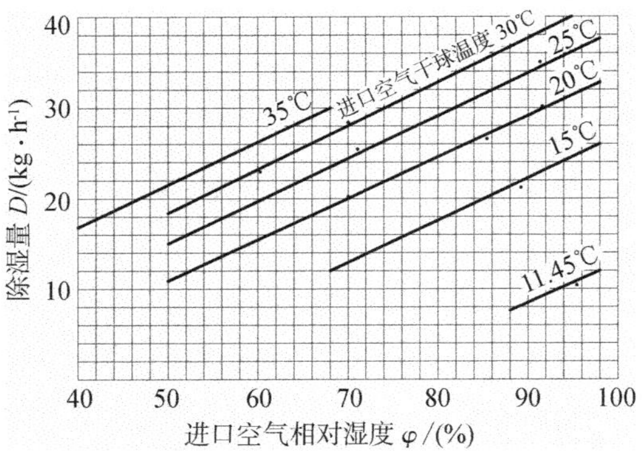

图 7－13　LCT—20 型除湿机升温降湿除湿量

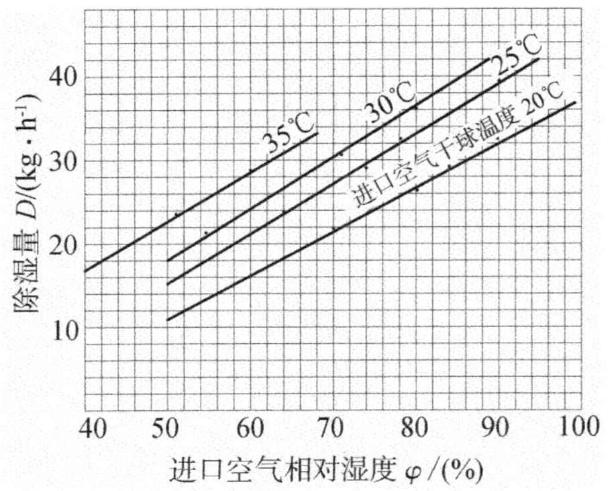

图 7－14　LCT—20 型除湿机降温降湿除湿量

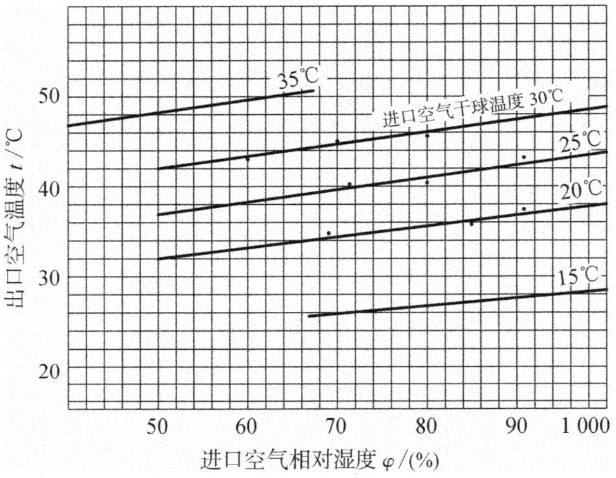

图 7－15　LCT—20 除湿机升温降湿出口温度曲线

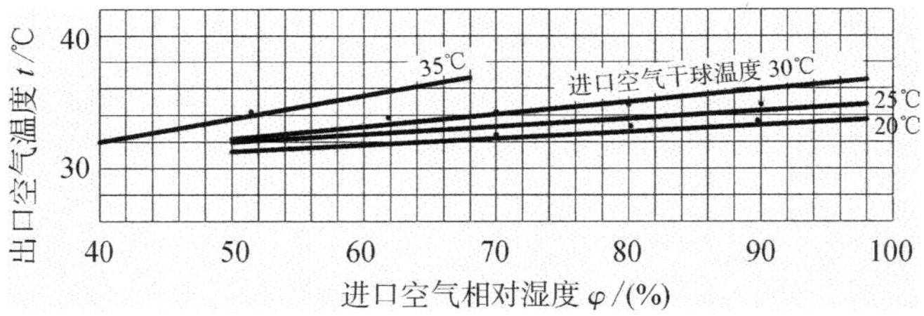

图 7－16　LCT—20 型除湿机降温降湿出口温度曲线

例 7—3　已知 $t_1=30$ ℃，$\varphi_1=55\%$，$t_{w1}=25$ ℃，选用 LCT20 型调温除湿机，在额定风量 $L=6000\ m^3/h$下，按降温除湿工况运行。试求出风参数 t_2，φ_2及冷却水量 M。

解　(1)求除湿量。

根据 $t_1=30$ ℃，$\varphi_1=55\%$，查焓湿图得 $t_{s1}=22.9$ ℃，$d=15.5$ g/kg，$h_1=69.8$ kJ/kg；查 LCT20 型调温除湿机性能曲线，得除湿量 $W=21$ g/kg，蒸发温度 $t_0=2.5$ ℃。

(2)求出风参数。

$$d_2=d_1-\frac{1\ 000W}{L\rho}=15.5-\frac{1\ 000\times 21}{6\ 000\times 1.2}=12.6(g/kg)$$

$$t_{s2}=t_{s1}-E(t_{s1}-t_0)=22.9-0.277\times(22.9-2.5)=17.3(℃)$$

由 d_2，t_{s2} 确定出风状态点 2，$t_2=18.3$ ℃，$\varphi_2=91\%$，$h_2=50.5$ kJ/kg

(3)计算冷却水量。

根据 t_1，φ_1 查得 $N=8.5$ kW，则有

$$Q_k=G(h_1-h_2)+N=\frac{6\ 000}{3\ 600}\times(69.8-50.5)+8.5=40.7(kW)$$

因 $t_{w2}=t_{w1}+(4\sim10)$℃，此处取 6 ℃，则 $t_{w2}=25+6=31$(℃)

所以 $$M=\frac{Q_k}{c_w(t_{w2}-t_{w1})}=\frac{40.7}{4.2\times(31-25)}=1.615(t/s)=5\ 814\ kg/h$$

例 7—4　已知 $t_1=30$ ℃，$\varphi_1=55\%$，选用 CFT20 型调温除湿机，在额定风量下，按升温除湿工况运行，如图 7-6(b)所示。试求出风参数 t_2，φ_2 及制冷量。

解　(1)求除湿量。

根据 $t_1=30$ ℃，$\varphi_1=55\%$ 查 CFT20 型调温除湿机性能曲线，得除湿量 $W=21$ g/kg，蒸发温度 $t_0=2.5$ ℃。

(2)求出风参数

根据 t_1，φ_1 查得 $N=10.3$ kW，则有

$$d_3=d_1-\frac{1\ 000W}{L\cdot\rho}=15.5-\frac{1\ 000\times21}{6\ 000\times1.2}=12.6(g/kg)$$

$$h_3=h_1+\frac{N}{G}=69.8+\frac{10.3\times3\ 600}{6\ 000\times1.2}=75.0(kJ/kg)$$

由 d_3，h_3 确定出风参数 $t_3=42.1$ ℃，$\varphi_3=17\%$

(3)制冷量，有

$$t_{s2}=t_{s1}-E(t_{s1}-t_0)=22.9-0.277(22.9-5.3)=18\ ℃$$

由 d_2，t_{s2} 确定状态点 2，得 $t_2=20.5$ ℃，$\varphi_2=79\%$，$h_2=52.7$ kJ/kg

$$Q=G(h_1-h_2)=\frac{6\ 000\times1.2}{3\ 600}\times(69.8-52.7)=34.2(kW)$$

例 7—5　已知 $t_1=30$ ℃，$\varphi_1=55\%$，$t_{w1}=25$ ℃，在额定风量下选用 CFT20 型调温除湿机。要求出风温度 $t_3=30$ ℃。试求其他出风参数及冷却水量。

解　(1)求除湿量

根据 $t_1=30$ ℃，$\varphi_1=55\%$ 查 CFT20 型调温除湿机性能曲线，得除湿量 $W=21$ g/kg。

(2)求出风参数，有

$$d_3=d_1-\frac{1\ 000W}{L\cdot\rho}=15.5-\frac{1\ 000\times21}{6\ 000\times1.2}=12.6(g/kg)$$

由 t_3，d_3 确定出风参数 $h_3=62.5$ kJ/kg，$\varphi_3=45\%$

(3)计算冷却水量

根据 $t_1=30$ ℃，$\varphi_1=55\%$ 查 CFT20 型调温除湿机性能曲线，得功耗 $N=10.3$ kW，取水冷冷凝器换热温差 $\Delta t=6$ ℃，则

$$M=\frac{G(h_1-h_3)+N}{c_w\Delta t_w}=\frac{7\ 200(69.8-62.5)+10.3\times3\ 600}{4.2\times6}=3\ 557(kg/h)$$

7.7 全工况除湿机

为了解决恒温恒湿空调机的重复耗能，以及调温除湿机送风温度有盲区的问题，人们设计了全工况除湿机。全工况除湿机能够运行于升温除湿、降温除湿和调温除湿3种工况，并接受系统集成平台对热湿处理全过程的集中控制。

全工况除湿机的结构原理图，如图7-17所示。

制冷循环工作过程：从蒸发器出来的低温低压的制冷剂气体被压缩机吸入，经压缩机压缩成为高温高压的气体，根据设定的出风参数，通过比例冷媒三通阀控制进入风冷冷凝器和水冷冷凝器的冷媒流量，而后进入贮液器，从贮液器中出来的高压液体再经干燥过滤器和电磁阀后，由膨胀阀节流，然后进入蒸发器中吸收被处理空气的热量蒸发成低温低压的气体，又被压缩机吸入，如此循环往复。

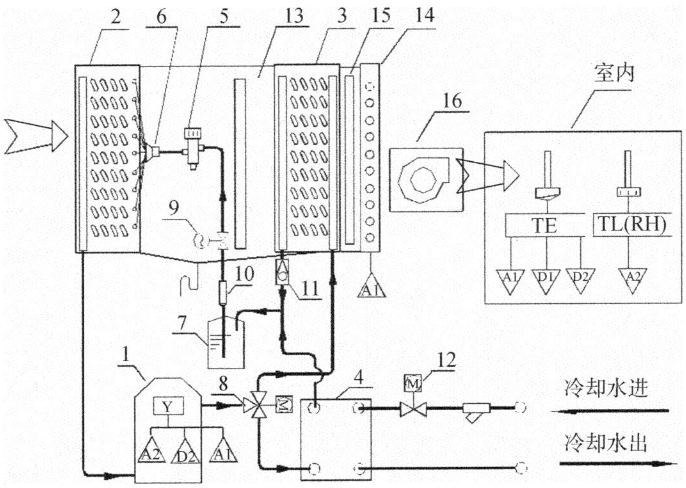

图7-17 全工况除湿机原理图

1—数码容调压缩机；2—蒸发器；3—风冷冷凝器；4—水冷冷凝器；5—电子膨胀阀；6—分液器；7—贮液器；8—冷媒三通阀；9—供液电磁阀；10—干燥过滤器；11—单向阀；12—水流量调节阀；13—挡水板；14—辅助电加热器；15—防辐射折板；16—风机

全工况空调机的冷凝流程采用水冷冷凝器与风冷冷凝器联用的方式，通过比例冷媒三通阀分流（实际机组也有冷媒合流三通），控制进入风冷冷凝器和水冷冷凝器的冷媒流量，调节两个冷凝器的换热比例，从而使出风温度得到精确控制，没有调温盲区，可以实现出风温度(10～40)±0.5 ℃范围内连续精确可调。采用多级蒸发器和电子膨胀阀，解决了压缩机容量变化时系统匹配问题。采用再热冷凝器分级设计并增配引喷射装置，可消除存液，确保压缩机卸载时系统仍可安全可靠运行。对出风温度的提升采用以冷凝热为主，电加热为辅的方式，充分利用了冷凝热量。

机组控制采用室内湿度和出风温度双通道分离控制方式。如图7-17所示，室内湿度控制采用室内露点温度传感器TL采集室内湿度信号，与设定值比较，通过控制器调节数码容调涡旋压缩机1的制冷量，满足湿度控制需要，当室内的湿度达到要求时，数码容调涡旋压缩机1会以维持湿负荷平衡时的制冷量继续运行。出风温度控制由干球温度传感器TE实测值与设定值比较，控制器以 PID 方式调节冷媒三通阀 8 的开度，通过调节进入水冷冷凝器 4 和风冷冷凝器 3 的冷媒流量，实现出风温度控制。在室内湿度达到设定值后，数码容调涡旋压缩机 1 减载运行时，冷凝热量也会减少，若空气通过风冷冷凝器 3 时吸收的热量不能满足温度设定值要求时，装设在风冷冷凝器后部的辅助电加热器 14 即自动分组投入，由 PLC 控制加热量，保持室内的恒温精度。

7.8 转轮除湿机

7.8.1 转轮除湿机结构与工作原理

转轮除湿机是利用涂有固体吸湿剂的转轮进行空气除湿的设备，适用于低温低湿的除湿工况。转轮除湿机主要由除湿转轮、驱动电机、处理空气风机、再生风机、再生电加热器等部件组成，如图 7－18 所示。转轮除湿机中有两路空气，一路是处理空气，另一路是再生空气。处理空气是需要除湿的空气，再生空气是用于带走转轮所吸附水分，使转轮恢复干燥能力的空气。处理空气经转轮后湿度降低、温度有所升高，再生空气经电加热器加热到 120℃，通过转轮后湿度升高、温度有所降低。

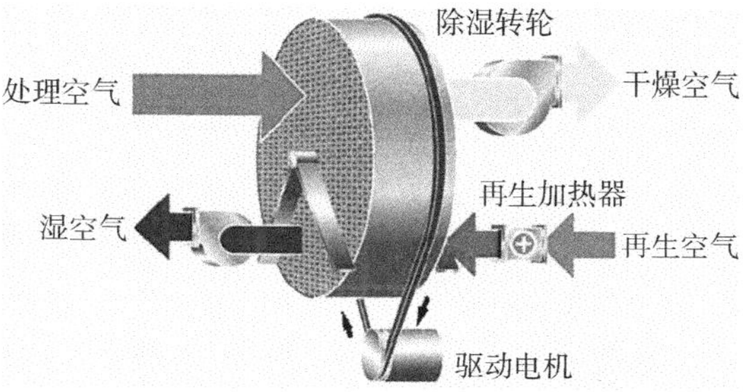

图 7－18　转轮除湿机原理图

除湿转轮分为吸湿区和再生区两部分，吸湿区占转轮迎风面的 3/4，再生区占 1/4。转轮以 8 r/h 的速度缓慢转动，空气被连续除湿，同时转轮不断得到再生。

转轮除湿机的工作机理为：除湿转轮由两层含有氯化锂的石棉纸（一层波纹状，一层平板状）相卷而成，两层石棉吸湿纸之间形成许多蜂窝状的空气通道，空气流过蜂窝状通道时，与流道壁进行热湿交换。流道壁上的固体吸附剂被空气冷却时，其对应的水蒸气分压力小于处理空气的水蒸气分压力，因而处理空气中的水蒸气就被吸附到吸湿剂中，与此同时，转轮本身的显热和吸附时产生的吸附热使处理空气的温度升高。

随着转轮的旋转，这部分流道的吸湿量逐渐趋于饱和，当吸湿后的流道旋转到再生区时，其对应的水蒸气分压力高于再生空气的水蒸气分压力，将吸湿剂中的水分驱离出来，随着转轮的旋转和脱附的进行，蜂窝状的吸湿剂流道恢复了吸湿能力，又被旋转到吸湿区，除湿过程得以连续进行。

除湿转轮的水分吸附介质除氯化锂外，还有硅胶、铝胶和分子筛等。转轮载体材料有石棉纤维纸、玻璃纤维、陶瓷纤维等。吸附材料最初是用黏结剂粘接在载体材料上，优点是工艺简单，操作容易，缺点是受到水洗时，吸附介质会脱落，影响运行效果。所以目前采用化学反应的方法将吸附剂结晶在载体材料上，这种粘接方法结合紧密，吸附材料与载体成为一体，不怕高温脱离，且能够用水或洗涤剂清洗。

7.8.2 转轮除湿机技术性能

转轮除湿机技术性能主要包括除湿量、处理空气温升和阻力。现在以 CS—3000 型氯化锂转轮除湿机进行说明。

CS—3000 型氯化锂转轮除湿机结构如图 7－19 所示，其处理风量范围为 2 000～6 000 m^3/h，当处理空气参数为 $t=27$ ℃，$\varphi=70\%$时，除湿量为 19～33 kg/h。

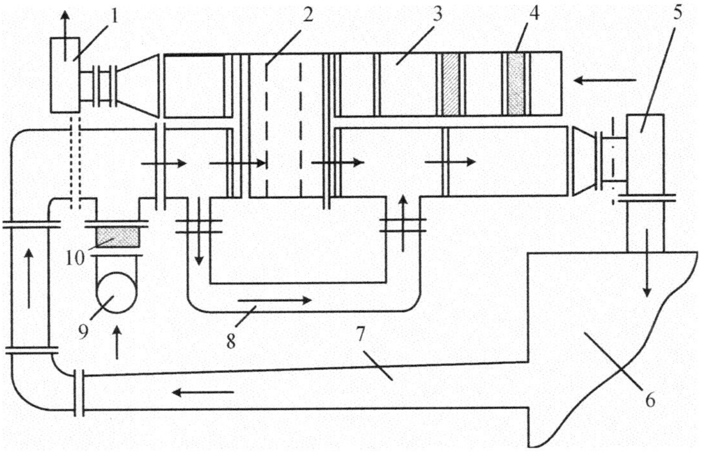

图 7－19　GS—3000 型转轮除湿机

1—再生风机；2—除湿转轮；3—加热器；4—过滤器；5—送风机；6—库房；7—循环风道；8—通风道；9—新风口；10—空气过滤器

（1）机组除湿量

在处理风量 3 000 m^3/h，再生风量 1 000 m^3/h，再生温度 120 ℃情况下，机组的单位风量除湿量，如图 7－20 虚线所示。如已知待处理空气参数，在图 7－20 上找到状态点，得到空气的含湿量（g/kg），再乘以处理风量即得机组除湿量。

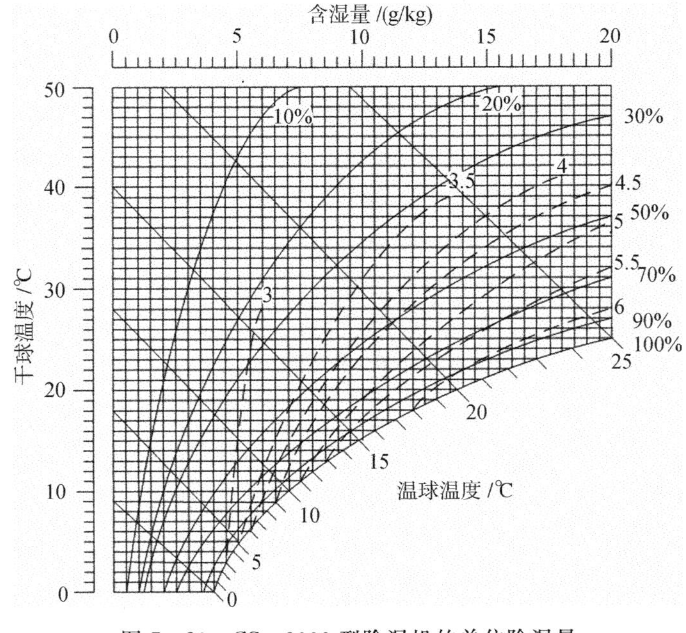

图 7－20　CS—3000 型除湿机的单位除湿量

机组风量在 2 000～6 000 m^3/h 范围变化时，若进口空气参数及再生温度不变，则单位除湿量不变。处理风量与再生风量之比为 3∶1，运行中处理风量变化则再生风量相应变化。

(2)处理空气的温升

图 7－21 所示为处理空气出口的温升曲线。空气温度升高的原因有两个，一是湿空气经转轮吸湿后，潜热转化成显热；二是再生时再生空气对转轮加热，所以除湿后的空气有较高的温升。如已知被处理参数，从图 7－20 中计算得空气的除湿量 Δd 后，再在图 7－21 中查出对应的空气温升 Δt，这样就可以求得通过除湿机的出口空气参数。

(3)机组阻力

如图 7－22 所示为通过转轮的空气量与阻力的关系，当风量为 3 000 kg/h 时，其阻力为20 mm H_2O。

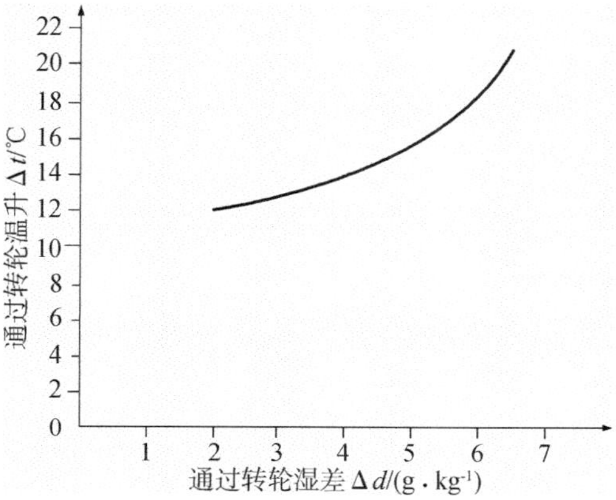

图 7－21　处理空气进出口温升曲线

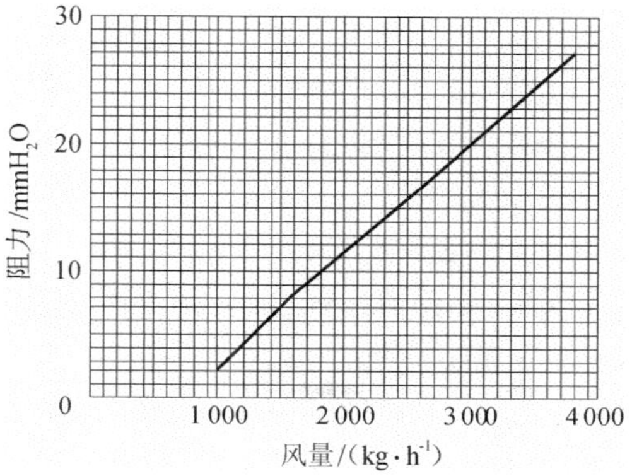

图 7－22　转轮阻力曲线

7.8.3 转轮除湿机的选择计算

(1)确定处理空气量 L(m^3/h)

处理空气量

$$L=\frac{W}{[\Delta d-a(120-t_3)]\rho} \tag{7-5}$$

式中：W 为空调区域湿负荷，g/h；Δd 为单位除湿能力(由产品资料提供)，g/kg；a 为再生温度不等于 120 ℃时的修正系数，g/(kg・℃)；t_3 为实际再生温度，℃；ρ 为处理前空气的密度，kg/m^3。

(2)计算再生空气量 L'

再生空气量

$$L'=\frac{1}{3}L \tag{7-6}$$

(3)确定再生加热量 Q(kW)

再生加热量

$$Q=L'\rho_w c(t_3-t_w)\frac{1}{3\ 600} \tag{7-7}$$

式中：ρ_w 为加热前再生空气的密度，kg/m^3；c 为空气的比热容，kJ/(kg・℃)；t_w 为加热前再生空气的温度，℃。

(4)确定再生电加热器的容量 N(kW)

再生电加热器的容量

$$N=(0.8\sim0.9)Q \tag{7-8}$$

(5)计算处理后空气的状态参数经处理后，空气的含湿量 d_2(g/kg)和温度 t_2(℃)分别为

$$d_2=d_1-[\Delta d-a(120-t_3)] \tag{7-9}$$

$$t_2=t_1+\Delta t \tag{7-10}$$

式中：d_1为处理前空气的含湿量，g/kg；t_1为处理前空气的温度，℃；Δt为处理空气的温升，℃；Δd为空气的除湿能力，g/kg。

(6)计算再生后空气的状态参数再生后，空气的含湿量d_4(g/kg)和湿度t_4(℃)分别为

$$d_4=d_3+[\Delta d-a(120-t_3)] \tag{7-11}$$

$$t_4=t_3-3\Delta t \tag{7-12}$$

式中：d_3为再生前空气的含湿量，g/kg。

例7—6 某平战结合地下工程，其功能为仪器装配车间，试进行通风除湿系统设计。已知条件如下。

夏季室外空气计算参数：干球温度$t_w=30.2$ ℃；含湿量$d_w=18.7$ g/kg；焓$h_w=78.3$ kJ/kg；大气压力$B=760$ mmHg。

夏季室内计算参数：干球温度$t_n=28$ ℃；相对湿度$\varphi_n=70\%$；含湿量$d_n=17.5$ g/kg；焓$h_n=73.2$ kJ/kg。

室内余热量、余湿量：室内余热量17 kW，余湿量$D_y=27.6$ kg/h。

通风量：室内通风量L_0为24 000 m³/h，新风量L为总风量的25%，即6 000 m³/h，回风量L_n为18 000 m³/h。

解 (1)计算新风湿负荷和总湿负荷

根据室内外空气参数，计算出室外带进湿量D_w，有

$$D_w=L\rho(d_w-d_n)=6\,000\times1.2\times(18.7-17.5)/1\,000=8.64(\text{kg/h})$$

因此除湿机除湿量D为

$$D=D_y+D_w=27.6+8.64=36.24(\text{kg/h})$$

(2)除湿机选择与计算

根据计算除湿量，选用1000型氯化锂转轮除湿机，由进风参数($t_w=30.2$ ℃，$d_w=18.7$ g/kg)和除湿机风量$L=3\,000$ m³/h，查图7-20得出除湿机每千克空气除湿量$\Delta d=5.55$ g/kg，则每台除湿机的除湿量为

$$D_0=L\rho\Delta d=3\,000\times1.2\times0.005\,55=20.0(\text{kg/h})$$

根据计算除湿量36.24 kg/h，取安全因数为10%，需要总除湿量为39.86 kg/h，选用两台1000型转轮除湿机，采用并联方式，除湿能力为40 kg/h，可满足使用要求。查图7-22得除湿机阻力为20 mmH_2O。

(3)送风温度

根据单位重量空气除湿量$\Delta d=5.55$ g/kg，由图7-21得温升$\Delta t=18.6$ ℃，则有

$$t_k=t_w+\Delta t=30.2+18.6=48.8\ ℃$$

除湿后空气含湿量(当再生温度120℃时)，有

$$d_k=d_w-[\Delta d-a(120-t_z)]=18.7-5.55=13.15(\text{g/kg})$$

(4)除湿过程在焓湿图上的表示

根据室内外计算参数，车间内的热、湿负荷，以及除湿机出口参数，计算热湿比和新回风混合比。

热湿比 $$\varepsilon=\frac{Q_y}{D_y}=\frac{17\times3\,600}{27.6}=2\,217(\text{kJ/kg})$$

新回风混合比　　　　　　6 000/18 000＝1/3

根据以上参数，绘制空气状态过程线，如图7－23所示。

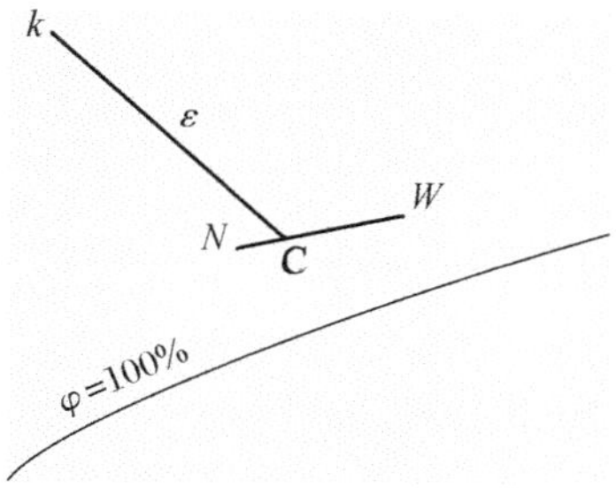

图7－23　例7—6在焓湿图上表示

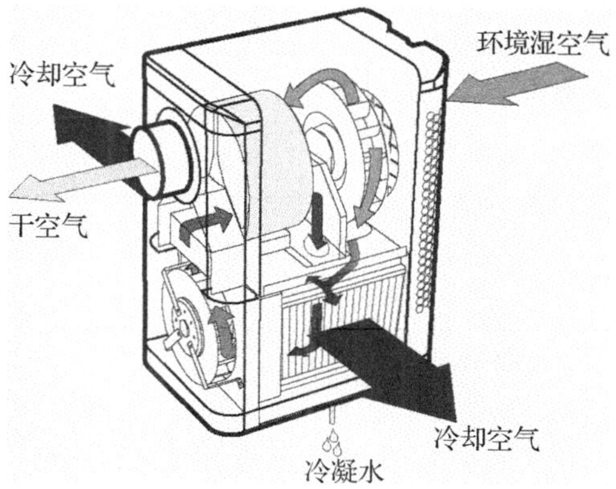

图7－24　独立式转轮除湿机的工作原理

7.8.4 独立式转轮除湿机

为了避免再生气体的排放，出现了独立式转轮除湿机，蒙特公司的M9L转轮除湿机即为一例。这种除湿机的再生空气以闭循环的形式，在转轮和空气冷却器之间交替运行，如图7－24所示。吸湿区为转轮迎风面的3/4，再生区为1/4，需要处理的空气经风机进入转轮吸湿区的蜂窝通道，空气中的水分被氯化锂晶体吸收并吸附在石棉纸载体上，除湿后的空气从另一端排出，送到所需要的地点。同时再生风机将再生空气经电加热器加热到110 ℃左右，送至再生区转轮的蜂窝通道，由于温度升高，氯化锂晶体所含水分放出，被空气带走，这部分空气经冷凝器网孔下沉，与进入冷凝器中间长条形区域的冷空气交换热量后，从另一端出来形成再生空气，冷凝形成的水则从底部排水口排出，如此循环往复。其中干空气流量为120 m^3/h，冷却空气流量140 m^3/h。在20 ℃、60%的湿环境中，连续工作24 h的除湿量为9 kg。

M9L转轮除湿机外壳是不锈钢板，不锈钢板上有密封条，保证结构密封良好。其主要性能指标见表7－3。

表7－3　蒙特M9L转轮除湿机主要性能指标

序　号	性能指标	量　值
1	除湿量(在20 ℃、60%的湿环境中，连续工作24 h)	9 kg
2	干空气	120 m^3/h
3	冷却空气	140 m^3/h
4	再生空气加热功率	0.84 kW
5	再生空气经加热器温升	95℃
6	再生风机功率	0.06 kW
7	总功率，总电流	1.01 kW，4.4A
8	环境温度	0～25 ℃
9	工作噪声	64 dB

7.8.5 转轮除湿机、冷冻除湿机和液体除湿机的比较

转轮除湿机、冷冻除湿机和液体除湿机各有其优缺点和应用场合，3 种除湿机的特点与性能比较，分别见表 7-4 和表 7—5。

表 7-4 3 种除湿机特点比较

类型	优点	缺点
液体除湿机	除湿量大； 运动部件少； 可杀死空气中的细菌，起到净化空气作用； 除湿程度较深，出风露点温度可以达到 −10℃	需要加配冷源和热源，以及相应的冷冻水和蒸汽管路； 吸湿塔和再生塔结构复杂； 再生空气排风管道独立配置； 对被处理空气有一定的洁净度要求； 吸湿剂应定期更换或过滤
冷冻除湿机	体积小，安装简单，运行方便，除湿效率高； 冷凝器的冷却方式有风冷和水冷，可以根据出风的升温、降温或调温要求进行选择和控制	对被处理空气的进风温度有一定要求，普通型除湿机为 18～32℃，低温型除湿机为 5～32℃； 当进风温度<18℃时，低温型除湿机需要定期融霜，使其除湿效率降低； 冷冻除湿机适宜的出风含湿量不小于 6.5 g/kg，如果要求出风含湿量更低，则宜选用其他类型的除湿机
转轮除湿机	转轮除湿机的出风露点温度可达 −20℃（氯化锂转轮除湿机）或更低（硅胶、分子筛转轮除湿机）； 对被处理空气的进风温度没有要求； 低湿空气状态下的除湿效率高； 运动部件少，运行可靠，维修方便； 可除去空气中细菌，起到净化空气的作用	运行能耗大； 转轮使用寿命较短； 被处理空气的出风温度高，适合于对被处理空气的出风含湿量有较高要求而对出风温度没有要求的场合； 再生空气出风温度高、含湿量大，需要另接单独的再生空气排风管道，把再生空气排出室外

由表 7-5 可以看出，在被处理空气参数完全相同的条件下，液体除湿机的除湿量最大，被处理空气的出风含湿量最低，但系统最复杂，体积大，价格高，还需要冷源和热源，对所处理的空气也有一定的洁净度要求。冷冻除湿机不但价格最低，能耗低，应用范围广，而且单位功率除湿量和单位价格除湿量都最大，无需再生空气，使用最方便，但是被处理空气的出风含湿量最高，适合于处理出风含湿量不小于 6.5 g/kg 干空气，且对被处理空气的进风温度有一定要求的场合。转轮除湿机单位价格除湿量比较高，单位功率除湿量最小；被处理空气的出风温度高，能耗大，需要接再生风管，在能使用冷冻除湿机的情况下，尽量不使用转轮除湿机；被处理空气的出风温度较高，适合于对被处理空气的出风含湿量（小于 6.5 g/kg）有较高要求而对出风温度没有要求的场合。对于有低温低湿要求的空气，应采用联合式除湿机来处理。

转轮除湿机即使在低温低湿条件下，除湿效率也很高，所以主要应用于深度除湿。此外氯化锂有强烈杀菌作用，因此处理后的空气对人体、医药、食品等有益无害。

表 7-5　3 种除湿机性能比较

	液体除湿机	冷冻除湿机	转轮除湿机
除湿机型号	SC—0.5	CFZ20	ZC5
处理风量/(m^3/h)	5 000	5 500	5 000
再生风量/(m^3/h)	1 650		1 700
进风工况	32 ℃,65%(20.7 g/kg)		
被处理空气出风参数	15 ℃,60%(6.7 g/kg)	45 ℃,25%(15.9 g/kg)	60 ℃,10%(11.4 g/kg)
再生空气出风参数	65 ℃,58 g/kg		70 ℃,35 g/kg
除湿量/($kg \cdot h^{-1}$)	80.0	28	48
输入功率/kW	10.3+50	11	9+54
冷冻水耗量/($t \cdot h^{-1}$)	17.0		
机组售价/万元	17.0	4.5	10.0
单位功率除湿量/($kg \cdot h^{-1} \cdot kW^{-1}$)	1.3	2.5	0.8
单位价格除湿量/($kg \cdot h^{-1} \cdot$ 万元$^{-1}$)	4.7	6.2	4.8

7.9 组合式空气处理机组

全空气系统中,送入各个区(或房间)的空气是在空调机房内进行集中处理。对空气进行处理的设备称为空气处理机组,或称空调机组。市场上有各种功能和规格的空调机组产品供用户选用。不带制冷机的空调机组主要有两大类:组合式空调机组和整体式空调机组。

组合式空调机组的最大特点是可以根据设计要求选用标准功能段或标准构件加以组合,施工非常方便,而且分段愈多,灵活性愈大。标准功能段一般由回风机段、混合段、预热段、过滤段、冷却段、蒸汽加湿段、再热段、送风机段、能量回收段、供检修用的有检查门的中间段等组成。地下工程由于使用除湿机对空气进行降温除湿,所以不设冷却段。按水平方向进行组合称卧式空调机组;也可以叠置成立式空调机组。如图 7-25 所示为一卧式空调机组的外形图。整体式空调机组在工厂中组装成一体,有固定的功能;也有卧式和立式两种机型。这种机组结构紧凑,体形较小,适用于需要对空气处理的功能不多,机房面积较小的场合。

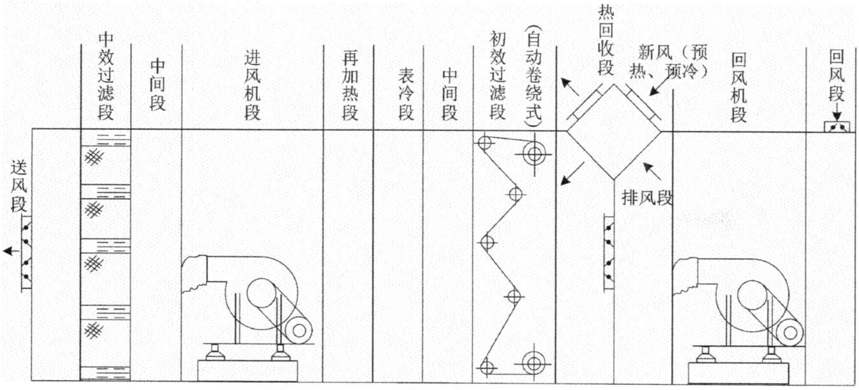

图 7-25　卧式组合式空调机组

组合式空调机组的规格一般以每小时处理的风量来标定，小型机组处理的风量为几百立方米，大型的机组处理风量为数万甚至10几万 m^3，可以满足各种不同空调系统的需要。空调箱的断面积主要由处理风量来决定，空调箱的长度主要是由所选取的功能段的多少和种类决定的。前面已介绍了空气加热与加湿方法，下面只介绍过滤段、风机段和辅助功能段。这些功能段同样也用于定型的整体机组内，不过这些机组内只用了其中几种功能段。

7.9.1 空气过滤段

空调系统中通常会带有灰尘，其来源主要是新风，其次是漏风以及管路系统施工时遗留的积尘等，还有回风从房间带出来的灰尘。为了人体健康及产品质量，需要安装不同除尘效果的过滤器，对空气进行过滤，使空气中的含尘量达到允许浓度的要求。根据空调房间对空气含尘浓度的要求不同，大体可分为一般清洁度、净化、超净三类。一般清洁度是对室内空气的含尘浓度不提具体数字要求，只把空气经过简单的过滤就送入房间。一般只安装粗效过滤器，如自动清洗油过滤器、泡沫塑料过滤器等。有净化要求的房间，通常提出重量浓度要求，一般除装有上述粗效过滤器外，还装有中效过滤器，例如泡沫塑料过滤器、纤维过滤器等。称这种过滤为两级过滤。这种系统洁净度等级可达30 000级，有的可达3 000级。有超净要求的房间，通常提出颗粒浓度要求，这样的系统装有粗效、中效及高效三级过滤。为便于定期对过滤器更换、清洗，有的空调机组可以把过滤器从侧部抽出，有的空调机组在过滤段的上游功能段(如混合段)设检修门。

7.9.2 风机段

组合式空调机组中的风机段在某一风量范围内有几种规格可供选择。通常是根据系统要求的总风量和总阻力来选择风机的型号、转速、功率及配用电机。空调设备厂的样本中一般都提供所配风机的特性。而定型的整体空调机组一般只提供机组的风量及机外余压。因此在设计时，管路系统(不含机组本身)的阻力不得超过所选机组的机外余压。风机一般都是后弯叶片或前弯叶片的离心风机。后弯叶片效率高、噪声低，应优先选择。对于需要风压高的系统，宜选择前弯叶片风机。风机段用于系统送风时，根据风管的布置特点有4种出风方向可供选择，如图7-26所示。例如，图7—26(a)适用于出风后风管向左拐的场合，而图7—26(b)适用于向右拐的场合。

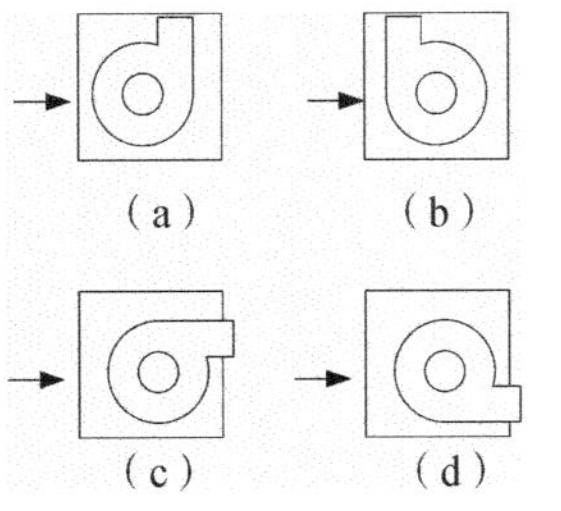

图7-26 风机的4种出风方向

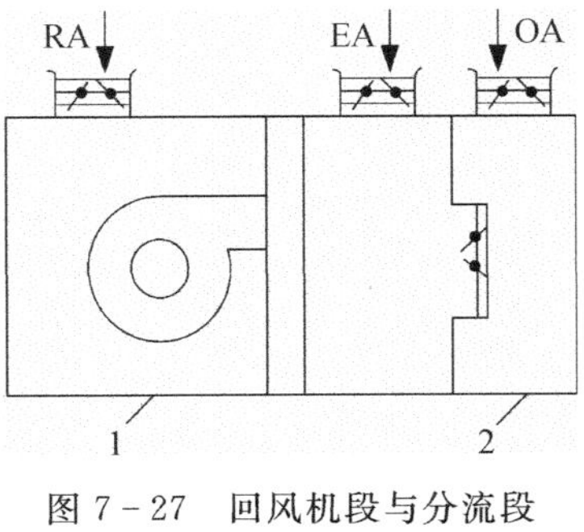

图7-27 回风机段与分流段

1—回风机段；2—分流段；

RA，EA，OA—分别为回风、排风和新风

风机段用作回风机时，称回风机段。回风机段的箱体上开有与回风管的接口，而出风侧一

般都连接分流段。如图 7－27 所示为回风机段与分流段组合的情况，回风通过分流段使部分回风排到室外，部分回风参加再循环，新风也从分流段引入。新、回、排风的比例通过风门进行控制。

7.9.3 辅助功能段

辅助功能段主要有：混合段，该段的上部和侧部开有风管接口，以接回风和新风管，通过入口处的风门以调节新回风比例；中间段（空段），该段开有检修门，用于对机组内部的保养、维修，但有些厂家生产的机组主要设备都可抽出（如电加热管、过滤器等），可以不设中间段。

思考题与习题

1. 蒸发器析湿系数的物理意义是什么？

2. 空气有哪些减湿方法？各适用于什么场合？

3. 需将 $t=35$ ℃，$\varphi=60\%$的室外空气处理到 $t=22$ ℃，$\varphi=50\%$，为此先通过蒸发器减湿冷却，再通过冷凝器加热，如果空气流量是 7 200 m^3/h，求(1)除湿量；(2)蒸发器的冷却能力；(3)冷凝器的加热能力。

4. 温度 $t=20$ ℃和 $\varphi=40\%$的空气，其风量为 $G=2\ 000$ kg/h，用 $p=0.15$ MPa 工作压力的饱和蒸汽加湿，求加湿空气到 $\varphi=80\%$时需要的蒸汽量和空气的终参数。

5. 什么是机器露点？

第 8 章 地下工程空调房间的气流分布

空调房间的气流分布是指合理地布置送风口和回风口，使得经过净化、热湿处理后的空气，由送风口进入房间的空调区域。在与空调区域内的空气混合、置换并进行热湿交换的过程中，均匀地消除空调区域内的余热和余湿，再通过回风口返回到热湿处理设备或者经过排风口排出房间外，从而保证房间内空气的温度、湿度、流动速度和洁净度等参数达到所要求的范围之内，以满足生产工艺和人体热舒适的要求。气流分布又称为气流组织。

空调房间的气流分布至关重要，它不仅直接影响房间空气的调节效果，而且也影响空调系统的能量消耗。空调空间内的气流分布与送风口的形式、数量和位置，排(回)风口的位置，送风射流参数(送风温差，送风口速度)，风口尺寸，空间的几何尺寸以及污染源的位置和性质等因素有关。其中，送回风口的形式和位置、送风射流参数是主要的影响因素。

8.1 气流分布的基本要求及分类

8.1.1 基本要求

空调区域气流分布的基本要求包括室内空气温湿度、送风速度和送风温差等，见表 8-1。此外还有在室内垂直方向上，对空气温度梯度的要求。即在工作区内的地面上方0.1 m至1.1 m(人员坐着工作的情形)或者 0.1 m 至 1.8 m(人员站着工作的情形)的范围内，温差不大于 3 ℃。

8.1.2 气流分布分类

空调区域的气流分布方式，按照机理不同可分为：上部混合系统、置换通风系统、地板送风系统、单向流通风系统和个人环境调节系统等；按照送风口在空调房间内所处的位置不同可分为：上部送风和下部送风两大类。

上部送风就是常规的上部混合系统，又称为混合式送风系统。常用的上送风风口有孔板、散流器、喷口、条缝口、旋流风口和百叶风口等。下部送风有置换通风系统、地板送风系统、个人环境调节系统等。

置换通风是指经过处理后的新风或混合风，以低风速、小温差经由置换通风器送入工作区，在送风气流及室内热源形成的对流气流共同作用下，携带污染物和热量从顶部排风口排出，从而形成了自地板到吊顶的全面空气流动。

地板送风是利用地板静压箱将处理后的空气由地板送风口(地板散流器)送到人员活动

区，在吊顶或接近吊顶处回风。与置换送风相比，地板送风是以较高的风速从尺寸较小的地板送风口送出，形成相对较强的空气混合，其送风温度较置换通风的低，系统所负担的冷负荷也大于置换通风的冷负荷。

单向流通风系统的空气从吊顶送出，通过地面排走；或者空气从侧墙送出，通过对面墙上的回风口排走。送风口被均匀地布置在吊顶、地面或侧墙上。这种送风方式主要应用于洁净房间的通风。

表8-1　气流分布的基本要求

空调类型	室内温湿度	送风温差/℃	风速/(m·s^{-1})	
			送风出口	空调区域
舒适性空调	夏季：24～28 ℃，40%～70%；冬季：18～22 ℃，30%～60%	送风口高度≤5m时，送风温差为5～10；送风口高度>5m时，送风温差为10～15	应根据送风方式、送风口类型、位置、室内允许风速和噪声标准等因素确定，一般采用2～5	夏季≤0.25～0.3，冬季≤0.2
工艺性空调	室内温度>±1 ℃	≤15		夏季0.2～0.5，冬季≯0.3
	室内温度±1 ℃	6～9		
	室内温度±0.5 ℃	3～6		
	室内温度±0.1～0.2 ℃	2～3		

8.2 送风口和回风口形式

8.2.1 送风口

送风口形式和安装位置是影响空调区域空气分布的主要因素之一。根据安装的位置不同，送风口分为侧送风口、顶送风口(向下送)、地面风口(向上送)等。侧送风口包括百叶风口、条缝风口和格栅风口等。顶送风口包括散流器、孔板、喷口和旋流风口等。地面风口包括地板散流器等。

1. 侧送风口

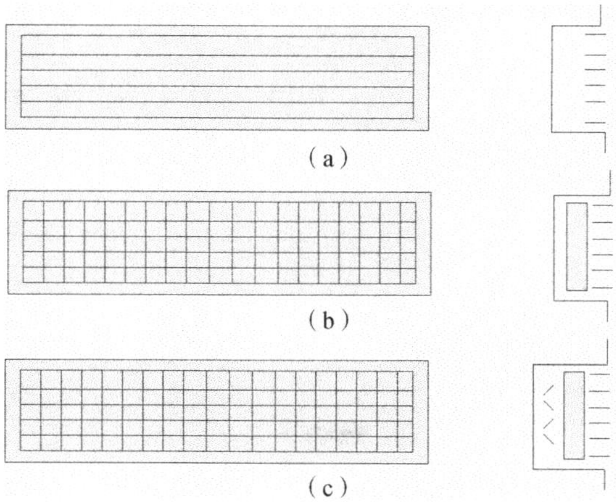

图8-1　活动百叶风口

(a)单层百叶风口；(b)双层百叶风口；(c)三层百叶风口

侧送风口安装在空调房间侧墙或风道侧面上，横向贴附送出气流，工作区为回流区。百叶风口为常用的侧送风口，包括单层百叶和双层百叶和三层百叶，如图8-1所示。双层百叶风口中有两层可调节角度的活动百叶，一层百叶用于在水平方向上调节送风气流的扩散角，另一层百叶用于在垂直方向上使送风气流贴附顶棚、上倾一定角度(当送冷风时)或下倾一定角度(当送热风时)。单层百叶和双层百叶风口也常用作回风口。三层百叶风口有一层是对开叶片，用于调节风量。

2. 散流器

散流器安装在空调房间的吊顶上，分为平送和下送两种方式。平送与侧送类似，形成贴附射流，而下送为非贴附送风。应用中常见的是平送散流器，下送散流器仅应用于特殊场合。散流器可制作成圆形、方形和条缝形。如图 8－2 所示为三种较典型的散流器。图 8－2(a)为平送的方形散流器，有多层同心的平行导向叶片，使空气流出后贴附于顶棚向四周扩散流动，其送风射程是指散流器中心到末端速度降为 0.5 m/s 的水平距离。平送流型散流器适宜用于送冷风。

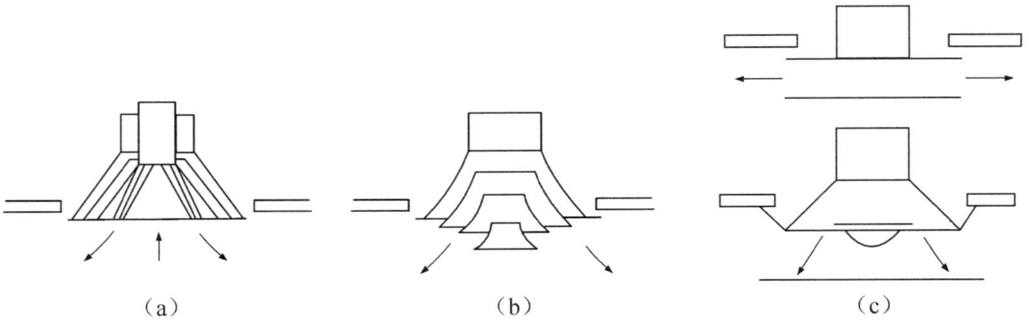

图 8－2　方形和圆形散流器

(a)平送流型方形散流器；(b)下送流型的圆形散流器；(c)圆盘形散流器

图 8－2(b)是下送的圆形散流器，又称为流线型散流器。这类散流器送风气流夹角一般为 20°～30°，因此在散流器下方形成向下的气流，适用于净化空调工程。图 8－2(c)为圆盘形散流器，射流以 45°夹角喷出，流型介于平送与下送之间，适宜于送冷、热风。

3. 孔板送风口

如图 8－3 所示，孔板送风口的孔板上开有若干圆形或条缝形小孔，作为房间顶棚的孔板上部为送风稳压层。空气由风管以 3 ～5 m/s 的速度进入稳压层后，在稳压层内的静压作用下，经孔口均匀地送入空调房间。该风口和前述所有风口相比，其特点是送风均匀，速度衰减较快。

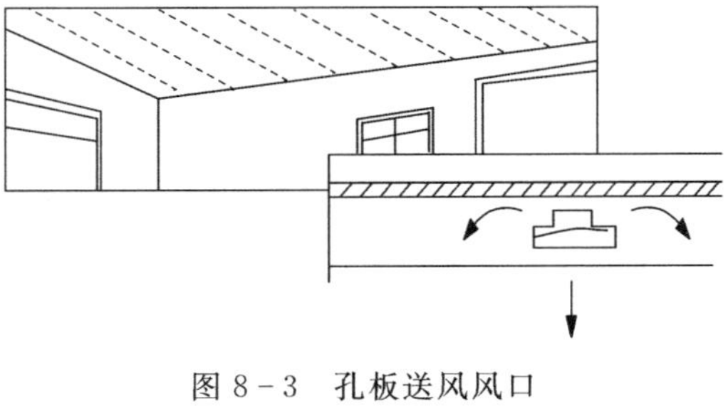

图 8－3　孔板送风风口

孔板可用胶合板、硬质塑料板或铝板等材料制作。对净化要求不高的空调工程，也可采用酚醛树脂纤维等材料。

4. 喷口及旋流送风口

喷口及旋流送风口用于高大空间的上送风。喷口送风是依靠喷口吹出的高速射流实现送风的方式。喷口送风既可采用喷口侧向送风，也可采用喷口垂直向下送风，但以前者应用较多。当空间高度较低时，采用旋流风口向下送风，亦可达到满意的效果。

图 8-4 所示为用于远程送风的喷口，送风气流诱导室内风量少，可以送较远的距离，射程(末端速度 0.5 m/s 处)一般可达到 10～30 m，甚至更远。通常在大空间中用作侧送风口；送热风时可用作顶送风口。如风口既送冷风又送热风，则应选用可调角度喷口，送冷风时风口水平或上倾，送热风时风口下倾。

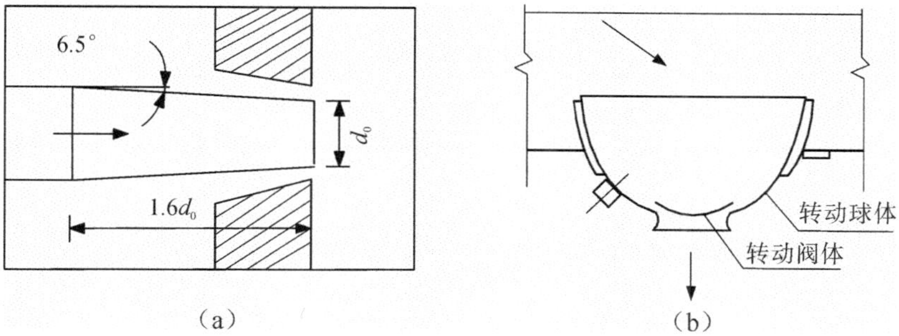

图 8-4　远程送风的喷口

(a)固定式喷口；(b)可调角度喷口

图 8-5 所示为旋流式风口。风口中有起旋器，空气通过风口后成为旋转气流。具有诱导室内空气能力大、温度和风速衰减快的特点。适宜在送风温差大、层高低的空间中应用。旋流式风口的起旋器位置可以上下调节，当起旋器下移时，可使气流变为吹出型。

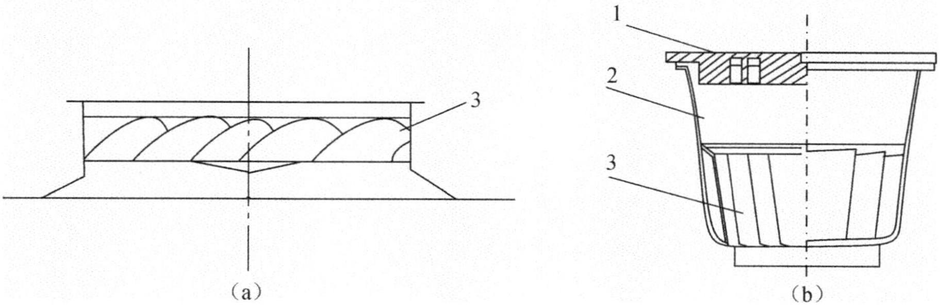

图 8-5　旋流式风口

(a)顶送型旋流风口；(b)地板送风旋流风口

1—出风格栅；2—集尘箱；3—旋流叶片

8.2.2 回风口

常见的回风口为孔口回风口，安装在风管上或墙上，表面装有金属网格、百叶或各种形状的格栅，以防止杂物被吸入和调节回风量，如图 8-6 所示，其中图(a)为格栅式回风口，图(b)为可开式百叶回风口。

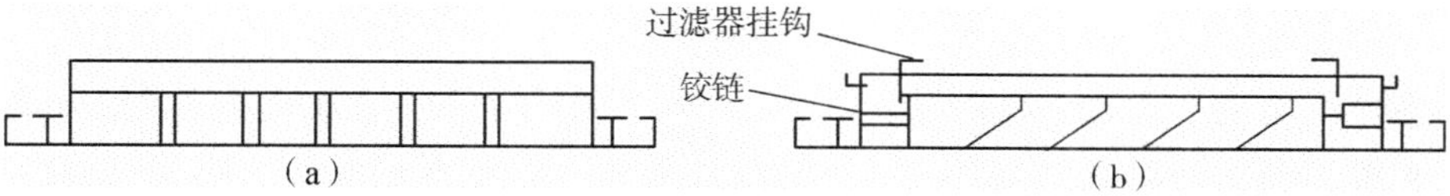

图 8-6　回风口

(a)格栅式回风口；(b)可开式百叶回风口

回风口的形状和位置根据气流组织要求而定。若设于房间下部时，为避免灰尘和杂物被吸入，风口下缘离地面至少为 0.15 m。

对余热量较大或有害气体产生的空调房间，可考虑在上部设置回风口或排风口，走廊两端应设有密闭性能较好的门。对温、湿度精度要求不高的空调房间，且室内又无有害气体产生时，可在各房间与走廊邻接的门或内墙下侧设置可调百叶栅口，在走廊端头设置回风口，集中回风。

根据回风口设置的地点，回风口的吸风速度取不同的数值。见表 8-2。

表 8-2　回风口的吸风速度

回风口位置		最大吸风速度/(m/s)
房间上部		≤4.0
房间下部	不靠近操作位置	≤3.0
	靠近操作位置	≤1.5

8.3 地下工程房间典型的气流分布形式

按送回风形式和布置方式，可将地下工程中的气流分布形式分为上送上回、上送下回和下送上回三类。气流分布中的送风方式有侧送风、散流器送风、孔板送风、喷口送风、地板送风和工位送风等。地下工程中常见的气流分布形式如图 8-7 所示。

8.3.1 侧送风

侧送风是地下工程通风空调中最常用的一种送风方式，其中以顶棚的贴附射流送风方式，或以某一角度自由射向围护结构侧壁的贴附射流送风方式较为普遍。这种送风方式使工作区处在回流区，能够满足工作区的温度、湿度与风速要求。

1. 沿顶棚贴附射流

地下工程一般高度较低，空间有限，宜采用贴附顶棚射流的方式。送风射流要有足够的射程，使整个工作区处在回流区。这种送风方式不仅工作区的温度、湿度及风速分布较均匀，又节省风道材料、少占空间，满足使用要求，如图 8-7(a)所示。

2. 壁面侧送贴附射流

跨度较小、高度较低地下工程的气流组织，通常采用如图 8-7(b)和(c)所示的送风方式。即送、回风口都布置在上部，送风口以一定的角度射向围护结构，然后沿墙贴附流动。使射流很快衰减，到达工作区时射流已充分混合，整个工作区的温、湿度比较均匀。

8.3.2 散流器送风

散流器送风气流形式有平送(见图 8-7(c))和下送(见图 8-7(d))两种。散流器平送时，沿着顶棚和壁面形成贴附射流，射流扩散较好，工作区总是处于回流区。散流器下送时，为避免射流进入工作区后出现吹风感，要求建筑层高较高或者射流速度较小；当顶棚密集布置下送散流器时，可形成平行流，适用于清洁度要求高的房间。

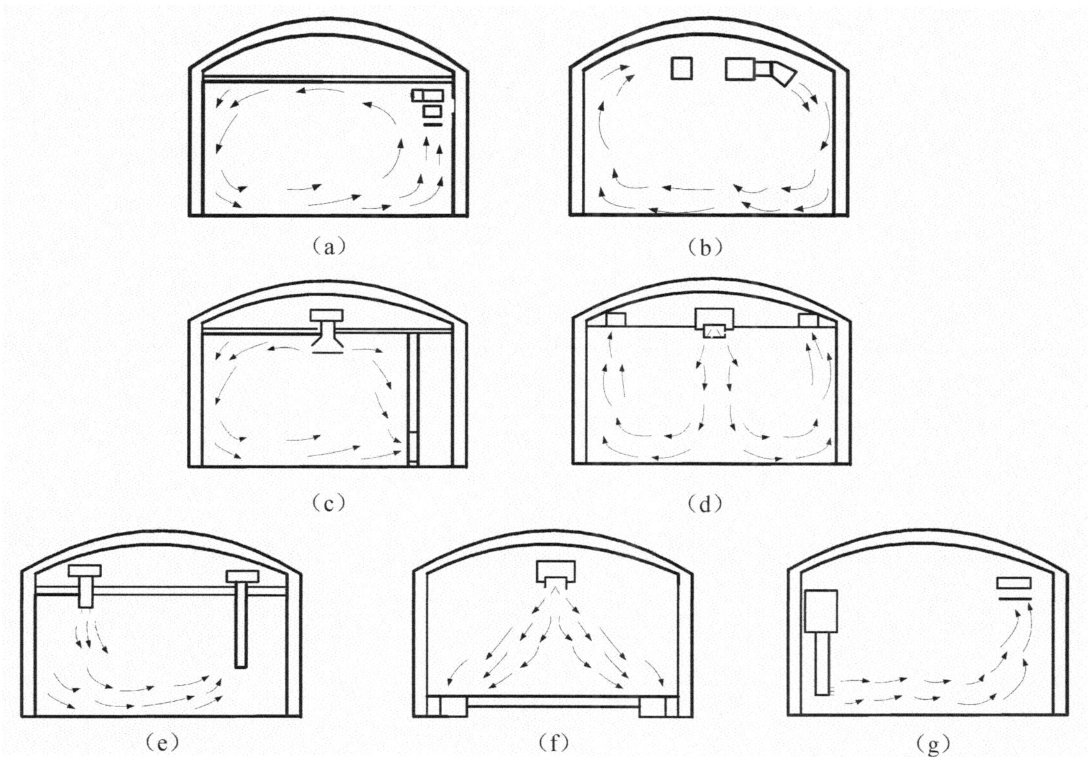

图 8-7　地下工程常用气流组织方式

(a)顶棚贴附送风;(b)壁面贴附送风;(c)散流器平送;(d)散流器下送;

(e)上侧送下回;(f)上送地板回;(g)下侧送上回

对于温、湿度要求较高的地下工程房间,如指挥控制室、测试间、通信室等(一般房间高度为 3.5～4.0 m),可选用散流器送风方式。

8.4 地下工程房间气流分布的计算

气流分布计算的任务是合理选择气流分布的形式,确定送风口的形式、数目和尺寸,计算送风射流参数,使工作区的风速和温差满足设计要求。

8.4.1 侧送风计算

侧送风的工作区处于回流区,为了保证射流在到达工作区之前能与房间内的空气进行充分的混合,使工作区的温度和速度分布比较均匀,射流应当具有足够的射程,以免射流中途下落。

侧送风设计计算的主要任务:一是保证贴附射流的流型;二是保证射流轴心温度与房间温度的差值小于设计精度的要求;三是使工作区气流速度满足生产工艺和人体热舒适的要求。计算内容包括确定送风速度、风口面积和个数等,设计计算示意图如图 8-8 所示。

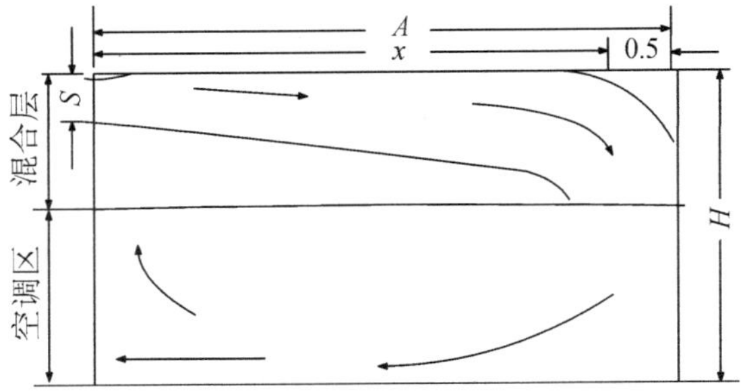

图 8-8　侧送风设计计算示意图

具体的计算步骤如下。

(1)确定送风口形式、安装位置并计算射程

送风口的形式和紊流系数,从表 8-3 中查取。侧送风的射程

$$x=A-0.5-\Delta A \tag{8-1}$$

式中:ΔA 为送风口距墙面的距离(当送风口在墙面上时,$\Delta A=0$),m;A 为房间长度,m。

表 8-3　喷嘴的紊流系数

送风口形式		紊流系数 α
圆射流	收缩好的喷口	0.066
	圆管	0.076
	扩散管	0.09
	矩形短管	0.1
	带可动导叶的喷口	0.2
	活动百叶风口	0.14
平面射流	收缩好的扁平喷口	0.108
	平壁上带锐缘的条缝	0.115
	圆边口带导叶的风管纵向缝	0.155

(2)确定送风速度

送风速度的确定需要满足两个要求:一是为了避免风口处产生过大噪声,风口速度在 2～5 m/s 的范围内选取;二是工作区内回流平均速度应当小于工作区允许流速,一般取值为 0.25 m/s。

风口的最大送风速度

$$u_o=0.36\frac{\sqrt{F_n}}{d_o} \tag{8-2}$$

式中:d_o 为送风口的面积当量直径,m;F_n 为单个送风口所负担的房间断面面积,m^2,则

$$F_n=\frac{WH}{N} \tag{8-3}$$

其中,W 为房间宽度,m;H 为房间高度,m;N 为送风口个数。

若用式(8-2)计算出的送风速度在 2～5 m/s 的范围之内,则满足设计要求。表 8-4 给出了最大允许的送风速度和建议的送风速度。

表 8－4　推荐的送风口速度

射流自由度$\frac{\sqrt{F_n}}{d_o}$	5	6	7	8	9	10	11	12	13	15	20	25
最大允许送风速度/(m/s)	1.8	2.16	2.52	2.88	3.24	3.6	3.96	4.23	4.68	5.4	7.2	9.0
建议送风速度/(m/s)	2.0				3.5				5.0			

在用式(8—2)计算风口的最大送风速度时，其射流自由度为

$$\frac{\sqrt{F_n}}{d_o}=0.886\sqrt{\frac{HWu_o}{L}} \tag{8—4}$$

式中：L 为风量，m^3/s。

由于式(8—4)中的送风速度是未知数，所以整个送风速度的计算要用试算法进行，具体步骤如下：

1)根据表 8－4 选取送风速度，用式(8—4)计算射流自由度$\frac{\sqrt{F_n}}{d_o}$。

2)将算出的射流自由度代入式(8—2)，计算风口送风速度 u_0。

3)若计算所得的送风速度在 2～5 m/s 的范围之内，则满足要求，否则，应重复上面的计算步骤，直到满足要求为止。

(3)确定送风口个数

送风口的个数

$$N=\frac{WH}{(\alpha x/\bar{x})^2} \tag{8—5}$$

式中的无因次射程 $\bar{x}=\frac{\alpha x}{\sqrt{F_n}}$，由图 8－9 查取。

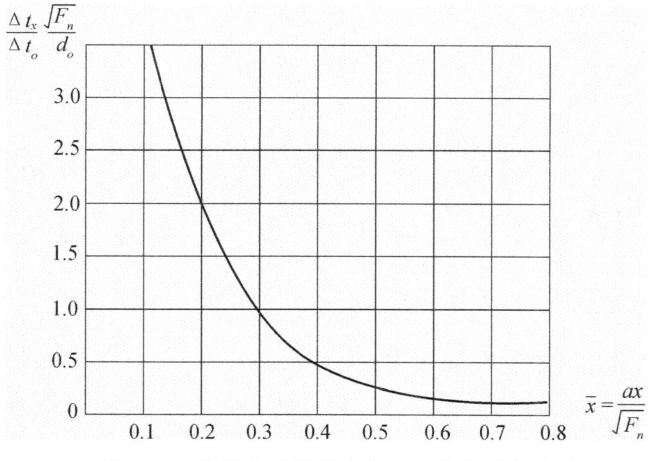

图 8－9　非等温受限射流轴心温度衰减曲线

图 8－9 中纵坐标中的 Δt_x 是射程 x 处的轴心温差，一般不大于空调房间的空调精度。对于高精度恒温空调，Δt_x 通常为空调精度的 0.4～0.8 倍。Δt_o 为送风温差。由图 8－9 可以查出无因次射程 $\bar{x}$ 的值，然后用式(8—5)计算确定所需的风口数量。

(4)确定送风口尺寸

单个风口的面积由下式确定,则

$$f=\frac{L}{u_o N} \tag{8-6}$$

根据风口面积 f,确定圆形风口的直径或矩形风口的长和宽。

射流贴附长度应大于或等于射程,因此需要对贴附长度进行校核。若计算的贴附长度大于或等于射程,则说明设计满足要求;否则,应重新进行设计计算。

用下式确定阿基米德数 Ar,有

$$Ar=\frac{g d_o (T_n - T_o)}{u_o^2 T_n} \tag{8-7}$$

式中:T_o 为射流出口温度,K;T_n 为房间空气温度,K;g 为重力加速度,m/s^2。

由阿基米德数查图 8-10,计算出贴附长度。

(5)校核房间高度

空调房间应具有一定的射流混合层高度,以免工作区受送风射流的影响。空调房间所要求的最小高度为

$$H=h+s+0.07x+0.3 \tag{8-8}$$

式中:h 为工作区高度(一般取 $h=2$ m);s 为送风口底边到顶棚的距离。

如果房间高度不满足最小房间高度的要求,则应调整设计。现在举例说明侧送风的计算过程。

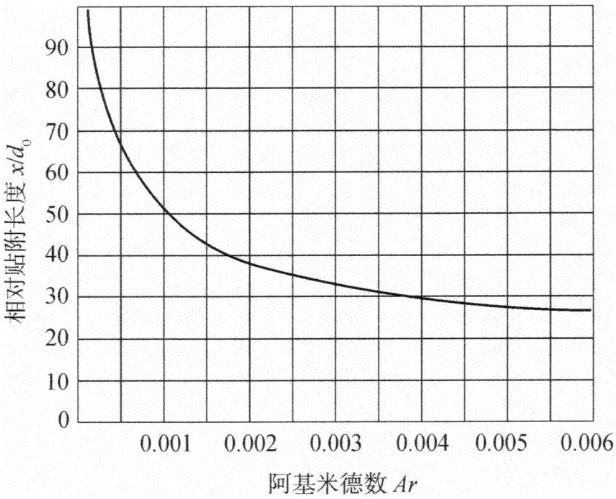

图 8-10　相对贴附长度 x/d_o 与 Ar 的关系

例 8-1　某空调房间,温度控制精度为(20±0.5)℃,房间的长度 $A=5.5$ m,宽度 $B=3.6$ m,高度 $H=3.3$ m。房间的显热冷负荷 $Q_x=5\ 690$ kJ/h,试进行侧送风气流分布计算。

解　(1)考虑空调精度和调整的需要,采用 3 层百叶风口,从表 8-3 选择其紊流系数 $\alpha=0.14$。风口布置在房间的长度方向上,则射程为

$$x=5.5-0.5=5(\text{m})$$

(2)根据控制精度,由表 8-1 确定送风温差 $\Delta t_o=5$ ℃,则所需的送风量 L 和换气次数 n 分别为

$$L=\frac{Q_x}{\rho c\Delta t_o}=\frac{5\ 690}{1.2\times1.01\times5}=939(\mathrm{m^3/h})$$

$$n=\frac{L}{AWH}=\frac{939}{5.5\times3.6\times3.3}=14(\text{次}/\mathrm{h})$$

换气次数 14 次/h 大于表 8－1 所要求的 8 次/h，满足要求。

(3)确定送风速度。假设送风速度 $u_o=3.5\mathrm{m/s}$，代入式(8—4)得

$$\frac{\sqrt{F_n}}{d_o}=0.886\sqrt{\frac{HWu_o}{L}}=0.886\sqrt{\frac{3.6\times3.3\times3.5}{939/3\ 600}}=11$$

查表 8－4 可得最大允许送风速度为 3.96 m/s，建议送风速度为 3.5 m/s，其值都大于或等于假设的送风速度，这说明假设的送风速度既能满足防止噪声的要求，又能满足射流速度的衰减要求。

(4)计算风口数 N。考虑空调房间精度要求，取轴心温差 $\Delta t_x=0.8\Delta t_n=0.8\times0.5=0.4$ ℃，则由

$$\frac{\Delta t_x}{\Delta t_o}\frac{\sqrt{F_n}}{d_o}=\frac{0.4}{5}\times11=0.88$$

查图 8－9 得无因次射程 $\bar{x}=0.3$，代入式(8—6)的风口数 N 为

$$N=\frac{WH}{\left(\frac{ax}{\bar{x}}\right)^2}=\frac{3.6\times3.32}{\left(\frac{0.14\times5}{0.3}\right)^2}=2.18$$

现取 $N=2$。

(5)由式(8—7)确定风口尺寸，即

$$f=\frac{L}{u_oN}=\frac{939}{3.5\times2\times3\ 600}=0.037\ 3(\mathrm{m^2})\quad(\text{面积当量直径 } d_0=0.195\ \mathrm{m})$$

选定风口长宽尺寸分别为 250 mm，150 mm。

(6)校核贴附长度。由

$$Ar=\frac{gd_o(T_o-T_n)}{u_o^2T_n}=\frac{9.81\times0.195\times5}{3.5\times3.5\times293}=0.002\ 66$$

查图 8－10 可得，$\frac{x}{d_o}=35.5$，则

$$x=35.5\times0.195=6.9(\mathrm{m})$$

计算得到的贴附长度(6.9 m)大于房间的长度(5.5 m)要求，满足要求。

(7)校核房间高度。设风口底边至顶棚距离为 0.4 m，则由式(8—8)得

$$H=h+\Delta h+0.07x+0.3=2+0.4+0.07\times5+0.3=3.05(\mathrm{m})$$

由于 3.05 m 小于 3.3 m，所以房间高度符合要求。

8.4.2 散流器送风计算

散流器送风是利用设在吊定内的圆形或方形(矩)形散流器，将空气从顶部向下送入房间空调区域的送风形式。根据送风方向的不同，散流器送风分为平送风和下送风两种方式，散流器平送风，将散流器设置于房间的平顶中央，气流水平吹出，不受阻力，类似于侧送风，其送风工作区处于回流区，其温度场和速度场比较均匀，不足的是送风射流的射程和回流的流程都比

侧送风的短;散流器下送风的工作区处于射流区,适用于净化要求较高的房间。下面分别介绍散流器两种送风的计算方法。

1.散流器平送风的计算

散流器平送风计算的主要任务是选择合适的散流器,使室内风速满足设计要求。根据房间面积的大小,设置一个或多个散流器,可对称布置或梅花形布置,如图8-11所示。

对圆形多层锥面和盘式散流器,其射流的速度衰减方程为

$$\frac{u_x}{u_o}=\frac{K\sqrt{A}}{x+x_o} \tag{8-9}$$

式中:x为以散流器中心为起点的射流水平距离,m;u_x为x处的最大风速,m/s;u_o为散流器出口风速,m/s;x_o为平送射流原点与散流器中心的距离,m;A为散流器的有效流通面积,m²;K为系数,多层锥面散流器为1.4,盘式散流器为1.1。

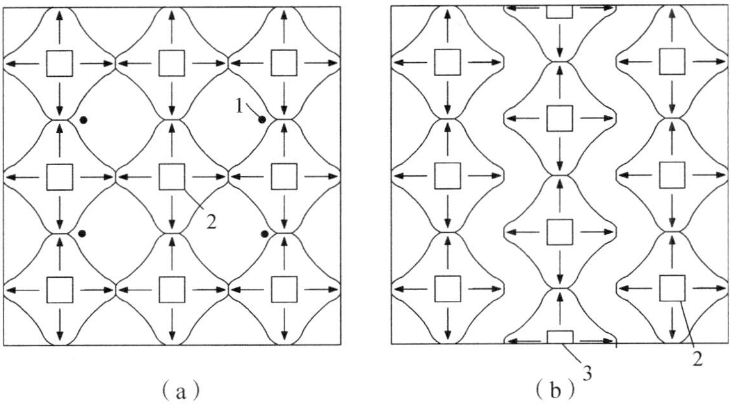

(a)　　(b)

图8-11　散流器平面布置图

(a)对称布置;(b)梅花布置

1—柱子;2—方形散流器;3—三面送风散流器

等温射流的室内平均风速u_m,按式(8-10)计算,

$$u_m=\frac{0.381r_L}{\sqrt{\frac{L^2}{4}+H^2}} \tag{8-10}$$

式中:L为散流器服务区边长,m;H为房间净高,m;r为射流射程与边长之比。r_L则为射程,射程是指从散流器中心到风速为0.5 m/s处的距离。

需要注意的是,式(8-10)是等温射流室内平均风速,若给房间送冷风时,室内平均风速应在(8-10)计算的基础上增加20%,而送热风时,应减少20%。

下面举例说明散流器平送风的计算方法。

例8-2　某空调房间的尺寸为:长度15 m,宽度15 m,高度3.5 m,送风量1.62 m³/s,试选择散流器的规格和数量。

解　(1)散流器数量确定。选择对称布置散流器,每个散流器承担5 m×5 m的送风区域,所需散流器的数量为

$$N=\frac{15\times15}{5\times5}=9$$

(2)散流器规格选择。一般按照散流器颈部风速 2～6 m/s 来选择，本题按 3 m/s 左右选择风速。选用颈部直径为 0.275 m 的圆形散流器，其颈部面积为 0.0594 m^2，颈部风速为

$$u=\frac{1.62}{9\times0.0594}=3.03(m/s)$$

散流器实际出口面积约为颈部面积的 90%，即 A=0.0594×0.9=0.0535(m^2)，则散流器出口风速为

$$u_0=\frac{3.03}{0.9}=3.37(m/s)$$

(3)计算射程。按照式(8-9)计算射程，有

$$x=K\sqrt{A}\frac{u_o}{u_x}-x_0=1.4\sqrt{0.0535}\times\frac{3.37}{0.5}-0.07=2.11(m)$$

(4)计算室内平均风速。按照式(8-10)计算平均风速，有

$$u_m=\frac{0.381rL}{\sqrt{\frac{L^2}{4}+H^2}}=\frac{0.381\times2.11}{\sqrt{\frac{5^2}{4}+3.5^2}}=0.19(m/s)$$

若送冷风，则室内平均风速为 u_m=0.19×1.2=0.23(m/s)；送热风时，平均风速为 u_m=0.19×0.8=0.15(m/s)。所选散流器符合要求。

2. 散流器下送风的计算

散流器下送风时，工作区要处于射流区内，混合层的高度不能延伸到工作区，即要求：房间的净高与混合层高度的差值要大于工作区高度。混合层的高度由下式计算确定，则

$$h_m=\frac{1}{2\tan\theta}(L-2d_o) \tag{8-11}$$

式中：L 为散流器的中心距，m；d_o 为散流器颈部直径，m；θ 为散流器射流边缘与中心线的夹角。

射流轴心速度的衰减：

$$\frac{u_z}{u}=\frac{0.6}{\frac{Z}{d_o}} \tag{8-12}$$

式中：u 为散流器颈部的风速，m/s；Z 为从散流器出口算起的射程，m，要求 $Z>4d_o$；u_Z 为距风口 Z 处的轴心速度，m/s。

射流的温度的衰减：

$$\frac{\Delta t_z}{\Delta t_n}=\frac{C_z}{\frac{Z}{d_o}} \tag{8-13}$$

式中：Δt_n 为送风温差，℃；Δt_Z 为射程 Z 处的射流温度与工作区温度之差，℃；C_Z 为实验系数(当 L=2 m 时，C_Z=1.3；L=2 m 时，C_Z=3.5；其他间距用插入法计算)

式(8-13)用于校核空调区域内的最高或最低温度与控制温度之差是否符合要求。

8.4.3 喷口送风计算

喷口送风又称集中送风，通常把送、回风口布置在同侧，空气以较高的速度和较大的风量从送风口射出，达到一定的射程后再折回，在空调房间内形成较大的漩涡，工作区处于回流区。

喷口送风的风速大，射程长，沿射流方向卷吸大量的室内空气，射流风量可达到送风量的3～5倍。工作区具有较均匀的温度和速度分布。喷口送风设计的计算步骤如下。

(1)确定射流落差 y

射流落差是指喷口中心标高与射流末端的轴心标高的差值。落差的大小与喷口高度有关。若喷口太低，射流会直接进入工作区，使工作区内的温度和速度分布不均匀；若喷口太高，则会使回流的厚度增加，回流速度减小。通常希望射流末端的轴心标高与工作区的上界齐平，喷口高度取5～7 m。

(2)确定射程长度

喷口送风的射程是指喷口到射流断面平均速度为0.2 m/s处的距离。此后射流开始折回形成回流区流速。确定回流区的速度分布比较困难。但实验研究表明，射流末端的速度近似等于回流始端的速度，因此，可用射流末端的平均速度代替回流平均速度。

大空间喷口送风的射流规律与自由射流规律基本相同，射流末端轴心速度为

$$\frac{u_x}{u_o}=\frac{0.48}{\frac{ax}{d_o}+0.147} \tag{8-14}$$

取射流末端平均速度 u_{xp} 近似等于轴心速度 u_x 的一半，则工作区的流速为

$$u_{xp}=0.5u_x \tag{8-15}$$

(3)计算喷口送风速度 u_o

当送风量一定时，送风速度 u_o 与喷口直径 d_o 有关。考虑到减少噪声和保证射流衰减的要求，通常将喷口送风速度和喷口直径分别限制在 $u_o=4\sim10$ m/s，$d_o=0.2\sim0.8$ m的范围之内，计算时需要采用试算法，具体计算步骤如下：

1)先选取一个喷口直径 d_o，则阿基米德数为

$$Ar=\frac{\frac{y}{d_o}-\frac{x}{d_o}\tan\beta}{\left(\frac{x}{d_o\cos\beta}\right)^2\left(\frac{0.51ax}{d_o\cos\beta}+0.35\right)} \tag{8-16}$$

2)确定喷口送风温度 u_o，则

$$u_o=\sqrt{\frac{gd_o(T_o-T_n)}{ArT_n}} \tag{8-17}$$

3)若计算得到的送风速度 u_o 小于(或等于)10 m/s，则把 u_o 带入式(8—14)计算 x 处的轴心速度，用式(8—15)计算射流末端的平均速度 u_{xp}，若计算得到的 $u_{xp}\leqslant0.5$ m/s，则认为满足设计要求；否则，应重新选取喷口直径 d_0，按上述步骤重新计算，直到所求出的射流末端平均速度满足设计要求为止。

4)确定喷口数量 N

所需的喷口数为

$$N=\frac{L}{L_o}=\frac{4L}{\pi d_o^2u_o} \tag{8-18}$$

现在通过一个例题说明喷口送风的计算过程。

例 8－3　已知某空调房间的长、宽、高分别为：$A\times B\times C=30\ \text{m}\times12\ \text{m}\times7\ \text{m}$，室内要求送风温度 $t_n=28$ ℃，室内显热冷负荷 $Q_x=115\ 630$ kJ/h，采用安装在 6 m 高处的圆形喷口对喷，气流以水平从喷口送出($\beta=0$)，并从下部回风，如图 8－12 所示。试进行喷口送风计算。

解　(1)确定落差，工作区的高度为 2.7 m，则落差 $y=6-2.7=3.3$ m。

(2)确定射程，$x=13$ m。

(3)选取送风温差 $\Delta t_o=8$ ℃，计算送风量，有

$$L=\frac{Q_x}{\rho c_p\Delta t_o}=\frac{115\ 630}{1.2\times1.01\times8}=11\ 925(\text{m}^3/\text{h})$$

取 $L=12\ 000\ \text{m}^3/\text{h}$，由于采用对喷，则一侧的送风量为 $6\ 000\ \text{m}^3/\text{h}$。

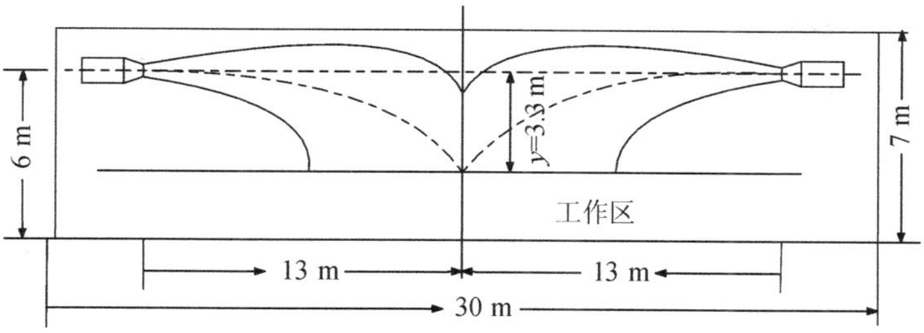

图 8－12　喷口送风例题图

(4)确定送风速度。取喷口直径 $d_0=0.26$ m，喷嘴紊流系数 $a=0.076$，则相对落差和相对射程分别为

$$\frac{y}{d_o}=\frac{3.3}{0.26}=12.69,\ \frac{x}{d_o}=\frac{13}{0.26}=50$$

由式(8－16)计算阿基米德数，有

$$Ar=\frac{\dfrac{y}{d_o}-\dfrac{x}{d_o}\tan\beta}{\left(\dfrac{x}{d_o\cos\beta}\right)^2\left(\dfrac{0.51ax}{d_o\cos\beta}+0.35\right)}=\frac{12.69-50\tan o}{\left(\dfrac{50}{\cos o}\right)^2\left(\dfrac{0.51\times0.076\times50}{\cos o}+0.35\right)}=0.002\ 37$$

由式(8－17)计算送风温度，有

$$u_o=\sqrt{\frac{gd_o(T_n-T_o)}{\text{ArT}_n}}=\sqrt{\frac{9.8\times0.26(301-293)}{0.002\ 37\times301}}=5.34(\text{m/s})$$

(5)校核射流末端的轴心速度和平均速度。

由式(8－14)计算射流末端的轴心速度为

$$\frac{u_x}{u_o}=\frac{0.48}{\dfrac{ax}{d_o}+0.147}=0.7\ \text{m/s}$$

由式(8－15)计算射流末端的平均速度

$$u_{xp}=0.5u_x=0.35\ \text{m/s}$$

由以上的计算结果可知，喷口的送风速度和射流末端的平均速度均满足设计要求，不需要再重新计算。

(6)计算喷口数目。

用式(8－18)计算喷口数目,有

$$N=\frac{L}{L_{\mathrm{o}}}=\frac{4L}{\pi d_{\mathrm{o}}^{2}u_{\mathrm{o}}}=11.6$$

取喷口数 12,两边各 6 个。

需要说明的是,由于影响气流分布的因素较多,加上实际工程中具体条件的多样性,仅靠理论计算来确定室内气流分布状况是不够的,一般尚要借助于现场调试,以期达到预期的效果。

8.5 气流分布性能指标

有多种参数用于评价空调房间气流分布的均匀性和有效性,包括温度场与速度场不均匀系数、空气分布特性指标、换气效率和能量利用参数等。下面分别予以简要介绍。

8.5.1 不均匀系数

不均匀系数是在工作区内选择 n 个测点,分别测出各点的温度 t_i 和风速 u_i。温度和风速的算术平均值分别为

$$\bar{t}=\frac{\sum t_i}{n} \tag{8-19}$$

$$\bar{u}=\frac{\sum u_i}{n} \tag{8-20}$$

温度和风速的均方根偏差分别为

$$\sigma_t=\sqrt{\frac{\sum(t_i-\bar{t})^2}{n}} \tag{8-21}$$

$$\sigma_u=\sqrt{\frac{\sum(u_i-\bar{u})^2}{n}} \tag{8-22}$$

温度和风速的不均匀系数为

$$k_t=\frac{\sigma_t}{\bar{t}} \tag{8-23}$$

$$k_u=\frac{\sigma_u}{\bar{u}} \tag{8-24}$$

显然,温度和风速的不均匀系数 k_t,k_u 越小,则气流分布的均匀性越好。

8.5.2 空气分布特性指标

空气分布特性指标(Air Diffusion Performance Index, ADPI)是指满足规定风速和温度要求的测点数与总测点数的比值。对舒适性空调而言,相对湿度在较大范围内(30%～70%)变化时,对人体的热舒适性影响较小,可不考虑相对湿度的影响。主要考虑空气温度和风速对人体的综合作用。由实验结果可知,有效温度差与室内风速之间存在如下关系:

$$\Delta ET=(t_{\mathrm{i}}-t_{\mathrm{n}})-7.66(u_i-0.15) \tag{8-25}$$

式中：ΔET 为有效温度差，℃；t_i，t_n 分别为工作区某点的空气温度（假定壁面温度等于空气温度）和规定的室内温度，℃；u_i 为工作区某点的空气流速，m/s。

实验研究表明：当 $\Delta ET=-1.7\sim+1.1$ 之间时，多数人感到舒适。因此，空气分布特性指标 $ADPI$ 可表示为

$$ADPI=\frac{-1.7<\Delta ET<1.1\text{ 的测点数}}{\text{总测点数}}\times100\% \tag{8-26}$$

在一般情况下，应使 $ADPI\geqslant80\%$。

8.5.3 换气效率

换气效率(Air exchange efficiency)是评价房间通风换气效果优劣的一个指标，用送风空气在房间内停留时间的长短，即空气龄进行定义。

房间内某点 P 处的平均空气龄 $\bar{\tau}_P$，借助测量某种示踪气体（如 CO_2、F－12 等）的浓度变化，并通过计算确定。具体过程为：将示踪气体释放到被测房间使其均匀分布，测出此时的示踪气体浓度作为初始浓度，然后按一定的送回风方式送入新鲜空气，同时测定 P 处示踪气体浓度随时间 τ 变化曲线。将曲线下面积与初始浓度之比定义为空气龄，表达式为

$$\bar{\tau}_P=\frac{\int_0^{\infty}C(\tau)\mathrm{d}\tau}{C_0} \tag{8-27}$$

式中：C_0 为初始浓度，g/m³；$C(\tau)$为瞬时浓度，g/m³；$\bar{\tau}_P$ 为房间内某点 P 处的平均空气龄，h。

整个房间平均空气龄定义为房间内各点的平均空气龄的平均值有

$$\bar{\tau}=\frac{1}{V}\int_V\tau\mathrm{d}V \tag{8-28}$$

式中：V 为房间体积，m³。

房间换气的名义时间常数：

$$\tau_n=\frac{V}{L_0}=\frac{1}{N}$$

式中：L_0 为房间送风量，m³/h；N 为换气次数，次/h。

取工作区内空气理论上的最短空气龄为 $\tau_n/2$（考虑工作区高度为房间高度的一半），并以此作为在相同送风量条件下不同气流分布方式换气效果优劣的比较基础，得到换气效率的定义式为

$$\varepsilon=\frac{\tau_n/2}{\bar{\tau}}\times100\% \tag{8-29}$$

换气效率为可能最短的空气龄与平均空气龄之比。

换气效率反映了空气流动状态的合理性。最理想的气流分布，其换气效率 $\varepsilon=1$，一般的气流分布，其换气效率 $\varepsilon<1$。

8.5.4 能量利用系数

气流分布方式的能量利用有效性，可用能量利用系数 η 来评价，其表达式为

$$\eta=\frac{t_p-t_o}{t_n-t_o} \tag{8-30}$$

式中：t_p，t_n，t_0 分别为排风温度、工作区空气平均温度和送风温度，℃。

需要指出的是，下送风上排风送风方式的能量利用系数大于1，这种送风方式目前越来越受到重视。

思考题与习题

1. 影响室内空气分布的因素有哪些？其主要因素是什么？

2. 喷嘴紊流系数 α 的物理意义是什么？

3. 圆形喷嘴和矩形喷嘴喷出的射流，哪个射得远？为什么？

4. 增大送风温差可以减小送风量，从而使经济效益增加，但为什么设计规范对送风温差又要加以限制呢？

5. 回风口的空气流动规律对室内气流组织的影响与送风口有什么不同？

6. 设室内温度为20 ℃，冷射流温度为12 ℃，空气从喷嘴紊流系数 $\alpha=0.076$，直径的圆形喷管中水平喷出，试问在射流轴线上何处的温度为18 ℃？该点距水平轴线的距离是多少？

7. 某空调房间的长、宽、高分别为：$A\times B\times C=6\ \text{m}\times 6\ \text{m}\times 3.6\ \text{m}$，室内温度要求(20±1)℃，夏季房间显热冷负荷为 $Q_x=280\ \text{W/m}^2$，现在采用散流器平送风，试确定有关参数并计算气流分布。

第9章 地下工程防火排烟

与地面建筑类似，地下工程也会由于电气设备短路火花和过热，明火使用不当，以及易燃品自燃等原因而发生火灾。火灾产生大量燃烧热和有害气体，并伴有火光和浓烟，可导致巨大的经济损失和人员伤亡。

地下工程由于密封性好，火灾时烟气大、温度高；出入口少，照明不足，疏散与救援困难；通风和排烟条件差，所以火灾危害更大。

发生火灾时应当及时对烟气进行控制，为人员疏散逃生提供一条生命线。

9.1 火灾烟气的危害

工程火灾烟气是造成人员伤亡的主要原因，因为烟气中的有害成分或缺氧使人直接中毒或窒息死亡；高温烟气的遮光作用又使人员逃生困难而被困于火灾区，并产生恐怖感。

1. 烟气的毒害性

火灾烟气的毒害性具体表现在以下四方面。

(1)火灾烟气中的含氧量往往低于人的生理正常所需要的数值。实验研究表明，当空气中含氧量降低到15%时，人的肌肉活动能力下降；如含氧量降到10%～14%时，人就会感到四肢麻木、神志不清、辨不清方向；如含氧量降到6%～10%时，人就会晕倒。所以，对于处在着火房间内的人来说，氧的短缺致死浓度为6%。这就是说，当着火房间内气体中的含氧浓度低于6%时，在短时间内人将因缺氧而窒息死亡。即使含氧量在6%～14%之间，虽然人不会短时间死亡，但也因失去活动能力和智力下降而不能逃离火场最终被火烧死。在实际的着火房间中氧的最低浓度可达3%左右。可见，在发生火灾时，人们要是不及时逃离火场是非常危险的。

(2)火灾烟气中含有各种有毒气体，而且这些气体的含量已超过了人的生理正常所允许的最低浓度，造成人中毒死亡。发生火灾时，各种可燃物质燃烧所产生的有毒气体有CO_2、CO、硫化氢、氯化氢、光气、氯气、氨、氰化物、甲苯、苯等。火灾烟气中所存在的游离基中间气态物质，其危害性比CO还要大。人或动物吸入游离基，肺部将发生游离基反应，肺表面迅速扩张从而降低肺的吸氧功能，导致缺氧，发生窒息死亡。

(3)火灾烟气中的悬浮微粒也是有害的。其中危害最大的是颗粒直径小于10 μm的飘尘，肉眼看不见，能够长期飘浮在大气中，短则数小时，长则可达数年。粒径小于5 μm的飘尘，由于气体扩散作用，能进入人体肺部黏附并聚集在肺胞壁上，可随血液送至全身，引起呼吸道疾病和增大心脏病的死亡率。

(4)火灾烟气具有很高的温度。在着火的房间内,烟气温度可高达数百摄氏度,在地下工程中,火灾烟气温度甚至超过 1 000 ℃。在高温环境中,暴露在外的皮肤和呼吸系统都将受到热损伤。43 ℃是一度烧伤的开始温度,人会出现痛感;70 ℃是二度烧伤的开始温度;70 ℃的热气体进入呼吸道会引起气管、支气管内黏膜充血、出血、起水泡、组织坏死、并引起肺涨、肺水肿。人体对对流热的耐受极限见表 9-1。

表 9-1 人体对对流热的耐受极限

温度和湿度条件	耐受时间/min
<60 ℃,水分饱和	>30
100 ℃,水分含量<10%	12
120 ℃,水分含量<10%	7
140 ℃,水分含量<10%	4
160 ℃,水分含量<10%	2
180 ℃,水分含量<10%	1

2. 烟气的减光性

在发生火灾时烟气粒子粒径为数 μm 到数 10 μm,这些烟粒子对可见光是不透明的,即对可见光有完全的遮蔽作用。当烟气弥漫时,可见光因受到烟粒子的遮蔽而大大减弱,能见度大大降低,这就是烟气的减光性。同时,加上烟气中的有些气体对人的肉眼有极大的刺激性,使人睁不开眼睛,从而使人疏散过程中的行进速度大大降低。

火灾烟气的减光性使人不能迅速地逃离火场,增加了中毒或烧死的可能性,所以火灾烟气的减光性是烟气毒害性的帮凶。

3. 火灾烟气的恐怖性

发生火灾时,特别是发生爆炸燃烧时,火焰和烟气冲出门窗孔洞,浓烟滚滚、烈火熊熊,使人们产生了恐怖感,常常给疏散过程造成混乱局面。使有的人失去活动能力,有的甚至失去理智、惊慌失措。所以,恐怖性的危害也是很大的。

9.2 防火分区与防烟分区划分

在工程设计中,进行防火分区的目的是防止火灾的扩散,使火灾控制在一定的范围内,减少火灾所带来的损失。而防烟分区则是对防火分区的细化,以实现对发生火灾时所产生烟气的有效控制。

1. 防火分区

防火分区是指用防火墙、楼板、防火门或防火卷帘等分隔的区域,使火灾限制在一定局部区域内,不使火势蔓延。地下工程内一般采用防火墙进行防火分区分隔,但当使用上采用防火墙确有困难时,也可采用防火卷帘等防火分隔设施进行分隔。防火墙上不宜开设门、窗和洞口;当需要开设时,应设置能自行关闭的甲级防火门、窗。

防火分区的划分应该与防护单元相结合;与柴油发电机房或锅炉房配套的风机房、储油间等,应与柴油发电机房或锅炉房划分为同一个防火分区。防火分区的隔断同样也对烟气起到了隔断作用。

地下工程内的水泵房、水池、厕所、盥洗间等区域因无可燃物或可燃物甚少，几乎没有火灾危险，可将此类房间的面积不计入防火分区面积之内。

2. 防烟分区

防烟分区是指在设置排烟措施的过道、房间中，用隔墙等措施分隔的区域。划分防烟分区的目的是将火灾时的烟气控制在一定的范围内，并提高排烟口的排烟效果。防烟分区在防火分区中分隔，但不得跨越防火分区。需设置排烟设施的走道、净高不超过 6 m 的房间，应采用挡烟垂壁、隔墙或从顶棚下凸不小于 0.5 m 的梁和吹吸式空气幕，划分防烟分区。

图 9 - 1 所示为用梁或挡烟垂壁阻挡烟气流动。挡烟垂壁可以是固定的，也可以是活动的。固定的挡烟垂壁比较简单，但影响房间高度；活动的挡烟垂壁在火灾发生时可自动下落，通常与烟感器联动，挡烟措施在有排烟时才有效；否则随着烟气量增加，积聚在上部的烟气将会跨越障碍而逸出防烟分区。

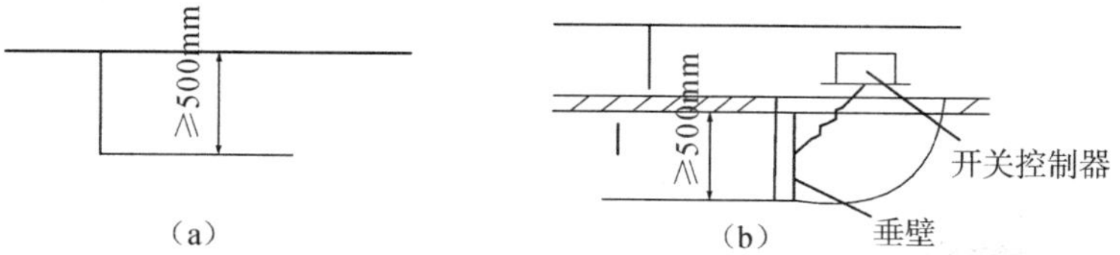

图 9 - 1　用梁和挡烟垂壁阻挡烟气流动

(a)下凸≥0.5 m 的梁；(b)可活动的挡烟垂壁

吹吸式空气幕是一种柔性隔断，它既能有效的阻挡烟气的流动，而又允许人员自由通过。吹吸式空气幕的隔断效果是各种形式中最好的。显然这种隔断方式比墙、垂壁等复杂，且费用高。

3. 防火分区和防烟分区最大允许面积

防火分区的划分，既要限制火灾的蔓延和减少经济损失，又要满足工程使用要求，综合考虑确定防火分区面积。不同类型地下工程的防火规范，规定了其相应的防火分区和防烟分区最大允许面积。地下汽车库和人防工程防火分区与防烟分区最大允许面积，见表 9 - 2。

表 9 - 2　地下汽车库和人防工程防火分区与防烟分区最大允许面积

（单位：m²）

		最大允许面积(净空高度≤6.0 m)	
		地下汽车库	人防工程
防火分区	无自动灭火系统	2 000	≯500
	有自动灭火系统	≤4 000	≯1 000[1,2]
防烟分区		≯2 000	≤500[3]

注：1. 商业营业厅、展览厅等，当设置有火灾自动报警系统和自动灭火系统，且采用 A 级装修材料装修时，防火分区允许最大建筑面积不应大于 2 000 m²；

2. 电影院、礼堂的观众厅，无论是否设置自动消防系统，其防火分区允许最大建筑面积不应大于 1 000 m²；

3. 当从室内地面至顶棚的高度在 6 m 以上时，可不受此限。

9.3 加压送风防烟及送风量

地下工程防烟分为加压送风防烟和密闭防烟两种形式。对于防烟楼梯间及其前室和避难走道的前室，进行加压送风，保持这些部位空气压力高于相邻区域，阻止火灾烟气侵入，以免影响人员的逃生和消防队员的扑救；对于一些物品库可采用密闭防烟措施，即火灾时将火灾房间封闭起来，以免火灾烟气扩散。

1. 加压送风防烟

加压防烟时要求房间或通道内保持一定压力或门洞处有一定风速，以避免烟气侵入，分别如图 9-2(a)和(b)所示。图 9—2(a)所示是当门关闭时，由于有送风而使房间内保持一定正压值，空气从门缝或其他缝隙处流出；图 9—2(b)所示是当门开启时，送入加压区的空气以一定风速从门洞流出，阻止烟气流入。

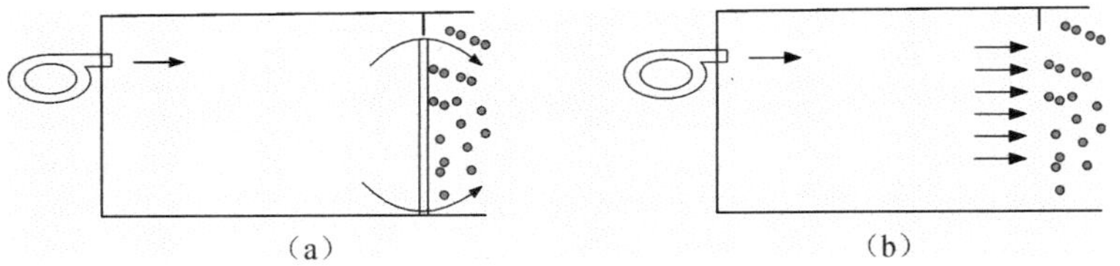

(a)　　　　(b)

图 9-2　加压防烟

(a)门关闭时；(b)门开启时

2. 加压送风的余压值

防烟楼梯间送风系统的余压值应为(40～50)Pa，前室或合用前室以及避难走道前室送风系统的余压值应为(25～30)Pa，如图 9-3 所示。

加压送风的余压值维持过低不利于防烟，但过高又会妨碍门的开启而影响使用。

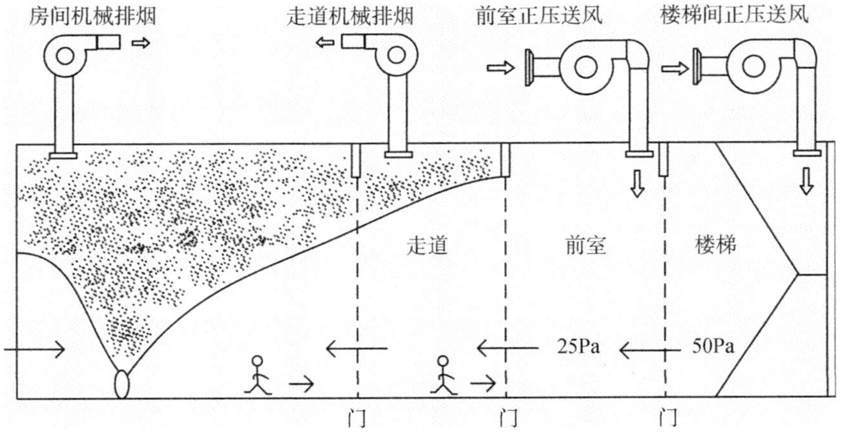

图 9-3　加压送风防排烟原理图

3. 加压送风量

(1)加压送风量的规范规定

当防烟楼梯间和前室或合用前室分别送风时，防烟楼梯间的送风量不小于 16 000 m^3/h，前室或合用前室的送风量不大于 13 000 m^3/h。

当前室或合用前室不直接送风时，防烟楼梯间的送风量不小于 25 000 m^3/h，并应在防烟楼梯间和前室或合用前室的墙上设置余压阀。此时楼梯间及其前室或合用前室的门按 1.5 m×2.1 m 计算，当采用其他尺寸的门时，送风量应根据门的面积按比例进行修正。

避难走道前室机械加压的送风量，应按前室入口门洞风速(0.7～1.2)m/s 进行计算。

(2)加压送风量计算

地下工程机械加压送风量采用风速法计算，有

$$L_v = \frac{nFv(1+b)}{a} \times 3\ 600 \tag{9-1}$$

式中：L_v为机械加压送风量，m^3/h；F 为每个门的开启面积，m^2；v 为开启门洞处的平均速度，在(0.6～1.0)m/s 区间选择，通常取(07～0.8)m/s；a 为备压系数，按密封程度进行选择，人防工程取 0.9～1.0；b 为漏风附加率，取 0.1；n 为同时开启的门数，人防工程按最少门数(即一进一出)$n=2$ 计算。

4. 加压送风机及风口

加压送风机可采用普通离心式、轴流式或斜流式通风机。风机的全压除应计算最不利环管路的压头损失外，还应满足送风余压要求。

加压送风系统送风口的风速不宜太高，以避免人在送风口附近时，感觉到较强的不舒适吹风感，要求送风口风速不大于 7 m/s。

加压送风系统以及排烟补风系统均应采用室外新风，采风口与排烟口的水平距离大于 15 m，并低于排烟口。当采风口与排烟口垂直布置时，低于排烟口 3 m。

9.4 机械排烟及排烟风量

发生火灾时，高温烟气及受热膨胀的空气导致着火区域压力高于其他区域 10～15 Pa，有时甚至高达 35～40 Pa。为使着火区域产生一定的负压，实现对烟气扩散的有效控制，需要设置排烟系统。

排烟系统是利用自然或机械作用力，将烟气排到室外。利用自然作用力的排烟称为自然排烟；利用机械作用力的排烟称为机械排烟。需要排烟部位是着火区和疏散通道。着火区排烟的目的是将火灾产生的烟气排到室外，避免烟气蔓延到非着火区，而疏散通道的排烟则是为了排除可能侵入的烟气，保证疏散通道无烟或少烟，以利于着火区的人员疏散及救火人员的扑救。

地下工程一般采用机械排烟。机械排烟系统宜单独设置或与工程排风系统合并设置。当合并设置时，应采取在火灾发生时能将排风系统自动转换为排烟系统的措施。机械排烟原理图如图 9-4 所示。

1. 机械排烟量

排烟量应大于烟气生成量，使排烟区域形成负压。当排烟风机和风管担负一个或两个防烟分区排烟时，应按该部分面积每平方米不小于 60 m^3/h 计算排烟量，并且排烟风机的最小排烟风量应不小于 7 200 m^3/h；担负 3 个或 3 个以上防烟分区排烟时，应按其中最大防烟分区面积每平方米不小于 120 m^3/h 计算排烟量。当防烟分区增多时，系统规模大、风管长，就容易

出现更多的漏风点，为确保着火区的排烟量，所以规范规定在选择风机和风管时，风量由每平方米 60 m^3/h 加大到 120 m^3/h，即增加 1 倍。

2. 排烟补风

排烟时必须对排烟区进行补风，以获得良好的排烟效果。当补风通路的空气阻力不大于 50 Pa 时，可采用自然补风；当补风通路的空气阻力大于 50 Pa 时，应设置机械补风，并且补风量不应小于排烟风量的 50%。机械补风系统可单独设置或火灾时由平时空调或通风的送风系统转换而成。可转换成补风的空调或通风送风系统，其送风机应与排烟系统同步运行，通风量满足排烟补风风量要求。

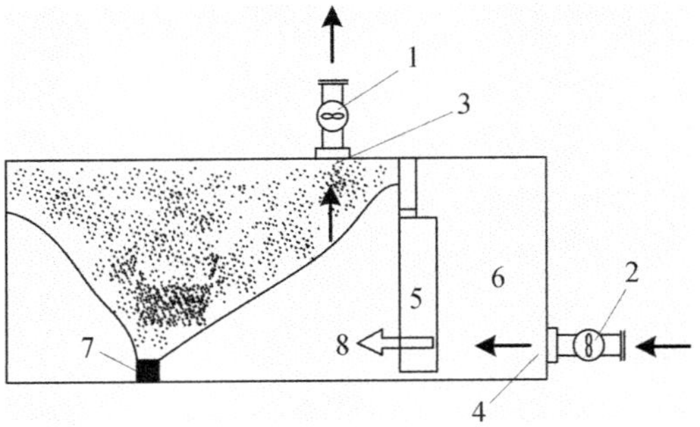

图 9-4　机械排烟原理图

1—排烟风机；2—补风机；3—排烟口；4—送风口；5—门；6—走廊；7—火源；8—火灾室

3. 排烟口

每一个防烟分区内必须设置排烟口。由于烟气温度高、容重轻，上升贴附于防火分区顶棚后再向水平方向流动，所以排烟口设置在顶棚或前面上部。排烟口在防烟分区内均匀布置；可单独设置，也可与排风口合并设置；排烟口与该排烟分区内最远点的水平距离不超过 30 m，以利于火灾时烟气的迅速排出。排烟口的总排烟量应按该防烟分区面积每平方米不小于 60 m^3/h 计算。车库排烟风机的排烟量按换气次数不小于 6 次/时计算。排烟口风速不大于 7 m/s。

排烟口单独设置时，平时关闭，排烟时打开；合并设置时，排风口或排风口所在支管设置自动阀门，并与火灾自动报警系统联动。火灾时，着火防烟分区的阀门仍处于开启状态，其他防烟分区内的阀门全部关闭。

4. 加压送风管道和排烟管道

加压送风管道和排烟管道的允许风速，当采用金属风管或内表面光滑的其他材料风管时，不大于 20 m/s；当采用内表面抹光的混凝土或砖砌风道时，不大于 15 m/s，见表 9-3。

表 9-3　机械防排烟系统风速

风管和风口类别	内表面抹光的混凝土风道	金属风管	排烟口	加压送风口
允许风速/($m \cdot s^{-1}$)	应≤15	应≤20	宜≤10	宜≤7

加压送风管道和排烟管道不宜穿过防火墙。当需要穿过时，在过墙处的防烟管道上，设置温度大于 70 ℃时能自动关闭的防烟防火阀；在过墙处的排烟管道上，设置温度大于 280 ℃时能自动关闭的排烟防火阀。地下工程内厨房的排油烟管道按防火分区设置，并且在与垂直排风管连接的支管处，设置动作温度为 150 ℃的防火阀。防火阀结构示意图如图 9-5所示。

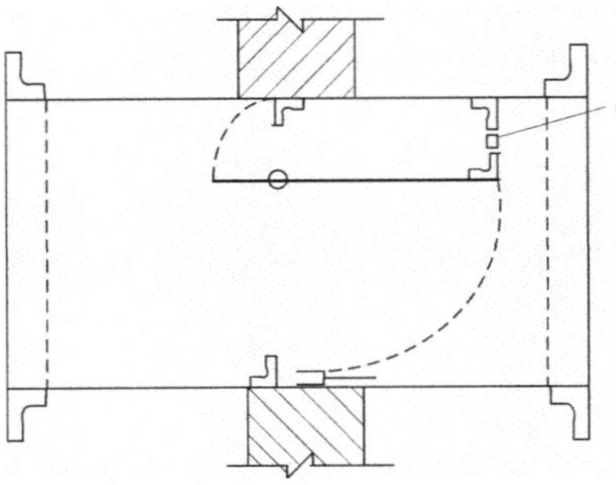

图 9-5　防火阀结构示意图

5. 排烟风机

排烟风机采用普通离心式风机或轴流式风机；

排烟风机及其进出口软接头，在烟气温度 280 ℃时应能连续工作 30 min。在排烟风机入口处的总管上，需要设置与排烟风机联锁的排烟防火阀，当烟气温度超过 280 ℃时，烟气中有可能已出现明火，为阻断明火传播，排烟防火阀能够自动关闭，同时联锁排烟风机停止运转。

排烟风机可单独设置或与排风机合并设置，由于排烟量比正常的排风量大很多，所以合并设置时选用双速风机。排烟风机的全压按排烟系统最不利环管路进行计算，排烟量按防火面积计算，并增加 10%。

排烟风机应与排烟口联动，当任何一个排烟口与排风阀开启或排风口转换为排烟口时，系统应转为排烟状态，排烟风机应自动转换为排烟工况。当烟气温度超过 280 ℃时，火灾区可能已出现明火，人员业已撤离，为避免火灾通过排烟管道蔓延，此时随着风机入口处防火阀的关闭，排烟风机联动关闭。

9.5 通风空调系统防火要求

由于一个通风系统内的通风管是相互连通的，在发生火灾时，通风系统成为火灾从一个房间蔓延到另一个房间的便捷通道，具有严重的危险性。防火墙、楼板、防火卷帘、水幕等防火分区分隔物，是阻止火灾蔓延的重要屏障，为了确保防火分隔作用，所以风管穿越防火分区处要设置防火阀。在通风空调系统风管上设置防火阀，有以下几种情形：

1)穿过防火分区处；

2)穿过设置有防火门的房间隔墙或楼板处；

3)每层水平干管与垂直总管交接处的水平管段上，以防止火灾向相邻层扩散；

4)穿越防火分区处，且该处又是变形缝时，应在两侧各设置一个，以避免由于工程变形而使风管损坏时，影响两侧风管的密闭性。

火灾发生时，防火阀的温度熔断器或火灾探测器等联动的自动关闭装置一经动作，防火阀应能自动关闭。温度熔断器的动作温度为 70 ℃。

当通风系统中设置电加热器时，通风机应与电加热器联锁；电加热器前、后 0.8 m 范围内，不设置消声器、过滤器等设备。

思考题与习题

1. 火灾烟气有哪些危害？
2. 如何划分防火分区和防烟分区？
3. 如何计算加压送风量和机械排烟量？
4. 通风空调系统防火要求包括哪些内容？
5. 防火阀与防烟阀有什么不同？

第10章 通风空调系统的噪声及其控制

声音是人们生活和工作环境中不可缺少的因素，长时间的寂静无声，令人难以忍受。然而，不必要的声响也令人厌恶。生活中广义地把凡对人的生活、工作、学习和休息产生干扰的声音统称为噪声。

通风空调系统中主要的噪声源是通风机、制冷机和冷却塔等设备，地下工程中的噪声，特别是被岩石包围的地下工程中的噪声，同样的强弱程度，其影响程度比地面工程有所增强，因此控制地下工程中的噪声显得尤为必要。本章首先对噪声进行概述性的介绍，而后说明地下工程通风空调系统的噪声源及噪声控制措施，最后介绍常用的噪声控制方法——消声及设备防振。

10.1 噪声的特性、评价及控制

噪声具有一切声学特征：由物体振动发生，以波动形式传递，作用于人的听觉器官产生听觉效应，作用于物体产生物理声学效应等。本节主要介绍噪声的特性、评价方法、室内标准以及控制方法。

10.1.1 噪声的特性

1. 噪声的物理量度

(1)声压

声压，即声波的压强。确切的叙述为：声波在传递过程中叠加于大气压强之上的一个变化着的压强(单位为 Pa)。

(2)声强

声强是表示声场中某空间位置上的声波能量大小的物理量。定义为：声波由声源发出途中某点上，垂直传播方向的单位面积中所通过的能量(单位为 W/m^2)。引起人耳产生听觉的声强最低限叫“听阈”，该声强约为 10～12 W/m^2，而人耳能够忍受的最大声强约为 1 W/m^2，超过这一数值，将使人耳疼痛，这一最高限称为“痛阈”。

(3)声功率

声功率，表示声源物体发声能力大小的物理量。定义为：声源物体在单位时间内以声波形式辐射出来的总能量(单位为 W)。声源发声能力的强弱，只与本身具有的能力大小有关而与周围介质无关。

实际工程应用中均以较为方便测量的声压来表示声能的强弱。当测得声压数值之后，如有必要，还可以换算得到声功率和声场中某空间位置的声强。

2. 噪声的能量特性和分级计量法

可以形成噪声的能量范围是非常广泛的，小到"听阈"声，大到"痛阈"声，见表 10－1。

表 10－1 声能范围比较表（f=1 000 Hz）

物理量	听阈声	痛阈声	听痛阈声能比
声功率/W	10^{-12}	1.0	$1:10^{12}$
声强/(W/m²)	10^{-12}	1.0	$1:10^{12}$
声压/Pa	2×10^{-5}	20.0	$1:10^{6}$

由表可见，听阈声与痛阈声声能之比分别为亿万倍（声功率与声强）和百万倍（声压），如此大的数字范围在测量、计算过程中非常不便。进一步实验研究发现，人们的听觉效应与声音能量大小并不成正比关系变化，而是成近似对数关系变化。所以，为方便起见，引用声压或能量比的对数来表示声音的大小，以此将声能分级，此即为声能分级表示法。

声压级的单位是分贝（dB），声压与基准声压之比，取以 10 为底的对数，再乘以 20，就是声压级的分贝值，即

$$L_p=20\ \lg\frac{p}{p_0} \tag{10-1}$$

式中：L_p 为声压级；p 为声压，单位为 Pa；p_0 为基准声压，$p_0=2\times10^{-5}$（Pa）。

同样也可定义声强级和声功率级，两者也都用分贝为单位，表 10－2 为常见声源的声功率。

表 10－2 几种常见声源的声功率及声功率级

声　源	声功率/W	声功率级/dB
轻声耳语	10^{-9}	30
小电锤	10^{-8}	40
普通对话	10^{-5}	70
泵房	10^{-2}	100
鼓风机（大型）	0.1	110
气锤	1.0	120
火炮（炸弹）	100	140
喷气式飞机	100～1 000	160
火箭发射	10^{7}	190

3. 噪声的频率特性和频程表示法

宽广的频率范围是噪声的一个显著特点。按照频率高低，声波可分为可闻声、次声和超声，其频率范围见表 10－3。由表可见：①在可以形成噪声的可闻声范围内其频率相差 1 000 倍；②人耳可以听见的某一可闻声，不可能是单一频率的纯声，而是包含有多个频率的混合声。因此，为研究方便，人们将可闻声的频率范围细分为若干小段以简化计量，所分小段称为频程，所分频程多少根据工程实际需要而定。

表 10－3　声音的分类

声波名称	次声	可闻声	超声
频率范围/Hz	＜20	20～20 000	＞20 000

通风空调系统中所用的是倍频程，它是两个频率之比为 2∶1 的频程，见表 10－4。表中的 10 个倍频程把可闻声音全部包括进来，而工程实用中，往往只需用到 63～8 000 Hz 8 个倍频程。

表 10－4　倍频程频率范围及其中心频率　（单位：Hz）

频率范围	中心频率	频率范围	中心频率
20～45	31.5	710～1 400	1 000
45～90	63	1 400～2 800	2 000
90～180	125	2 800～5 600	4 000
180～355	250	5 600～11 200	8 000
355～710	500	11 200～20 000	16 000

10.1.2 噪声的评价

在工程实用中，常用噪声评价方法有评价曲线法和 A 声级评价法两种。

1. 噪声评价曲线法

噪声评价曲线（称 N 曲线或 NR 曲线）如图 10－1 所示，在较细致的评价倍频程各频段噪声时使用。该曲线也是各国最常采用的噪声标准评价曲线，由世界标准化组织（ISO）推荐。该曲线是在等响曲线基础上，考虑人耳对高频噪声较为敏感，但易消除；对低频噪音较为迟钝，但较难消除，将等响曲线进一步调整而形成。对高频噪声分贝值定得低些，即控制标准严一些；对低频噪声分贝值定得高一些，即控制标准宽一些。如此调整之后，仍然认为同一曲线上噪声的干扰程度一样。每条曲线的号数 N（或 NR）称噪声评价数，且规定 N（或 NR）的分贝值等于中心频率为 f＝1 000 Hz的倍频程声压级的分贝数。如某工程要求 N 曲线号数为 30，查图 10－1 得，对应于 N＝30 号的各频的允许噪声声压级分贝数见表 10－5。

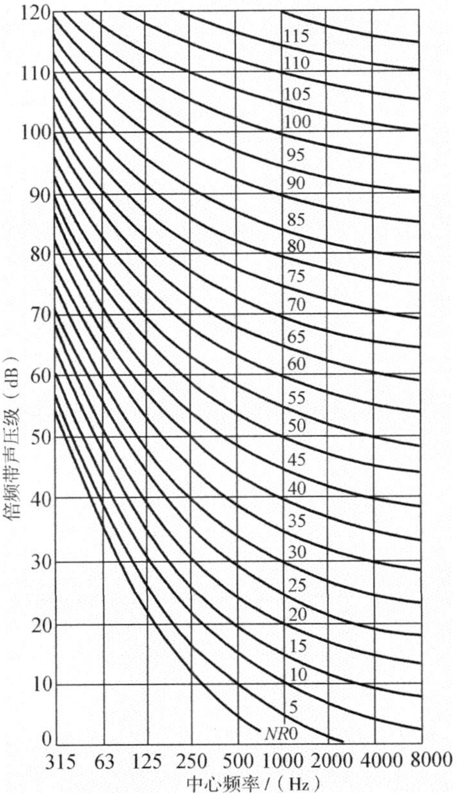

图 10－1　NR 评价曲线

表 10－5　N＝30 号频程各频带的声压级

中心频率/Hz	63	125	250	500	1 000	2 000	4 000	8 000
允许声压级/dB	59	48	40	34	30	27	25	23

2. A 声级评价法

A 声级评价法是模仿人耳听觉效应，使用声级计对噪声级大小做出的综合效果评价的一种方法。所谓综合效果，即它不反映噪声的频谱特性，相同的 A 声级分贝数其频谱可以有很大的差异。

一般的声级计可分 A，B，C，L_{in}4 档，前 3 档供校正用，最后一档供测声压用，各档针对各频程中声波的过滤、衰减程度不同，使之满足不同测量目的的需要，其过滤衰减作用，见表 10－6。从表中可以看出，A 档可让低频段有较大的衰减，因此它对高频敏感，对低频不敏感，这正与人耳对噪声的感觉相一致，所以人们在噪声测量中，往往就用 A 档测得的声级(A)来代表噪声的大小，称 A 声级，记作 dB(A)，在不可能混淆的情况下可省略为 dB。

表 10－6　声级计的权档及其滤衰波作用

计权网络档	A	B	C	L_{in}
对声波的过滤、衰减情况	对 500 Hz 以下低频噪声衰减较大	对低频噪声有一定的衰减	对不同频率噪声有较小衰减	线性档，全频响应

A 声级测评结果 L_A 与 N 曲线号数有以下近似数量关系：

$$L_A = 0.8N + 18 \quad (\text{dB}) \tag{10-2}$$

根据式(10－2)，当测出噪声的 A 声压分贝数后，可估算出倍频程各频段的声压级分贝数值。用上式算得的 N 曲线号数，往往不可能为整数，此时可在保证噪声频谱不超出评价曲线的条件下，以最靠近谱频的评价曲线决定该噪声评价数。

10.1.3 室内噪声标准

室内的噪声标准主要是考虑保护人的听力正常，保证交谈和通信质量而提出的。我国卫生部规定的标准与 ISO 标准相同，民用建筑允许噪声标准，见表 10－7。国防工程设计规范中规定的噪声允许标准见表 10－8。

表 10－7　民用建筑允许噪声标准　(单位：dB)

建筑类别	建筑等级		
	高级	中级	普通
文娱建筑(如音乐厅、剧院等)	30	35	40
福利卫生建筑	35	40	45
居住类、办公类建筑	40	45	50
集会建筑、科研建筑	45	50	55

表 10-8 国防工程设计规范噪声允许标准 (单位:dB)

房间名称	噪声控制标准(NR)
广播录音室、播音室	≤20
一类办公休息房间、电话会议室、长途台	25,30
二类办公休息房间、收信机房、医疗室	35,40
三类办公休息室、通信机房、通信值班室、广播控制室	40,45,50
电信打字室、传真报房、广播发射机房、电站控制点室	50,55,60,65

实际工程管理中可按上述标准进行测量检查。

10.1.4 噪声的控制方法

当噪声超过容许值时,就应当采取适当措施加以控制。声学系统一般是由声源、传播途径和接收器 3 个环节组成,根据上述 3 个环节,分别采取控制噪声的措施。

1)在声源处抑制噪声,这是最根本的措施。噪声源按其产生机理可以分为机械噪声、空气动力性噪声和电磁噪声,其中控制机械噪声的方法有消除或减小引起振动的激励力、避免运动部件的冲击和碰撞,控制空气动力性噪声的方法有选择合适的空气动力机械设计参数、降低气流速度和安装合适的消声器,控制电磁噪声的方法主要有选择适当的槽配合、采用斜槽、提高制造精度减小定转子不同心、选择合适的绕线节距。

2)在声传播途径中控制噪声,这是噪声控制的普遍技术,包括隔声、吸声、消声、隔振等措施。

3)在接收器上加载保护措施隔离噪声,在采用上述措施后,仍不能达到要求,就需要从接收器保护角度采取措施。对于人,可佩戴耳塞、耳罩等,对于精密仪器设备,可将其安置在隔声间或隔振台。

控制噪声与其他污染治理一样是一项从工程总体设计、施工、日常管理各个环节都应加以考虑的系统工程。一般说来,宜按照“以隔为主,以吸为辅,隔吸结合,综合治理”的科学原则进行。在具体分析、贯彻这一基本原则的治理过程中,应考虑以下几方面因素。

1)噪声源的特点。分析噪声源的特点,是采取措施的根据。对连续噪声的关注应比断续噪声的关注更为重视,连续且又持续时间很长的噪声更应着重考虑;对于直达噪声,应从声源上加以降低,而对于反射噪声则应从改善壁面形状和吸声性能上采取措施。

2)声源位置与人员相对关系特点。噪声源虽然很强,但距工作点很远或人员很少,一般采取局部控制措施为宜。

3)噪声的频率特性。根据人耳对中、高频噪声比较敏感的特性,应着重解决较高频率噪声的控制问题。

4)噪声的传播特点。对通过通风道、送风口传入室内的通风系统的空气动力噪声,应采用改善系统各部件和增设消声器材解决;对通过界面孔洞缝隙传入的噪声比透过界面传入的噪声严重,可通过严密堵塞孔洞、缝隙等以隔绝噪声。

以上对噪声控制所采取措施应考虑的主要因素告诉我们,在进行噪声控制时必须具体情况具体分析。我们应该充分认识噪声控制对保护人员健康的重要性与必要性，加强对噪声源和控制效果的经常测试调查，以掌握噪声的特点和规律，充分发挥建筑结构、综合措施的效果，把室内噪声控制在一定的水平之内。

10.2 通风空调系统的噪声

地下工程通风空调系统的噪声与地面工程有着不同的特点，其噪声来源于风机与管道部件所产生的空气动力噪声、机械噪声。本节将重点介绍地下工程噪声的特点、通风空调系统的噪声源及其控制措施。

10.2.1 地下工程噪声的特点

地下工程一般采用机械通风，所以通风系统的噪声在地下工程中是主要的噪声源。与地上工程相比，地下工程噪声的主要特点不是声源或声源的发声能力不同，而是工程体型对传入工程的噪声的反响不同。

在讨论房间噪声时，把组成室内空间的六个面通称界面。声源在室内发声后，声波不能向室外自由传播，而是受到界面的限制。声波碰到界面后，一部分被界面材料吸收，转化为热能；一部分被界面反射回来，造成回响；另一部分则透过界面继续传播出去形成透射声源空气噪声。这就是吸收、反射和透射现象，也是对声音发生影响的基本原因。房间界面的吸声作用可以减弱噪声的影响，而回声又使噪声有所加强。

人们在一个比较高大的地下工程里，或在一个比较空旷的大厅里讲话时，常听到有嗡嗡的声音，甚至讲话停止了这种声音还要延续一段时间，这就是回声。回声现象是由于声波不断地被界面反射造成的，回声由强变弱，直至消失是由于界面吸声的结果。回声对噪声的影响是由声波的反射聚焦现象引起的。界面对声波的反射与对光波的反射一样，也是入射角等于反射角。如果界面为凹曲状，则会有一部分反射声波交汇于一点，此即聚焦现象，如图 10－2 所示。在这个焦点上，声压级将显著增加，这就是拱顶大厅中讲话声音比较响，且中央比靠近墙壁更响一些的原因所在，也是布置发声设备考虑的因素之一。

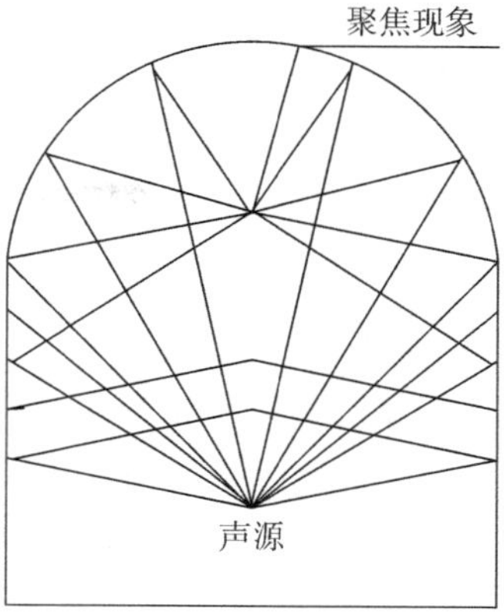

图 10－2　凹面薄反射聚焦现象

由于地下工程缺少门窗（少数窗井结构除外），界面的反射面积相对增大，界面对声音的吸收就不如地面建筑，而地下工程的拱顶多为拱曲凹面易使声波产生反射聚焦，在连续发声的情况下，就表现为室内声压级的增加，这也就是同样的噪声在地下工程中影响较大的原因。

根据一些部门的实测结果，在同样的生产状态下，地面厂房的室内外相比，总声压级增加 2～4 dB；对地下与地面厂房相比约增加 4～6 dB 或更多一些。同时，噪声的频率特性也有所变化，即地面厂房中低频声压级较高；而在地下厂房中则中高频声压级较高。表 10－9 为某部门对地上地下电站中同样型号的汽轮发电机级组的实测结果（同一测点位置）。

表 10-9　地上地下同型汽轮机组实测噪声结果

	频率/Hz					
	125	250	500	1 000	2 000	4 000
地上声压级/dB	91	88	91	92	103	103
地下声压级/dB	87.5	92	94	96	103	110

注：汽轮发电机型号均为 SK40/1616。

10.2.2 通风空调系统的噪声源

1. 通风机噪声

通风机是通风空调系统空气动力噪声的主要来源。通风机的空气动力噪声由空气进出风机时的气流涡旋、撞击和叶片回转等原因造成，噪声大小除与通风机的结构形式（如叶片数目、弯曲形式）、制造质量有关外，还与通风机的运行状态（转速、风量、工作状态点对应的效率等）有关。

通风空调系统所用的风机，噪声频率大约在 200～800 Hz，对于风机的噪声大小通过采用声功率级表示。风机制造厂应提供其产品的声学特性资料，当缺少这项资料时，最好能对选用通风机的声功率级进行实测，并进行频谱分析。如不能实测，一般可先按经验公式估算其频程综合分贝值大小，而后进行修正，做出频谱分析。

通风机的噪声声功率级按式（10－3）计算，或按式（10－4）～式（10－5）估算。

$$L_w = L_{WC} + 10\ \lg(LH^2) - 20 \tag{10-3}$$

式中：L_w 为声功率级，dB；L_{WC} 为比声功率级，dB，其含义为同一系列风机在单位风量（m^3/h）和单位风压（10 Pa）条件下所产生的总声功率级；L 为风量，m^3/h；H 为风压（全压），Pa。

$$L_w = 5 + 10\ \lg L + 20\ \lg H \tag{10-4}$$

$$L_w = 67 + 10\ \lg N + 10\ \lg H \tag{10-5}$$

式中：N 为功率，kW。

当风机转速 n 不同时，其声功率级可按下式换算，有

$$(L_w)_2 = (L_w)_1 + 50\ \lg \frac{n_2}{n_1} \tag{10-6}$$

式中：n_2，n_1 为转速，单位为 r/min。

当风机直径不同时，声功率级可按下式换算，有

$$(L_w)_{D2} = (L_w)_{D1} + 20\ \lg \frac{D_2}{D_1} \tag{10-7}$$

式中：D_2，D_1 为直径，mm。

在求出通风机的声功率后，计算通风机各频带声功率级，有

$$(L_W)_{Hz} = L_W - \Delta b \tag{10-8}$$

式中：Δb 为各频带声功率级修正值，dB，见表 10-10。

表 10－10　各频带声功率级修正值 Δb　（单位：dB）

风机类型	中心频率/Hz							
	63	125	250	500	1 000	2 000	4 000	8 000
前弯叶片离心风机	－2	－7	－12	－7	－22	－27	－32	－37
后弯叶片离心风机	－5	－6	－7	－12	－17	－22	－26	－33
轴流风机	－9	－8	－7	－7	－8	－10	－14	－18

上述风机声功率的计算都是指风机在额定效率范围内工作时的情况。如果风机在低效率下工作，则产生的噪声远比计算的要大。空调设备在系统中引起的噪声，主要来源于设备中所包含的风机，如需单独估算设备中风机噪声大小时，可按通风机的情况进行处理。至于系统中的水泵、制冷压缩机，其噪声虽然很强，但它们与通风管道系统不直接连通，不会直接以空气动力噪声形式传向空调房间。

整体空调机组的噪声一般按厂家提供的产品样本确定。此时应注意厂家样本的给定条件，有的是以声功率级给出，有的是以一定距离处的声压级给出，估算中应与选定的条件统一。

2. 气流噪声

通风空调系统的噪声源除了风机和空调设备外，还有由于风管内气流压力变化引起钢板的振动而产生的噪声，尤其当气流遇到阀门等障碍物时，产生的噪声较大。在高速风管中这种噪声不可忽视，而在低速系统中，由于管内风速的选定已考虑了声学因素所以可不必计算。此外由于出风口风速过高也会产生噪声，在气流分布中要适当限制出风口的风速。以下介绍气流通过风管管件的噪声计算方法，公式中未给出的比声功率级和有关参数见文献[3]。

（1）直管

直管道的气流噪声声功率级：

$$L_W = L_{WC} + 50\ \lg v + 10\ \lg F \tag{10—9}$$

式中：L_{WC}为直管比声功率级，一般取 10 dB；v 为直管内气流速度，m/s；F 为直管道的截面积，m^2。

直管道气流噪声的倍频程修正值由表 10－11 查得。

表 10－11　直管道气流噪声的倍频程修正值

中心频率/Hz	63	125	250	500	1 000	2 000	4 000	8 000
修正值/dB	－5	－6	－7	－8	－9	－10	－13	－20

（2）弯头

弯头的气流噪声声功率级（dB）：

$$L_W = L_{WC} + 10\ \lg f_D + 30\ \lg d + 50\ \lg v \tag{10—10}$$

式中：L_{WC}为弯头比声功率级，dB；f_D为倍频带低限频率，Hz，$f_D = f_z/\sqrt{2}$；f_z 为倍频带中心频率，Hz；d 为风管的直径或当量直径，m；v 为弯头内流速，m/s。

（3）三通

三通的气流噪声声功率级：

$$L_W = L_{WC} + 10\ \lg f_D + 30\ \lg d + 50\ \lg v_a \tag{10—11}$$

式中：L_{WC}为比声功率级，dB；v_a为离开三通的流速，m/s。

(4)变径管

变径管的气流噪声声功率级 L_W(dB)可按下式计算，

$$L_W = A + B\ \lg v - 3K \tag{10-12}$$

式中：A、B 为系数，查表 10-12；v 为变径管入口流速，m/s；K 为与变径管角度有关的修正值。

表 10-12　系数 A,B 表

系数	倍频带中的频率/Hz					
	63	125	250	500	1 000	2 000
A/dB	47.2	48.6	52.8	52.8	54.2	57.2
B/dB	27.3	22.9	15.2	13.0	9.8	5.3

(5)阀门

管道上阀门产生的气流噪声声功率级可由下式计算，其相对的频带声功率级修正值见表 10-13：

$$L_W = L_\theta + 10\ \lg s + 55\ \lg v \tag{10-13}$$

式中：L_θ 为由阀门叶片角度 θ 所决定的常数，$\theta=0°$时，$L_\theta=30$ dB，$\theta=45°$时，$L_\theta=42$ dB，$\theta=65°$时，$L_\theta=51$dB；v 为管道内气流速度，m/s；s 为管道断面积，m^2。

表 10-13　阀门气流噪声频带声功率级修正值　　(单位：dB)

阀门叶片角度 θ	倍频带中的频率/Hz							
	63	125	250	500	1 000	2 000	4 000	8 000
0°	−4	−5	−5	−9	(−14)	(−19)	(−24)	(−29)
45°	−7	−5	−6	−9	−13	−12	−7	−13
65°	−10	−7	−4	−5	−9	0	−3	−10

注：括号内数值为估计值。

(6)出风口

定风速扩散型出风口的气流噪声声功率级 L_W(dB)，则

$$L_W = L_{WC} + 10\ \lg\ f_D + 30\ \lg(dv) \tag{10-14}$$

式中：L_{WC}为比声功率级，dB；f_D为倍频带低限频率，Hz；d 为散流器颈部直径，m；v 为散流器颈部流速，m/s。

10.2.3 通风空调系统噪声的控制

对于通风空调系统的噪声控制，首先要考虑通风机的噪声控制和通风空调系统在噪声控制上的设计。

1. 通风机的噪声控制措施

①要选用高效率低噪声的风机，尽可能采用叶片后弯的离心式风机，并使其工作点位于或接近于风机的最高效率点，此时风机产生的噪声功率最小；②当系统风量一定时，选用风机压头安全系数不宜过大，必要时选用送风机和回风机共同担当系统的总动力；③通风机进出口处

的管道不得急剧转弯，通风机尽量采用直联或联轴器传动；④通风机进出口处的管道应装设柔性接管，其长度一般为 100～150 mm，且不宜超过 150 mm；⑤尽可能加大送风温差，以降低风机风量，从而降低风机叶轮外周的线速度，降低风机的噪声。

另外，通风机的噪声通过风管传输到使用房间的过程中，其能量可因管路管件的吸收、透射和反射作用而衰减，也可因气流涡旋而再生。通常直风管中风速大于 8 m/s 时，可不计管道中的噪声衰减量，小于 5 m/s 时，不计气流再生。

2. 通风空调系统的噪声控制设计原则

设计空调工程的送、回风管路时，每个送回风系统的总风量和阻力不宜过大，必要时可以把大风量系统分成几个小系统；尽可能避免管道急剧转弯产生涡流引起再生噪声；风管内的空气流速应按设计标准选用，风管上的调节阀不仅会增加阻力，也会增加噪声，应尽可能少装；从通风机到使用房间的管内流速应逐渐降低；必要时，弯头和三通支管等处，应装设导流片。此外，转动设备(风机、泵)均应考虑防振隔声措施。

而对于地下工程通风空调系统的噪声控制，在考虑了设计因素和风机的噪声控制后，其主要手段就是通风空调系统的消声和通风设备的隔振，下面给予分别介绍。

10.3 消声器

通风空调系统的噪声控制，应首先积极地综合考虑降低系统的噪声，在计算管路噪声自然衰减后，如仍不能满足室内要求，则应在管路中或空调箱内设置消声器。

消声器是控制空气动力性噪声伴随着气流往外传播的有效设备。消声器的种类和结构形式很多，根据其消声原理和结构的不同，大致可分为阻性消声器、抗性消声器、阻抗复合式消声器和排气放空消声器，其中前 3 种消声器在通风空调系统的噪声控制中应用较多。

10.3.1 阻性消声器

阻性消声器是一种吸收型消声器，它是利用声波在吸声材料中传播时，因摩擦将声能转化为热能而散发掉，从而达到消声的目的。材料的消声性能类似于电路中的电阻耗损电功率，从而得名。

吸声材料能够把入射在其上的声能部分地吸收掉。声能之所以能被吸收，是由于吸声材料的多孔性和松散性，当声波进入孔隙，引起孔隙中的空气和材料产生微小的振动，由于摩擦和黏滞阻力，使相当一部分声能化为热能而被吸收掉。吸声材料的共同特征是：表面和内部不仅多细孔，而且还互相连通；纤维多，有弹性；质轻松软，密度易变。

吸声材料的吸声性能用吸声系数 α 来表示，它是被该材料吸收的声能与入射声能的比值。吸声系数 α 可用专门的声学仪器测出。一般吸声性能良好的材料，如玻璃棉、矿渣棉等，厚度在 4 cm 以上时，高频的吸声系数在 0.85～0.90 以上。中等的吸声材料，如工业毡、石棉、加气微孔吸声砖，厚度在 4 cm 以上时，对于高频的吸声系数也在 0.6 以上，而一般的甘蔗板、木丝板的吸声系数在 0.5 以下。

阻性消声器具有中高频消声效果好，加工制造简单等特点，是目前应用最广的一种消声器。它不但适用通风空调系统的风机，而且也适用于工业用的通风机、鼓风机和压缩机的进、排气消声。

阻性消声器按气流通道几何形状不同，有管式、片式、折板式、迷宫式、蜂窝式、声流式、盘式、弯头式、百叶式消声器，下面介绍几种常用的消声器。

1. 管式消声器

这是一种最简单的消声器，它仅在管壁内周贴上一层吸声材料，故又称“管衬”。优点是制作方便、阻力小，但只适用于较小的风道，直径一般不大于 400 mm。对于大断面的风道，消声效果将降低。此外，管式消声器仅对中、高频噪声有一定消声效果，对低频性能较差。图10－3所示是边长为 200 mm×280 mm 的几种不同材料的管式消声器的消声量。

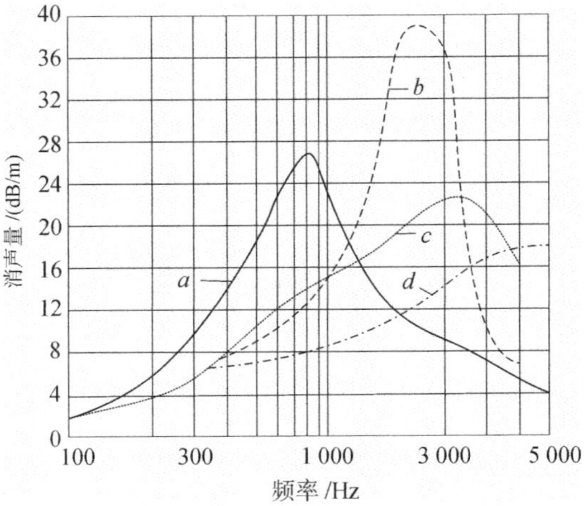

图 10－3　管衬的吸声性能

a—表面穿孔的软质纤维板，3 cm 厚；*b*—玻璃棉板密度 160 kg/m³，2.5 cm 厚；*c*—矿渣棉板密度 280 kg/m³，2.5 cm 厚；*d*—特种吸声板材，密度 320 kg/m³，2.5 cm 厚

2. 片式消声器

管式消声器对低频噪声的消声效果不好，对较高频率又易直通，并随断面增加而使消声量减小，因此可在直管内插入板状吸声片，将大通道分隔成几个小通道，这就成为片式消声器，如图 10－4 所示，其隔片厚 100 mm，内部填充 64 kg/m³ 玻璃棉或 96 kg/m³ 的矿物棉。

片式消声器应用比较广泛，它构造简单，对中、高频吸声性能较好，阻力也不大。片式消声器具有同样特点，但因要保证有效断面不小于风道断面，故体积较大，应注意的是这类消声器中的空气流速不宜过高，以防气流产生湍流噪声而使消声无效，同时增加了空气阻力。

片式消声器的间距一般取 100～200 mm，片材厚度根据噪声源的频率特性，取 100 mm 左右为宜，因为太薄的吸声材料对低频噪声几乎不起作用。

3. 折板式消声器

为了进一步提高高频消声的性能，还可将片式消声器改成折板式消声器，如图 10－5 所示。声波在消声器内往复多次反射，增加了与吸声材料接触的机会，特别是对中高频声波，能增加传播途径中的反射次数，从而提高了高频消声效果。为了不过大的增加阻力损失，曲折度以不透光为佳，对风速过高管道不宜采用该种消声器。

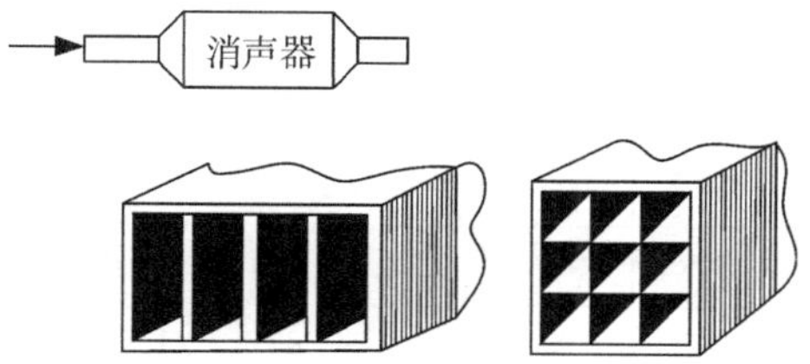

图 10-4　片式消声器

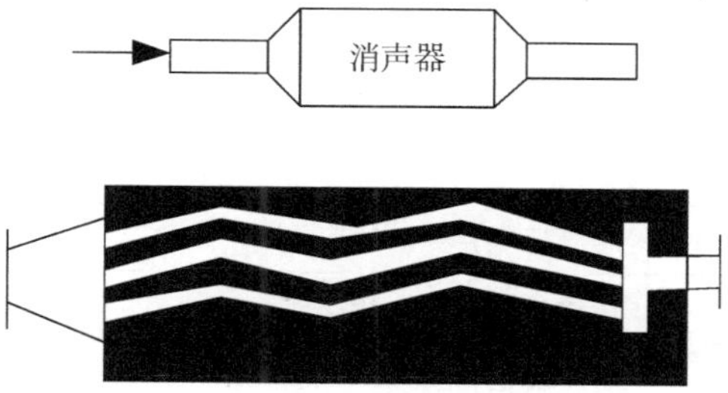

图 10-5　折板式消声器

4. 阻性消声器设计

阻性消声器的声学性能主要取决于吸声材料的种类、吸声层厚度及密度、气流通道断面形状及大小、气流速度及消声器长度等，空气动力性能则取决于结构形式及气流速度。

矩形直管消声器的消声量 ΔL(dB)为

$$\Delta L = 1.1\varphi(\alpha_0)\frac{P}{F}l \tag{10-15}$$

式中：$\varphi(\alpha_0)$为与吸声材料的正入射吸声系数有关的消声系数；P 为消声器通道截面周长，m；F 为消声器通道截面积，m^2；l 为消声器的有效长度，m。

圆管消声器的消声量 ΔL(dB)为

$$\Delta L = 4.4\varphi(\alpha_0)\frac{l}{D} \tag{10-16}$$

式中：l 为消声器的有效长度，m；D 为消声器通道直径，m。

片式消声器的消声量 ΔL(dB)为

$$\Delta L = 2.2\varphi(\alpha_0)\frac{l}{h} \tag{10-17}$$

式中：h 为消声器的片间距，m。

以上消声器的通道尺寸大到一定程度时，其高频性能将会显著下降，即“高频失效”，出现此现象的上限失效频率 f_s(Hz)为

$$f_s = 1.85\frac{C}{D} \tag{10-18}$$

式中：C 为声速，m/s；D 为通道截面的直径或当量直径，m。

当频率高于失效频率时，每增高一个倍频程，其消声量比失效频率处的消声量降低 1/3，可用下式进行估算，有

$$R' = \frac{3-N}{3}R \tag{10-19}$$

式中：R'为高于失效频率的某倍频程消声量，dB；R 为失效频率处的消声量，dB；N 为高于失效频率的倍频程频带数。

现在介绍一阻性消声器的设计实例。

例 10—1　某型号风机，风量为 40 m^3/min，进风口直径为 200 mm，在距进风口 3 m 处测得的噪声频谱见表 10-14，对进风口设计一阻性消声器，要求消声后在距进风口 3 m 处达到 $NR90$ 的标准。

表 10-14　某风机进风口阻性消声器设计表

序号	项目	倍频程中心频率/Hz						
		63	125	250	500	1k	2k	4k
1	进风口噪声/dB	109	112	104	115	116	108	104
2	降噪要求/dB	107	100	95	92	90	87	89
3	消声器消声量/dB	2	12	9	23	26	21	15
4	消声器周长截面比	20	20	20	20	20	20	20
5	材料吸声系数	0.3	0.52	0.78	0.86	0.85	0.83	0.80
6	消声系数	0.4	0.7	1.1	1.3	1.3	1.2	1.2
7	消声器长度/m	0.25	0.86	0.86	0.89	1.00	0.88	0.63
8	消声器实际消声量/dB	8	14	10	26	26	24	24
9	考虑上限失效频率的消声量/dB	8	14	10	26	26	24	16

解　根据进风口测得的噪声频谱(见表 10-14 第 1 行)和 *NR*90 的降噪要求(见表 10-14 第 2 行),可确定所需消声量(见表 10-14 第 3 行)。

根据风机的风量和管径,选定直管阻性消声器,消声器气流通道的截面周长与截面积之比见表 10-14 第 4 行。

根据使用环境和噪声频谱,可选用超细玻璃丝棉为材料的吸声结构,其吸声系数见表 10-14 第 5 行,由吸声系数计算的消声系数见表 10-14 第 6 行。

根据式(10—16)计算各频带所需消声器长度,见表 10-14 第 7 行,按最大值考虑设计的消声器实际长度取 1 m,计算 1 m 长消声器在各倍频程上的消声量,见表 10-14 第 8 行。

根据式(10—19)计算高频失效频率为 3 145 Hz,失效频率位于 2 kHz 所在频带内,高于失效频率的 4 kHz 按式(10—18)需重新计算,计算结果见表 10-14 第 9 行,与表 10-14 第 3 行所需消声量比较,各倍频程设计的消声量均大于所需消声量,设计符合要求。

10.3.2 抗性消声器

抗性消声器与阻性消声器不同,它不使用吸声材料,而是依靠管道截面的突变或旁接共振腔等在声传播过程中引起阻抗的改变而产生声能的反射、干涉及共振吸声来降低消声器向外辐射的声能,以达到消声的目的。从能量角度来说,阻性消声器采用能量转换的方法来降低声能,而抗性消声器则是利用声能转移的方法来降低声能。

常用的抗性消声器有扩张式、共振式、干涉式和微穿孔板式等,除微穿孔板式具有宽频带消声特性,其余消声器频率选择性均较强,适用于窄带噪声和中低频噪声的控制,比较适合于在高温、潮湿、气流速度较大、洁净度要求高的场所使用。

1. 扩张式消声器

它是抗性消声器最常用的结构形式,也称膨胀式消声器,依据管道中声波在截面突变处发生反射而衰减噪声的原理设计而成。这种消声器是管和室的组合,即小室与管子相连,如图 10-6 所示,利用管道内截面的突变,使沿管道传播的声波

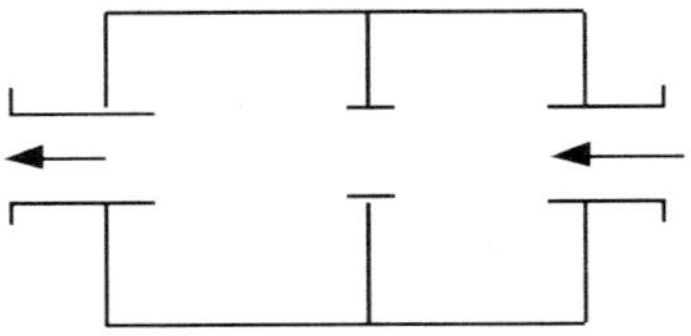

图 10-6　扩张式消声器示意图

向声源方向反射回去，而起到消声作用，对消除低频有一定效果。但一般要管截面变化 4 倍以上（甚至 10 倍）才较为有效，所以在空调工程中，膨胀式消声器的应用，常受到机房面积和空间小的限制。此类消声器在地下工程中由于受空间所限，应用较少。

2. 共振式消声器

共振式消声器是由一段开有一定数量小孔的管道同管外一个密闭的空腔连通而构成一个共振系统，利用共振吸声原理进行消声。图 10－7(a)是一种穿孔板共振吸声的结构示意图，它通过管道上开孔并与共振腔相连接。穿孔板小孔孔颈处的空气柱和空腔内的空气构成了一个共振吸声结构，其固有频率由孔颈直径 d、孔颈厚 l 和腔深 D 所决定。当外界噪声的频率和此共振吸声结构的固有频率相同时，引起小孔孔颈处空气柱强烈共振，空气柱和颈壁剧烈摩擦，从而消耗了声能，达到消声效果，这种构造消声情况如图 10－7(b)所示。这种消声器具有较强的频率选择性，即有效的频率范围很窄（见图 10－7(c)），一般用以消除低、中频成分突出的气流噪声消声，且消声量大。此类消声器在地下工程中应用较少。

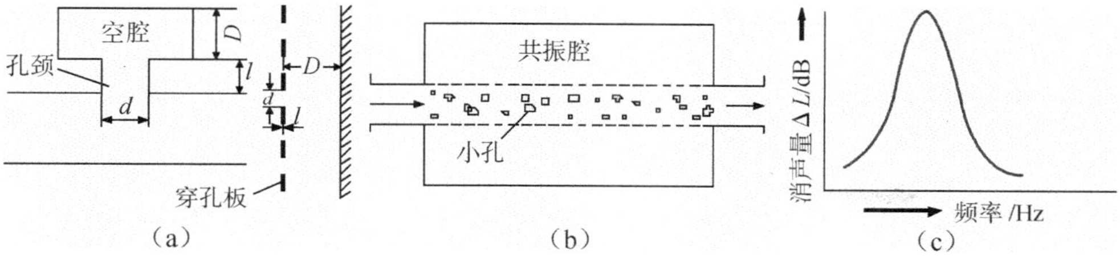

图 10－7　共振型消声器

3. 微穿孔板消声器

它是在共振式吸声结构的基础上发展而来的，其特点是不用任何多孔吸声材料，而是在薄的金属板上钻许多微孔，微孔孔径一般在 1 mm 以下，为加宽吸收频带，孔径应尽可能小，但因受制造工艺限制以及微孔易堵塞，常用孔径为 0.5～1.0 mm，穿孔率一般为 1%～3%。板材一般用厚为 0.20～1.0 mm 铝板、不锈钢板、镀锌钢板、胶合板等制作。

采用金属结构的微穿孔板消声器，具有耐高温、防湿、防火、防腐等特性，还能在高速气流下使用。此外，对于在空调系统中不能采用纤维性吸声材料的场合（如净化空调工程），则用金属（铝等）结构的微穿孔板消声器可获得良好的效果。为获得宽频带吸收效果，一般采用双层微穿孔板结构。微孔板与风管壁之间以及微孔板与微孔板之间的空腔，按所需吸收的频带不同而异，通常吸收低频空腔大些，中频小些，高频更小些。

目前，地下工程通风空调系统中采用较多的消声器为微穿孔板消声器，其设计方法与阻性消声器基本相同，所不同的是用微穿孔板吸声结构代替吸声材料。微穿孔板吸声结构的设计一般根据测定的不同微穿孔板吸声系数表，选定要求的吸声系数所对应的吸声结构。

常用微穿孔板消声器的设计参数为：

• 板厚：0.2～1.0 mm；孔径：0.5～1.0 mm；

• 穿孔率：1%～3%（双层时，外层穿孔率应大于内层）；

• 空腔深度：5～20 mm（低频取 15～20 cm，中频 10～15 cm，高频 5～10 cm）；孔板层数：单层或双层。

表 10－15 为常用的微穿孔板消声结构及吸声特性。

表 10-15　常用微穿孔板吸声性能　（单位:dB）

吸声结构	穿孔率/%	腔深/cm	频率/Hz				
			125	250	500	1 000	2 000
单层 ϕ0.8/0.8 厚	1	7	—	0.40	0.86	0.37	0.14
单层 ϕ0.8/0.8 厚	2	7	0.12	0.24	0.57	0.70	0.17
单层 ϕ0.8/0.8 厚	3	7	0.12	0.22	0.82	0.69	0.21
双层 ϕ0.8/0.9 厚	内 1 外 2	内 12 外 8	0.48	0.97	0.93	0.64	0.15
双层 ϕ0.8/0.9 厚	内 1 外 3	内 12 外 8	0.40	0.92	0.95	0.66	0.17
双层 ϕ0.8/0.9 厚	内 1 外 2.5	内 3 外 7	0.26	0.71	0.92	0.65	0.35
双层 ϕ0.8/0.9 厚	内 1.5 外 2.5	内 5 外 5	0.18	0.69	0.97	0.99	0.24
双层 ϕ0.8/0.9 厚	内 1 外 2.5	内 4 外 6	0.21	0.72	0.94	0.84	0.30

10.3.3 复合型消声器

在实际噪声控制工程中，噪声以宽频带居多，通常将阻性和抗性两种结构消声器组合起来使用，以控制高强度的宽频带噪声，其原理就是利用抗性消声器消除低频噪声，利用阻性消声器消除中高频噪声。常用的形式有阻性-扩张室复合式、阻性-共振复合式和阻性-扩张室-共振腔复合式，图 10-8 所示是常见的一种阻抗复合式消声器，可以认为阻性和抗性在同一频带内的消声器相叠加，但由于声波在传播过程中具有反射、绕射、折射和干涉等功能，所以其消声值并不是简单的叠加关系，尤其对于波长较长的声波来说，当消声器以阻性、抗性的形式复合在一起将出现声的耦合作用，互相产生影响。

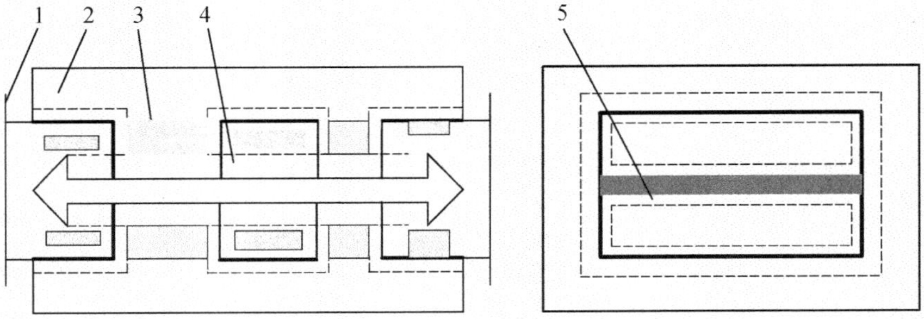

图 10-8　复合式消声器(宽频带消声器)

1—外包玻璃布;2—膨胀室;3—0.5 mm 厚钢板，ϕ8 孔占 30%;
4—木框外包玻璃布;5—内填玻璃棉

10.3.4 其他类型消声器

除了以上常用的消声器，通风空调系统中还有一些其他类型的消声器。

1. 消声弯头

当管道内气流需要改变方向时，必须使用消声弯头，在弯头的壁面上衬贴 2～4 倍截面尺寸的吸声材料时，就成为一个有明显消声效果的消声弯头。弯头的消声量大致与弯折角度成正比，如 30°的弯头，其声音衰减量大约是 90°弯头的 1/3。这种消声弯头有两种。

图 10－9(a)所示为弯头内贴吸声材料的做法，要求弯头内缘做成圆弧，外缘粘贴吸声材料的长度不应小于弯头宽度的 4 倍；图 10－9(b)是内贴 25 mm 厚玻璃纤维的消声弯头的消声效果。

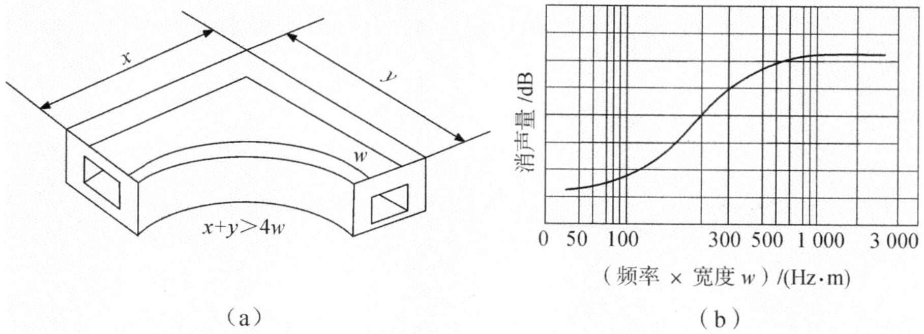

图 10－9　普通消声弯头

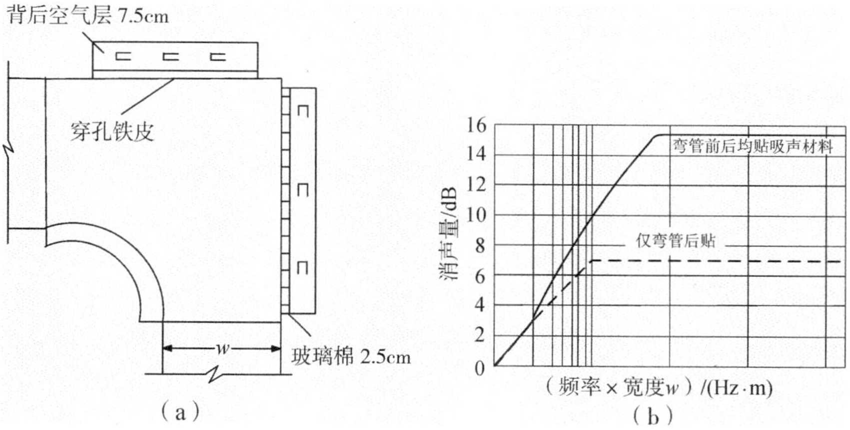

图 10－10　改良的消声弯头

图 10－10(a)所示是改良的消声弯头，外缘采用穿孔板、吸声材料和空腔，其消声量如图 10－10(b)所示。

2. 消声静压箱

在风机出口处或在空气分布器前设置静压箱并贴以吸声材料，既可起到稳定气流的作用又可起到消声器的作用，如图 10－11 所示。它的消声量与材料的吸声能力、箱内面积以及出口侧风道的面积等因素有关，设计时可按图 10－12 所示提供的线算图进行计算。

此外，当利用土建结构作风道时，往往可以利用建筑空间设计成单宫式或迷宫式消声器，即在土建结构内贴衬吸声材料具有较好的消声效果，这在地下工程回风道中常被采用。

以上就是通风空调系统中常用的消声器，需要说明的是：经过消声器后的风管不应暴露在噪声大的空间，以防止噪声穿透消声后的风管。若不可避免，则应对消声器后风管作隔声处理。

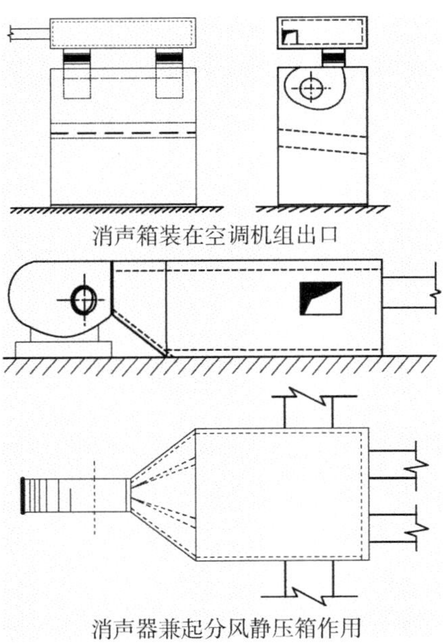

图 10-11　消声静压箱的应用

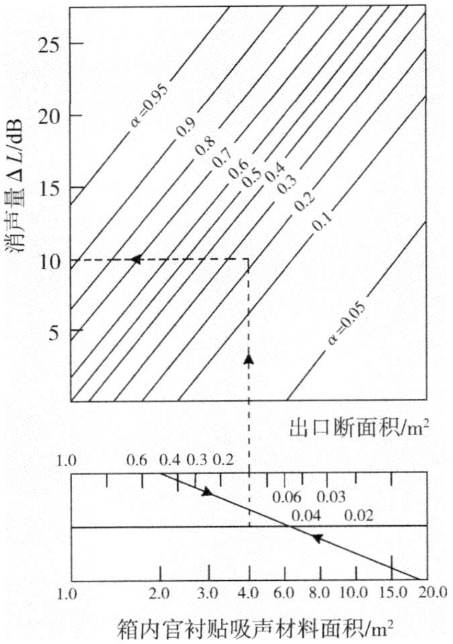

图 10-12　消声静压箱的消声量线算图

10.4 空调设备的隔振

声音的隔离是利用材料、构件的特殊功能削弱噪声传递的措施，如运用得当，可以收到良好的消声效果。空调系统中的风机、水泵制冷压缩机等设备运转时，会由于转动部件的质量中心偏离转轴中心而产生振动，该振动传给支撑结构（基础或楼板），并以弹性波的形式沿房屋结构传到其他房间，以噪声的形式出现。当振动影响某些工作的正常进行或危及建筑物的安全时，需采取隔振措施。本节主要介绍隔振的常用材料和器材以及常用措施。

10.4.1 设备的隔振

隔振是采用隔振材料或隔振器材，隔绝振动的传播。隔振按其达到的目的和安装方式，可分为积极隔振和消极隔振，降低振动设备直接传入支撑结构的振动能量称为积极隔振，减少来自支撑结构或环境振动传入某一设备称为消极隔振，但两者的原理相同。

1. 隔振材料

所谓隔振材料，即弹性材料，是指在负荷作用下，能产生较大变形，当负荷卸去后，又能立即恢复原状的材料，下面介绍一些常用的隔振材料。

（1）橡胶

橡胶是很好的弹性材料，但一般市场上所见到的整片、整块的硬橡胶，它的相对变形量小，除非做适当的加工，如打孔，切成小块等，以增加它的相对变形量。一般因为它的固有频率较高，不易达到预期效果，所以只能用在转速大于 1 500 r/min 的设备中。

（2）软木

软木是一种很普遍采用的隔振材料，特别是天然软木，具有较好的弹性。隔振用的软木材料，是将软木粒加上黏结料在高压之下压成软木板。如果载荷不大，用软木隔振效果不佳。软木适用于重型机械基础（如大型空调通风机）和高频的隔振。

(3)毛毡

用1.3～2.5 cm厚的最软毛毡切成小面积的毡垫，隔绝高频振动的效果良好。作为隔振器的毛毡垫的固有振动频率，主要决定于它的厚度，但不是正比例的关系。毛毡压得越结实，它的固有振动频率越高，特别适用于减小声频范围内的振动传递。使用毛毡垫隔振应注意防腐。

应当指出的是，在实践中，由于对材料和构造的声学性质认识不清，常常有将隔声材料与吸声材料相混淆的现象，即误认为隔声性能好的材料吸声性能也必然好。但实际上，这两种作用的规律性完全不同，所以使用不当会收到相反的效果。例如某地下电站的设计，在蒸汽机间与锅炉间的隔墙两侧都贴满微孔吸音砖，其他部分则没有，这说明使用吸音砖的目的不明确，仅材料一项就花费近万元，而实际作用则很小。总之，在选择何种材料时，首先要针对是隔声或是吸声的特点，才能使之充分发挥作用。当然，如果将隔声和吸声两种材料或构造配合使用得当，会取得较好的效果。

2.隔振器材

(1)隔振器

金属弹簧减振器广泛应用于振动控制中，如图10－13所示。优点是能承受各种环境因素，在很宽的温度范围（－40～150 ℃）和不同的环境条件下，可保持稳定的弹性、耐腐蚀、耐老化，设计加工简单，且能保持稳定的性能，在低频可保持较好的隔振性能。缺点是阻尼系数小，在高频区域隔振效果差，使用中常需在弹簧和基础之间加橡皮、毛毡等内阻较大的垫。

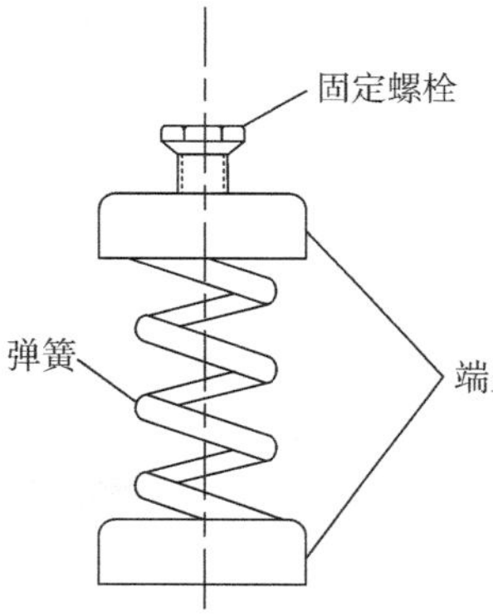

图10－13　金属弹簧减振器

橡胶减振器是工程上常用的隔振元件，如图10－14所示。最大优点是具有一定的阻尼，在共振点附近有较好的减振效果，并且可以在垂直、水平、旋转方向上隔振。这类减振器由硬度合适的橡胶材料制成，根据受力情况，可分为压缩型、剪切型、压缩剪切复合型等。

弹性吊钩的支撑方式为悬挂式，被悬挂的物体可以是振源，如振动的风管、水管及风机等动力设备，也可以是精密设备，以隔绝外界振动向其传递。其基本结构可分为三部分：外壳、弹性体和连接部分，弹性体可分为弹簧、橡胶或二者复合。

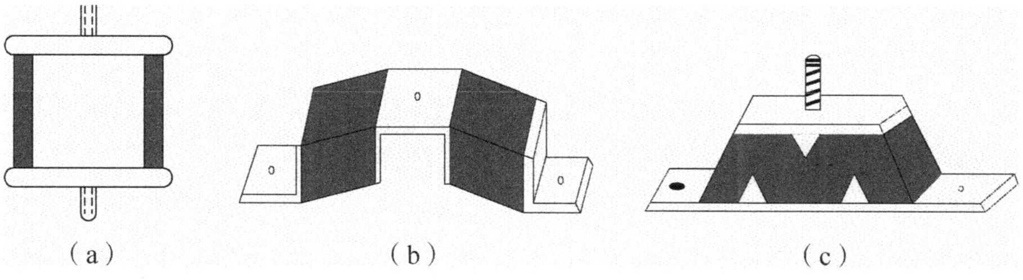

图10－14　橡胶减振器

(a)压缩型；(b)剪切型；(c)复合型

(2)隔振垫

隔振垫是经常采用的一种隔振器材。各种橡胶板、软木、玻璃棉毡等都可以用来做隔振垫,其特点是安装使用方便,价格便宜,厚度自己控制。

橡胶隔振垫,有各种成型产品出售。它的结构是10~20 mm厚的橡胶板,两侧带有沟槽或高度不同的凸台以增加受力时的变形量。使用时可以直接把隔振垫放在设备下面而不必改造基础。

酚醛树脂玻璃纤维板,俗称冷藏保温板。这种材料的相对变形量很大,残余变形很小,即使负荷过载,当失去荷载后仍可恢复,是一种良好的隔振材料。此外,此材料还具有耐腐、防火、不易老化、施工方便、价格低廉等优点。

3.管道补偿软连接装置

地下工程机械设备一般通过管道系统与外界相连接,各种管道不论是水管、风管等,大都应该加装管道补偿软连接装置。软连接装置不仅可以减少沿管道传递的振动,还可以补偿由于温度变化引起的管道的伸缩以及安装过程中的误差,从而方便安装。

10.4.2 通风空调系统的隔振措施

地下工程通风空调系统对振动噪声进行隔振的原则和措施如下:

1)当通风、空气调节和制冷装置的振动靠自然衰减不能达到允许程度时,应设置隔振器或采取其他隔振措施。

2)当设备转速小于或等于1 500 r/min时,宜选用弹簧隔振器;设备转速大于1 500 r/min时,宜选用橡胶等弹性材料的隔振垫块或橡胶隔振器。

3)选择弹簧隔振器时,应符合下列要求:①设备的运转频率与弹簧隔振器垂直方向的自振频率之比,应大于或等于2;②弹簧隔振器承受的荷载,不应超过允许工作荷载;③当共振振幅较大时,宜与阻尼大的材料联合使用。

4)选择橡胶隔振器时,应符合下列要求:①应考虑环境温度对隔振器压缩变形量的影响;②计算压缩变形量宜按制造厂提供的极限压缩量的1/3~1/2采用;③设备的运转频率与橡胶隔振器垂直方向的自振频率之比,应大于或等于2;④橡胶隔振器承受的荷载,不应超过允许工作荷载。

注:橡胶隔振器应避免太阳直接辐射或与油类接触。

5)符合下列要求之一时,宜加大隔振台座质量及尺寸:①当设备重心偏高时;②当设备重心偏离中心较大,且不易调整时;③当隔振要求严格时。

6)通风机和水泵的进出口,宜采用软管同管道连接。

当设备采取了减振措施以后,设备本身的振动会显著增强,这对具有刚性管道连接的设备(如压缩机、水泵等)非常不利,可能导致管道破裂或设备损坏,必要时应适当增加减振基础的重量,以及在设备进出口处采用安装软接管和弹性吊环等措施。

当消声和隔振要求较高时,管道与支吊架间应设有弹性材料垫层。管道穿过围护结构处,其周围的缝隙,应用弹性材料填充。

10.4.3 其他隔振措施

除了以上介绍的隔振措施,地下工程通风空调系统中还有其他的隔振措施,这里作简要介绍。

1. 设备基础的隔振措施

在可能条件下，有振动的设备放在底层比较好，因为厚重的设备基础和基础周围的岩石不易被激起振动。若再采取一定的隔振措施，就可以比较有效地防止噪声通过地基向外传播。

设备基础的隔振措施主要是把基础底面和四个侧面用弹性材料与岩壁分开(侧面也可以用空气间层)，如图 10－15 所示。弹性材料常用砂、炉碴、锯末、软木等。对于有机材料注意要采取防潮防腐措施，对于隔振沟的沟底要采取防水措施，如果沟内充水则会大大降低隔振效果。

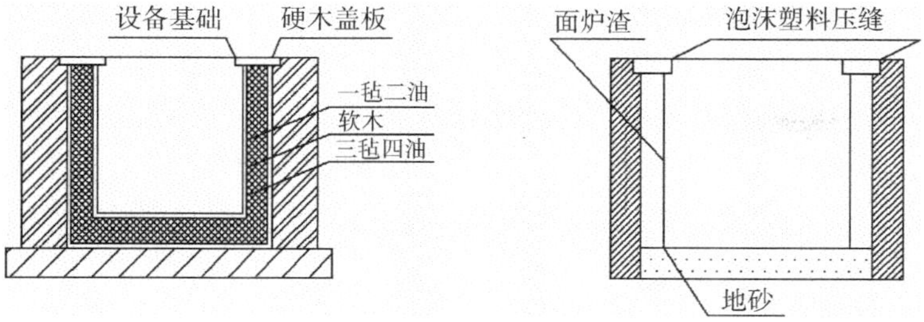

图 10－15　设备基础隔振措施

2. 楼板上撞击声的减弱措施

对于必需放在楼板上有振动的设备，一般应采用弹簧减振器或弹性衬垫防止噪声传播。对于一些不固定不规则的撞击声，如走路、重物落地、拖动家具等，可以采取以下两类方法使之得到减弱。

一类方法是在楼板上采取措施以减弱振动，例如在楼面上铺设有弹性的材料，如橡皮、软塑料、软木砖等可以比较有效地使撞击声能减弱，但出于普遍铺设造价较高，可以在走道或经常有振动的部位局部铺设，比较简易的方法是在楼层地面与楼板之间加铺一层弹性垫层，如炉灰加砂、锯末白灰、矿棉木砟、白灰焦砟等。这种做法由于需要一定强度以保证面层的坚固，弹性垫层的弹性不可能很大，故减振效果较差，而架空木地板加弹性软垫的做法效果较好，但造价较高。

另一类方法是在楼板之下另加吊顶层，如图 10－16 所示，该方法一方面利用吊顶本身的质量起一定的隔声作用，还可以在吊顶内放吸声材料，或利用吊顶与楼板之间的空气层组成薄板共振吸声构造等，都是经常使用的方法，但是应当注意吊顶的吊杆和支撑仍可能将振动传至吊顶层，因此必要时可将吊杆做成非刚性连接，在接头处加一些软垫、弹簧等。

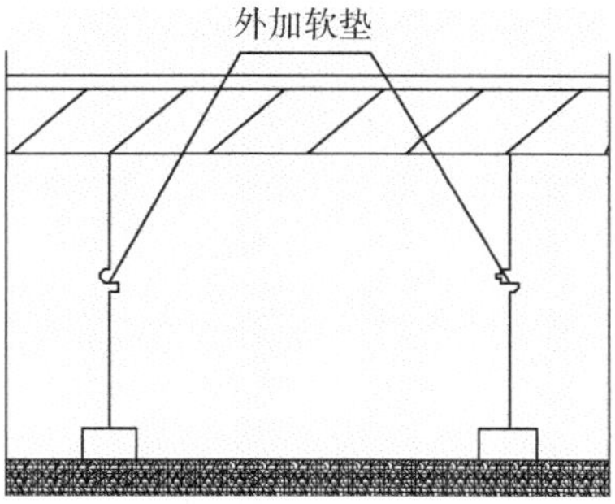

图 10－16　吊顶减震

思考题与习题

1. 防止噪声进入房间的主要措施有哪些?

2. 风机 A 和风机 B 单独工作时产生的声压级都是 80 dB,共同工作时产生的声压是多少?

3. 什么是噪声的自然衰减?空调系统中哪些构件具有噪声自然衰减作用?

4. 消声器有哪些类型,其工作原理是什么?

5. 为什么要采用声级计 A 档来评价噪声?

6. 选择消声器应考虑哪些因素?

7. 空调系统的风道(钢板)系统如下图所示,工艺要求此装配车间内允许的噪声标准为 NR—40曲线。车间的容积为 400 m^3,混响时间为 $T=1.3$ s,房间常数 $A=50$,人耳距风口距离为 1.5 m,夹角 $\theta=45°$,风机的送风量为 8 000 m^3/h,风压为 700 Pa,叶片为后向型,试计算所需要的消声量。

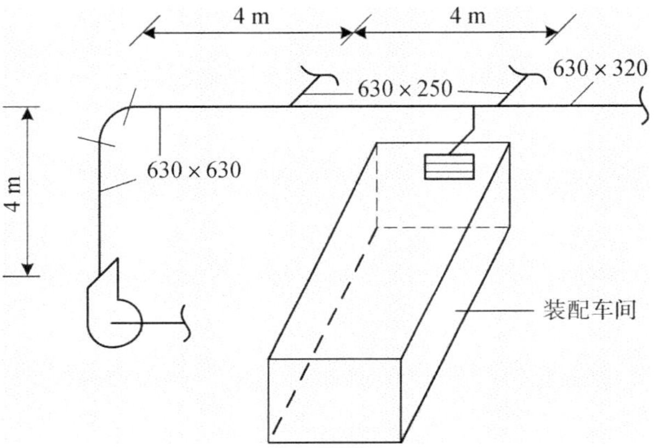

第 11 章　通风空调系统的测定与调整

地下工程的通风空调系统竣工后，为了使系统达到设计与使用要求，应该对其进行测定与调整。一般通风空调系统的测定与调整主要包括风量测定及风量分配，静压测定与调整，以及空气处理过程和空调房间内空气参数的测定与调整。

在地下工程通风空调系统中除每日正常温湿度记录外，特别应对那些直接影响工程温湿度的设备、代表工程温湿度指标的位置设置测点，测后进行记录并做好整理分析工作，必要时还需进行一些设备维护调整，这是保证系统正常运行的重要手段。测试项目主要有风机与管路的风量、风压，空气处理设备前后空气的状态参数及被监测房间或部位的空调总体效果等。

通风空调系统的测定与调整是实践性很强的技术工作，是对设计、施工安装以及运行管理质量的综合检验，应由设计、施工及使用单位密切配合，与控制人员联合工作，才能按照系统测定调整的要求，全面地完成调试任务。

与地面建筑相比，地下工程的通风空调系统在通风和空气处理方面基本相同，但是也有战时防护的特殊要求，因此本章只对风量和防护通风的测定与调整方法予以介绍。

11.1 风量的测定与调整

空气动力工况的测定与调整是整个系统正常运行和进一步完成热力工况测定与调整的基础。其主要内容是在有负荷和无负荷条件下，完成系统的风量分配和总风量，系统的压力分布（主要部件的阻力大小等），室内正压和风量平衡等测定与调整。

11.1.1 风量测定

空调系统的送风量、回风量和新风量，各分支管或风口的风量等均需经测定后确定，因此风量测定是空气动力工况测试的基本内容。风量测试的方法有多种，本节主要介绍在管内及风口处测定风量的方法。

1. 风管内风量测试

风管内风量测定是在测出管道断面面积及空气平均流速后，根据风量为管道断面面积与空气平均流速之积得到。

测试风管内空气的平均流速首先要正确选择测试断面和确定测点数。测试断面应选在气流稳定的直管段上，以便测量结果比较准确。按照局部管件（弯头、三通等）对管内流动流场分布的影响并考虑实际工程条件，可按如图 11－1 所示选择测量断面。当实际工程条件不能满足图内规定的距离时，则可缩短距离，并尽量使测量断面距上游局部管件的距离远些。当测量断面处管内流动不出现涡流，如图 11－2 中断面Ⅱ，可通过加多测点来提高测试结果的准确性；当测量断面出现涡流，如断面Ⅱ，不仅要加多测点，且需合理处理所测数据才能达到较好地测出风量的目的。

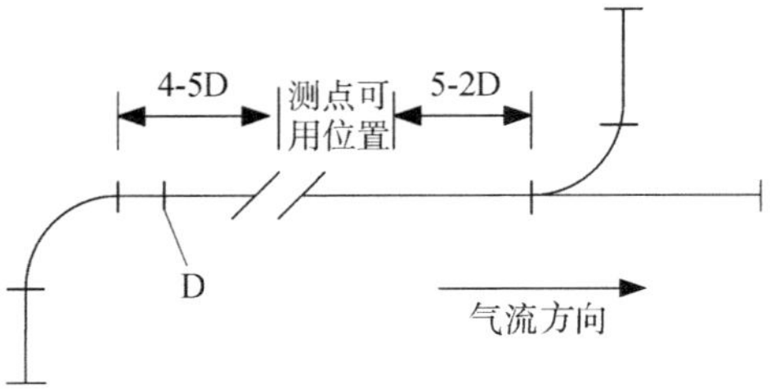

图 11－1　测量断面选择要求

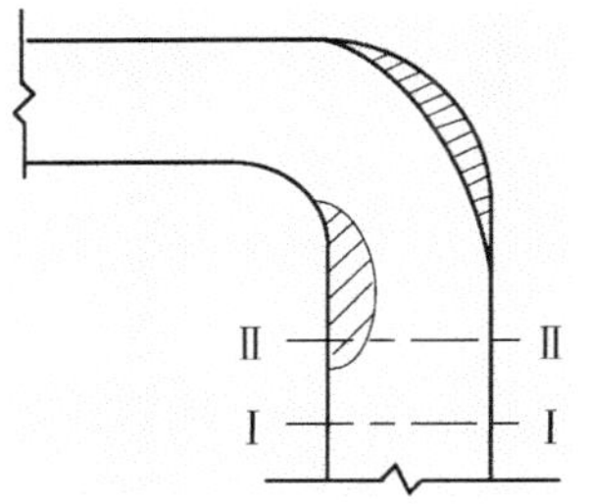

图 11－2　涡流区断面风速测量

在测量断面上确定测点数取决于断面大小和流场的均匀性。一般测点数取得越多，所测平均流速值越准确。在工程测量中，每个测点所对应的断面面积一般规定不大于 0.05 m^2，测点位于该面积的中心。

由于速度分布的不均匀性，压力分布也是不均匀的，必须在同一断面上多点测量，然后求出该断面的平均值。

对于圆形断面，可将断面划分成一定数量的等面积同心环，每个圆环测 4 个点，同心环的环数可按表 11－1 确定。

表 11－1　圆形风管的分环数

风管直径 D/mm	≤300	300～500	500～800	850～1 100	＞1 150
划分环数 n	2	3	4	5	6

各测点距风管中心的距离为

$$R_n = R\sqrt{\frac{2n-1}{2m}} \tag{11-1}$$

式中：R_n 为从风管中心至第 n 个测点的距离，mm；R 为风管半径，mm；n 为自风管中心算起的圆环顺序号；m 为风管划分的圆环数。

为简化计算，将各测点距风道内壁距离系数 k 列于表 11－2，则简化后 $R_n = kR$。

表 11－2　圆形风管测点与管壁距离系数 k（以管径为基数）

测点序号	同心圆环数				
	2	3	4	5	6
1	0.933	0.956	0.968	0.975	0.98
2	0.75	0.853	0.895	0.92	0.93
3	0.25	0.704	0.806	0.85	0.88
4	0.067	0.296	0.68	0.77	0.82
5		0.147	0.32	0.66	0.75
6		0.044	0.194	0.34	0.65
7			0.105	0.226	0.36

续　表

测点序号	同心圆环数				
	2	3	4	5	6
8			0.032	0.147	0.25
9				0.081	0.177
10				0.025	0.118
11					0.067
12					0.021

图 11－3 所示是划分为 3 个同心环的风管的测点布置图，其他同心环的测点可参照布置。

对于矩形断面，可将断面划分为若干等面积的小矩形，测点布置在每个小矩形的中心，小矩形每边的长度为 200 mm 左右，如图 11－4 所示。

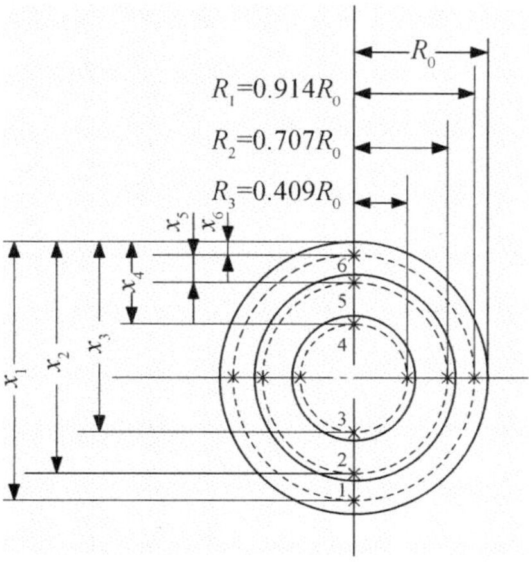

图 11－3　圆形风道测点布置图

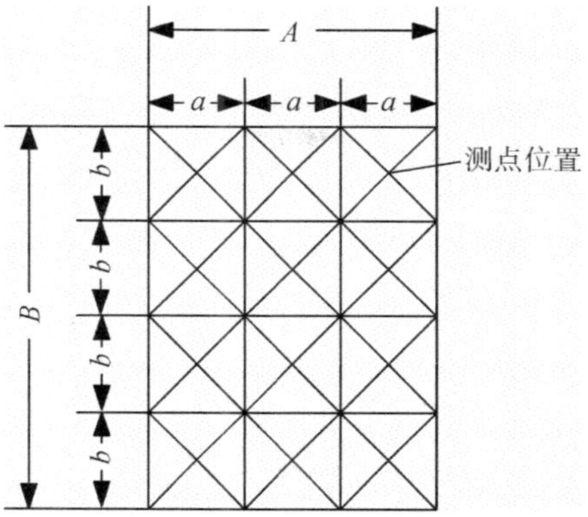

图 11－4　矩形风道测点布置图

风管内测试风量的常用方法是用皮托管和微压差计测出各点的动压，然后求出平均风速，即

$$\overline{p}_d=\left(\frac{\sqrt{p_{d1}}+\sqrt{p_{d2}}+\cdots+\sqrt{p_{dn}}}{n}\right) \tag{11-2}$$

$$\overline{v}=\sqrt{\frac{2\overline{p}_d}{\rho}} \tag{11-3}$$

式中：p_{d1}，…，p_{dn}为各测点的动压值，Pa；n 为测点总数；ρ 为空气密度，kg/m^3。

测量风道中气体的压力应在气流比较平稳的管段进行。测试中需测气体的静压、动压和全压。测气体全压的孔口应迎着风道中气流的方向，测静压的孔口应垂直于气流的方向。风道中气体压力的测量见图所示。

如图所示，用 U 形压力计测全压和静压时，另一端应与大气相通（倾斜式微压计在正压管段测压时，管的一端应与大气相通，在负压管段测压时，容器开口端应与大气相通）。压力计上读出的压力，实际是风道内气体压力与大气压力之间的压差，大气压力一般用大气压力表测定。

利用各测点动压值的算术平均值计算平均风速，只有在各动压值间的差别不大时才可采用。

2. 风口风量测定

由于连接风口的支管常常较短又不易接近，但送风口和排风口位于室内，易于接近，所以在风口处测试风量易于实现。

(1)送风口风量测定

用叶轮风速仪紧贴风口平面进行测量。按风口断面大小，把风口划分为若干个面积相等的区域，在其中心处逐个测定，然后计算出平均风速，再按下式计算风量：

$$q_v = 3\ 600KAv_m \tag{11-4}$$

式中：q_v为送风口风量，m^3/h；K 为考虑风口结构装饰形式的修正系数，一般取 0.7～1.0；A 为送风口外框面积，m^2；v_m为测得的平均风速，m/s。

当测定有导风叶的送风口时，应把风速仪放在同气流方向垂直的位置上，并靠近风口。

风口的结构形式以及由此确定的气流流动状况是多样的，有时也相当复杂，因此，要想较为准确的测得风量，就需要使用专门的风量测试装置。图 11－5 示出一种带有可变风机转速的，本身利用局部管件产生的局部压差确定风量（事先标定）的测试装置。在使用时，改变风机转速，使风口出口处静压保持为 0，这就保证了该测试装置既不增加风口出风的阻力，也不产生吸引作用，因而测出的风量比较准确。

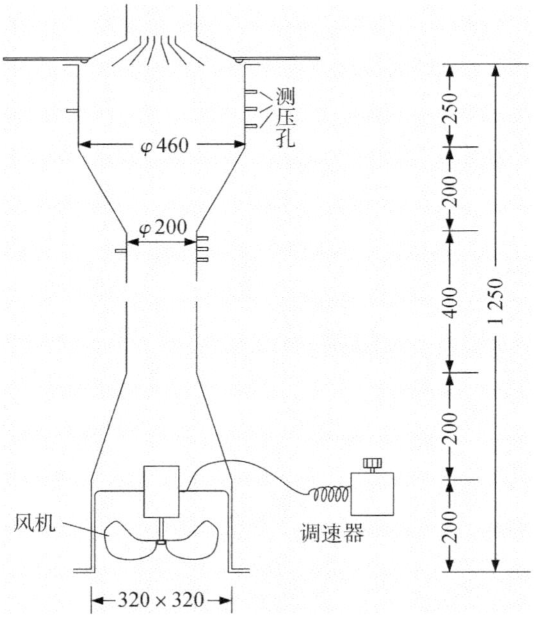

图 11－5　风口风量测试装置

在实际测试中，有时采用加罩测试，罩内不带风机，所以加罩后等于在该风口所在支路上增加阻力，风量有所减少。如果原有风系统阻力较大，加罩后对风量减少的影响则较小，反之则不可忽视。

采用叶轮风速仪贴近风口测定风量方法有两种，一种是匀速移动测量法，另一种是定点测量法。

(2)匀速移动测量法

对于截面积不大的风口，可将叶轮风速仪沿整个截面按图路线慢慢地匀速移动，移动时叶轮风速仪不应离开测定平面，此时测得的结果可认为是截面平均风速。此法需进行三次，取其平均值。如图 11－6 所示。

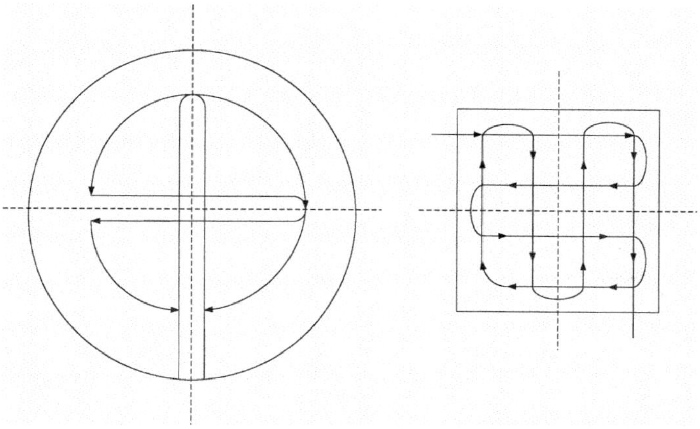

图 11－6　匀速移动测量路线

(3)定点测量法

按风口截面大小，划分为若干个面积相等的小块，在其中心处测量。对于尺寸较大的矩形风口可划分为同样大小的 8～12 个小方格进行测量；对于尺寸较小的矩形风口，一般测 5 个点即可。对于条缝形风口，在其高度方向至少应有 2 个点，沿条缝方向根据长度可分别取为 4、5、6 对测点；对于圆形风口，按其直径大小在圆弧上可分别测 4 个点或 5 个点。如图 11－7 所示。

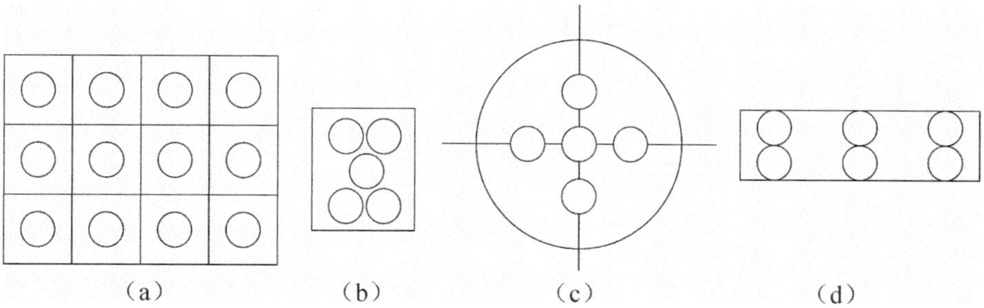

图 11－7　各种形式风口的测点布置示意图

(a)较大矩形风口；(b)较小矩形风口；(c)圆形风口；(d)条缝形风口

采用叶轮风速仪或热电式风速仪在风口处直接测量风量具有较大的误差。尤其是对散流器或出风不均匀的风口更是如此。因此，这种测试只适用于一般要求不高的空调系统。

(4)回风口风量测定

对于回风口的风量测试，由于吸气气流比较均匀，可以采用贴近风口用叶轮风速仪或热电式风速仪测试的方法。

11.1.2 风量调整

空调系统的风量调整实质上是通过改变管路的阻力特性，使系统的总风量、新风量和回风量以及各支路的风量分配满足设计要求。送(回)风系统风量的调整,就是在测量管段风量的同时,按照需要及时地调节设在两风管分支处的三通调节阀的开度大小,以控制风量达到一定的数值。系统风量调整后,应达到新风量、排风量、回风量的实测值与设计风量的偏差不大于10%;风口风量的实测值与设计风量的偏差不大于15%。新风量与回风量之和应近似等于总的送风量或各送风量之和。

空调系统的风量调整不能采用使个别风口满足设计风量要求的局部调整法,因为任何局部调整都会对整个系统的风量分配发生或大或小的影响。

首先介绍一下系统风量调整的基本原理。由流体力学可知,风管的阻力与通过风量的平方成正比,即

$$\Delta p = Sq^2 \tag{11-5}$$

$$S = 62\times10^{-10}\rho\left(\frac{\lambda l}{d}+\sum\zeta\right)/d^4 \tag{11-6}$$

式中:Δp 为风管的阻力,Pa;q 为通过风管的风量,m^3/h;v 为风管内空气的流速,m/s;S 为风管阻力特性因数;ρ 为空气密度,kg/m^3;λ 为摩擦阻力因数;l 为管道长度,m;d 为管道直径,m;ζ 为局部阻力因数。

S 值是一个与空气性质、风管直径、长度、摩擦阻力系数和局部阻力系数有关的比例常数。对同一风管,如只改变风量,其他条件不变,则 S 值基本不变。

以一简单的三通两支管为例,其压力损失应平衡,风量按各管段的水力特性进行分配,即

$$\Delta p_1 = S_1 q_1^2$$

$$\Delta p_2 = S_2 q_2^2 \tag{11-7}$$

$$\frac{S_1}{S_2} = \frac{q_2^2}{q_1^2}$$

或

$$\sqrt{\frac{S_1}{S_2}} = \frac{q_2}{q_1} \tag{11-8}$$

式中:Δp_1,Δp_2为风管的阻力,Pa;q 为通过风管的风量,m^3/h;S_1,S_2为风管阻力特性系数;v 为风管内空气的流速,m/s。

如果改变风机出口干管上的调节阀的位置,也就改变了干管阻力,其总风量发生变化,两支管的风量也会发生变化,但由于三通两支管的调节阀没有改变,其两支管的风量比例是不变的。所以只要三通两支管的调节阀位置不变,不论总风量如何变化,其两只管的风量总是按一定比例进行分配。系统风量的调整就是根据这一原理。

目前国内使用的风量调整方法有流量等比分配法、基准风口调整法、逐段分支调整法等。由于每种方法都有各自的适应性,在风量调整过程中,可根据管网系统的具体情况,选用相应的方法。

1. 流量等比分配法

此方法一般是从系统中最远(最不利)管段开始,逐步调向风机出口(或入口)段。如图 11-8 所示的系统,最不利管路为 1—3—5—9,应从支管 1 开始测定调整。先测出支管 1 和支管 2 的风量,并用支管上的风阀进行调整,使其比值与设计风量的比值近似相等;然后再测定并调整支管 3 和支管 4 的风量,以及支管 6 和 7,5 和 8 的风量,使它们的风量与设计风量的比值

都近似相等。

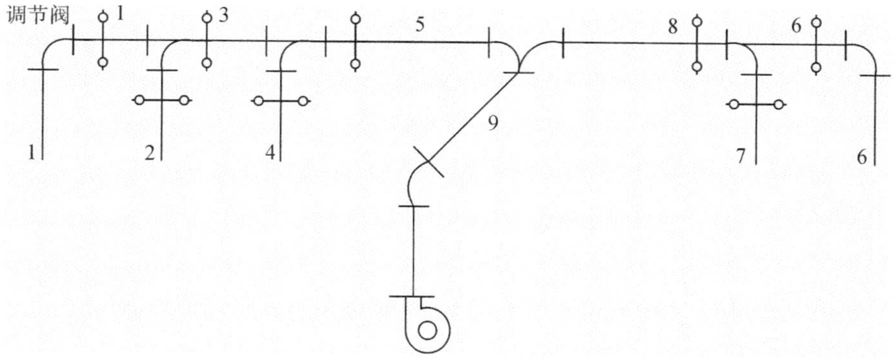

图 11－8　流量等比分配法

显然，实测风量并不是设计风量。根据风量平衡原理，只要将风机出口总风量调整到设计风量，那么各支、干管的风量，会按各自的设计风量比值进行等比分配，实际送风量也就近似等于设计送风量。

采用流量等比分配法的结果比较准确，反复测量的次数不会太多，常用于风口数量较少的集中式空调系统。缺点是需在每一管段上打测孔。

2. 基准风口调整法

先用风速仪将全部风口的送风量初测一遍，计算出初测风量和设计风量的百分比。在每个支环上选取最小比值的风口作为基准风口，然后依次与其他风口进行调整，使其比值接近。

现在以图 11－9 所示系统为例，说明按等比例调节方法的实际应用。

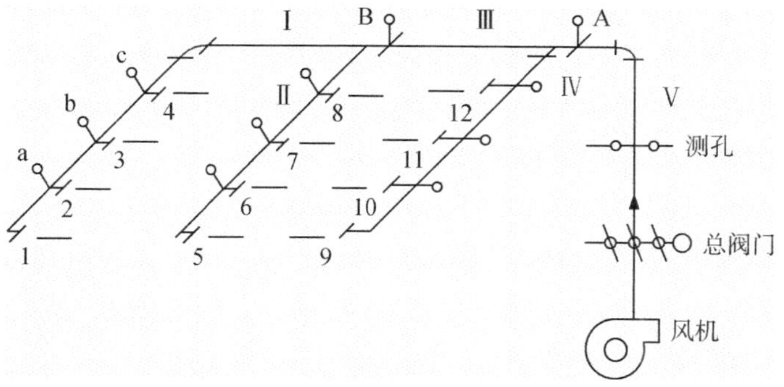

图 11－9　系统风量调整示意图

假定该系统除总风阀外在三通管 A，B 处及各风口支管分支处，装有三通调节阀(亦可用其他类型的调节阀)。风量调整前，三通阀置于中间位置，系统总阀门置于某一开度。初测各风口风量并计算与设计风量的比值，将初测与计算结果列于表 11－3。

分析表 11－3 初测数据，发现该系统的风量分配此时是各支管的最远风口风量最小，同时支路间的风量分配是支路Ⅰ最小。由此，可采取以风口 1 为基准，将风口 2 的风量调到与风口 1 相同，进而调节风口 3 的风量使其与风口 2(或风口 1)的风量相同，依此类推，将支管Ⅰ上各风口的风量分配先调整均匀。采取同样做法再将支管Ⅱ和支管Ⅳ上的风口调整到所要求的均匀度。然后以 1、5、9 风口为代表，依此调节 A、B 三通阀，使各支管间的风量分配达到 2∶2∶3 的设计要求。这样风量分配的调整即告完成，最后将总风阀调整到设计风量，则系统风量测试与调整即全部完成。

表 11-3 系统风量分配的初测结果

风口编号	设计风量/($m^3 \cdot h^{-1}$)	初测风量/($m^3 \cdot h^{-1}$)	(初测风量/设计风量)/(%)
1	200	160	80
2	200	180	90
3	200	220	110
4	200	230	115
5	200	190	95
6	200	210	105
7	200	230	115
8	200	240	120
9	300	240	80
10	300	270	90
11	300	330	110
12	300	360	120

基准风口调整法调整方便，无需在管段上打测孔，在调试中比较常用。

11.2.3 系统漏风量检查

由于空调系统设备、管道及各部件处连接和安装的不严密，造成在系统运行时存在不同程度的漏风。经过热湿处理或净化处理的空气在未到达空调房间之前漏失，显然会造成能量的无端浪费，严重时将影响整个系统的工作能力以致达不到原设计的要求。

检查漏风量的方法是将所要检查的系统或系统中某一部分的进出通路堵死，利用一外接风机通过管道向受检测部分送风，同时测量送入被测部分的风量和在内部造成的静压，从而找出漏风量与内部静压的关系曲线或关系式，即

$$\Delta p_j = AL_1^m \tag{11-9}$$

式中：Δp_j 为所测部分内外静压差，Pa；L_1 为漏风量，m^3/h；A、m 为系数和指数，取决于被测对象的孔隙或孔口结构特性。

在此基础上，根据被测部分正常运行时内压的大小，确定漏风量，并按下式确定漏风率：

$$\alpha = \frac{L_1}{L} \times 100\% \tag{11-10}$$

式中：L 为系统正常运行时通过被测部分的风量，m^3/h。

图 11-10 所示为漏风量的测试方法，图中只表示了一段风管的漏风量测定，若对某一系统或带有风口的某些管段测试漏风量，则需要封死各对外通路（如风口等）及检查门。可见，漏风量测试是相当费力的，只有在严格要求并且在施工验收规范中规定检测时才必须现场测定。

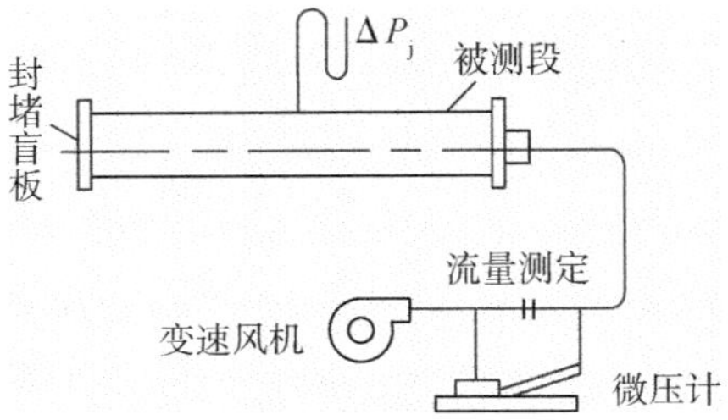

图 11-10 漏风量测试

11.2.4 室内静压调整

根据设计要求，某些房间要求保持内部静压高于或低于周围大气压力，同时一些相邻房间之间有时也要求保持不同的静压值。因此在空调测定与调整中也包括室内静压值的测定与调整。

室内正压可用补偿式压差计来测定。也可在需测正压的房间，将合成纤维细丝或薄纸条(或燃着的香等)置于稍微开启的门缝处，如果纤维丝或纸条等飘向室外，则说明该房间内呈正压，反之为负压。

如图 11－11 所示，在一个空间内，当送风量为 L，回风量为 rL(r 为回风比)，则 $L(1-r)$ 即为新风量，亦即需要通过房间的不严密处逸出的风量。类似管道漏风量的关系式可写出：

$$(1-r)L=\alpha\Delta p_j^{\frac{1}{m}} \tag{11-11}$$

或

$$\Delta p_j=A[(1-r)L]^m \tag{11-12}$$

式中：$A=1/\alpha^m$，α，m 为房间孔隙的结构特性系数。

由上式可知，漏风量的大小与 $(1-r)L$ 的大小有关，同时与房间不严密处的孔隙大小和其结构特性有关。因此，采用同样的回风比 r，在不同的空间内可能形成不同的静压值。

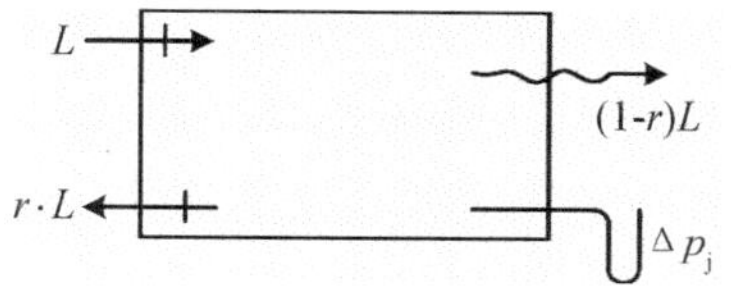

图 11－11　室内静压调整

在有局部排气的空间内要形成一定的室内正压，则需保证新风量大于局部排风量。多个相邻房间为保证洁净度或防止污染，有时需调整成梯级正压。在这种情况下，应依次检查各房间的静压值，保证各房间之间所需维持的静压。

房间静压值的测试和调整方法主要是靠调节回风量实现的。在使用无回风的风机盘管加集中送新风的系统(或诱导器系统)时，则室内正压完全由新风系统的送风量所决定。

11.2 防护通风系统的检测与调试

地下工程在建成投入使用前，应对通风防护系统进行检测与调试，以判断该系统中配置的设施能否达到设计要求。防护通风系统调试是整个通风空调系统调试的一个组成部分，但由于防护通风系统调试为地下工程特有，且与民用建筑通风空调系统调试不同，所以应由建设方委托有能力的第三方组织实施为宜。

11.2.1 防护通风系统调试的准备工作

通风防护系统调试技术性强，综合性也强，不仅涉及平(战)时通风空调系统还涉及阵地土建与其他内部设备系统(如给排水系统、自动控制系统、电气系统等)。调试人员不仅要与建设单位有关部门及人员密切配合，还要与施工单位的相关部门及人员协同工作，因此需要有工作预案，做好各项准备工作，以保证调试工作的全面展开。

1. 收集并熟悉技术资料

技术资料是开展调试工作的主要依据，它包括现行规范、竣工图纸、设备样本、单机试运转记录、通风空调系统调试报告。熟悉技术资料时应做到：熟悉现行规范的相关要求，对照施工图纸，确定适用条文规定；熟悉施工图纸，了解工程等级、战技指标、施工要求、系统构成及其可调性、防护设施位置、设施类型及保障区间、口部及战时人员出入通道等。

熟悉施工图纸是了解工程实际、进行现场调查、编制调试计划的基础，由于施工图纸在实际施工中会发生变更，应以竣工图为主要依据，竣工图未完成的，应在原施工图基础上提供相应的变更通知；熟悉设备样本，要了解系统选用设备的性能参数；查阅设备试运转记录，要了解是否有遗漏试运转的设备（阵地设备中包括防护设施）；查阅通风空调系统调试记录与报告，了解内部通风空调系统调试项目、实测数据与结论。

2. 现场调查

现场调查以施工图与检测项目为依据，主要完成下列工作：普查通风防护系统与相关防护设施构成；测算工程清洁区内部体积；核查与编号密闭墙上预留、预埋及安装的部件类型；核查与编号穿越密闭单元的地沟、地下管线、地漏等部件；核查与编号密闭墙上建筑二次施工部位；核查与编号手电动密闭阀门安装位置，自动排气活门（防爆）安装位置，测压管与取样管安装位置；确定超压排风通道调查与检测位置；防护通风系统调试测试项目需要的其他调查内容。

现场调查是顺利开展调试工作的基础，调查项目考虑不周或调查不细，会对后续调试的实施带来影响，对调试中出现问题原因的查找带来困难。

3. 绘制调试示意图

示意图以竣工图与现场调查结果为依据，根据调试项目要求绘制，必须反映所有测点，统一编号，并注明建筑轴线。

4. 制订调试计划

防护通风系统调试计划应反映：调试项目、与建设单位及施工单位的配合要求、检测用仪器仪表、人员组织安排、进度计划等内容。

11.2.2 防护通风系统测量

1. 气密性测量

在地下工程口部防毒通道、密闭通道的防护密闭门和密闭门门框墙上，宜设置气密测量管（DN50 热镀锌钢管），该管也可与防护密闭门和密闭门门框墙上的电气预埋管合用，以测量防毒通道、密闭通道的气密性。气密测量管的设置如图 11－12 所示，管的两端可采用钢质管帽、丝堵或盖板封堵。

2. 工程超压测量

战时通风要随时掌握工程内的超压情况，超压测量仪表可以是倾斜式微压计（量程 200 Pa）或电子测压计等。超压测量原理如图 11－13 所示，平面布置如图 11－14 所示。

测压测量装置由倾斜式微压计、连接软管、铜球阀和通至室外的测压管组成。测压管采用预埋的 DN15 热镀锌钢管，其一端在防化通信值班室通过铜球阀、橡胶软管与倾斜式微压计连接，另一端则引至工程外空气零点压力处，且管口向下。预埋密封测压管的密封肋采用 3～4 mm的钢板制作，所有焊缝处均用满焊，不允许渗漏。

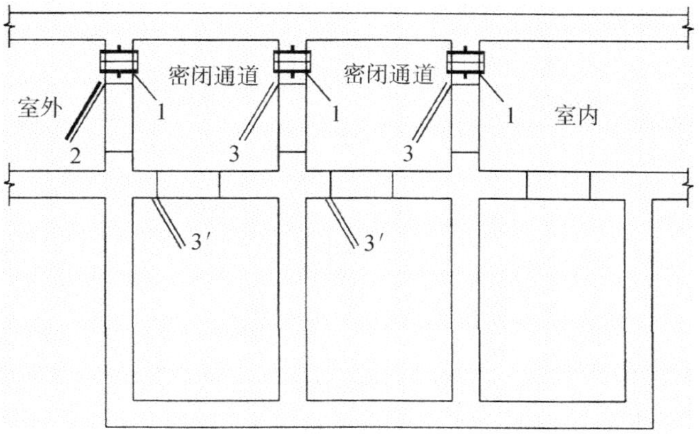

图 11-12　气密测量管的设置

1—气密测量管；2—防护密闭门；3，3′—密闭门

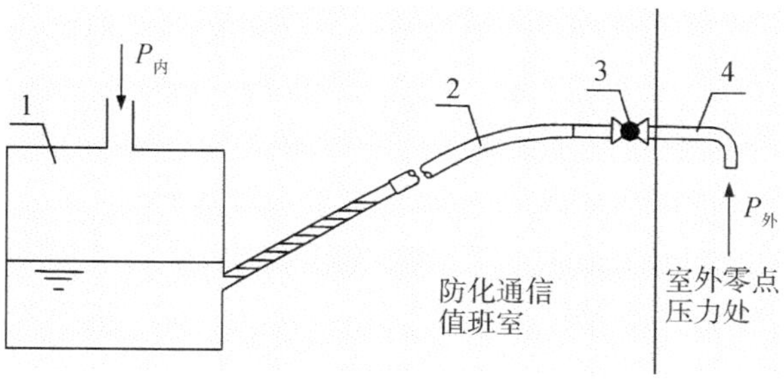

图 11-13　超压测量原理图

1—倾斜式微压计；2—连接软管；3—球阀（或旋塞阀）；4—热镀锌钢管

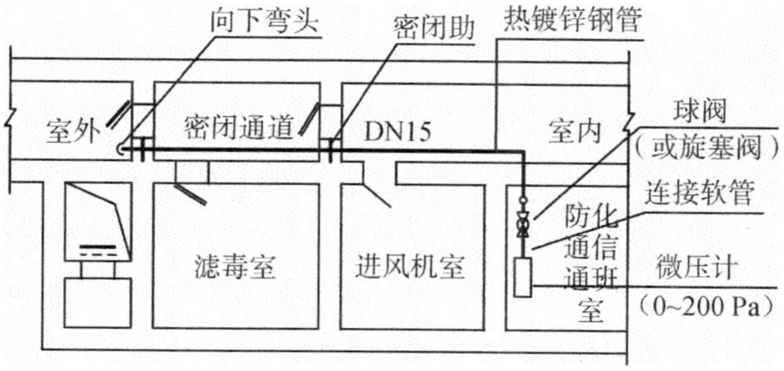

图 11-14　测压装置平面布置图

3. 空气取样管与测压管

设有滤毒通风的地下工程，在滤毒通风管路上设置空气取样管和测压管，以监测空气中放射性、油网过滤器及过滤吸收器的工作状态，如图 11-15 所示。

具体规定如下：

1）在油网滤尘器的前后设置压差测量管（DN15 热镀锌钢管），以监测油网滤尘器的积尘情况。压差测量管末端设置球阀。

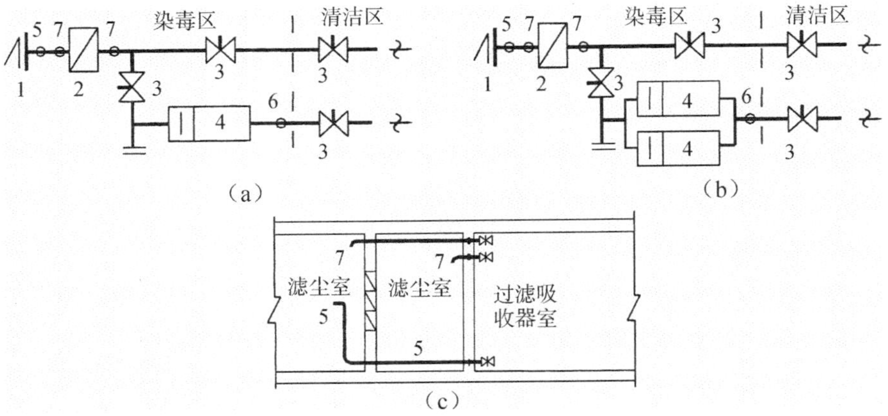

图 11－15　取样管、压差测量管设置示意图

(a)有一台过滤吸收器时;(b)有二台以上过滤吸收器时;

(c)滤尘室取样管、压差测量管布置示意

1—消波设施;2—粗过滤器;3—密闭阀门;4—过滤吸收器;5—放射性监测取样管;

6—尾气监测取样管(长 30～50 m);7—滤尘器压差测量管

2)在滤尘器的进风管上设置空气放射性监测取样管(DN32 热镀锌钢管),以监测工程外空气的放射性。取样管管口位于风管中心,取样管末端设球阀。

3)在过滤吸收器的总出风口处设置尾气监测取样管(DN15 热镀锌钢管),以监测过滤吸收器的滤毒效果。尾气监测取样管末端设截止阀。

11.2.3 防护通风系统调试

通风防护系统调试的主要内容有四项:①工程气密性试验;②自动排气活门启动压力调整;③最小防毒通道通风换气次数测试;④工程漏风量测试。

1. 工程气密性试验

(1)工程气密性保障措施

防护工程内部清洁区的气密性,是依靠密闭墙、密闭门及穿越清洁区的各类设备管线、观察窗、地漏、水封井等密闭措施实现,其作用就是防止有害气体利用自然压差(风压与热压)的作用,沿各种缝隙或人员出入通道侵入工程内部危及人员安全。

(2)工程气密性试验目的

工程气密性试验的目的是检验密闭墙土建二次施工结合缝是否严密、密闭门及密闭阀门关闭是否严密、穿越密闭单元的各类密闭措施是否严密。

(3)试验方法步骤

1)密闭清洁区。关闭所有密闭门(包括防护密闭门),并关闭进排风管路上的所有密闭阀门,闭锁所有自动排气活门,拧紧沟通清洁区与染毒区的防爆地漏盖板,检查防毒通道内的水封井及防爆水封井的水位线并做好标记。

2)联好测压装置,启动平时进风机,调节进风管上的阀门开度,使工程内部超压值达到设计超压值的 2～3 倍。检测时建议使用倾斜式微压计、补偿式微压计或电子式测压计。打压时一般使用平时进风机,试验时工程内部超压值适度控制,超压值过大会导致漏风点过多,增加甄别工作量,过小则会遗漏漏风点。

3)检查漏风点。检查全部穿越密闭单元的密闭门、各类设备管线、预埋套管、电站观察窗、水封井、地漏等,包括电、手动密闭门(防护密闭门)的门缝与手柄、电动门的传动门轴、预埋套管与密闭墙结合缝、阀门闭合缝、电站观察窗密封口、线缆与预埋管密闭缝、密闭线盒的密闭缝、水封井最低水位线、地漏端口、密闭墙预留孔口二次施工结合缝、密闭墙重开孔口的二次施工结合缝等。

检查方法是利用烟柱在风压作用下漂移与发散来寻找漏风点,并根据漏风点的强弱做好记录。这是整个防护通风系统调试的关键工作,而且涉及阵地各专业,应先绘制相关的检测草图,做好编号,再将检测结果分类填写在相应的记录表中。

这项检测内容较多,在调试报告中只需反映各类气密性检查结果,并归纳整理出缺陷类型。在第 4)项检测完成后,根据漏风量控制标准与实测漏风量,评价缺陷综合结果对工程整体密闭性的影响。

4)对漏风点采取临时封堵措施。临时封堵是为了后续调试,在调试完成后应采取永久性的密闭措施。临时密闭材料可采用方便快捷的聚氨酯发泡剂。

2. 自动排气活门启动压力调整

(1)调整的必要性

自动排气活门的启动压力应该调整到与设计超压值的低限相同,启动压力低则影响工程内部人员的安全,启动压力高则影响最小防毒通道换气次数危及工程内部及出入防毒通道人员的安全。而自动排气活门的启动压力在出厂前是不会调整到与设计超压值的低限相同的,即使要求厂方调整到与设计超压值的低限相同,由于安装误差(难于保证阀门端口与阀门调节重锤的绝对垂直),实际启动压力仍可能与设计超压值的低限不相同。因此,现场调整是保证自动排气活门的启动压力与设计超压值的低限相匹配所必需的。

(2)调整方法步骤

1)完成工程气密性试验,完善临时密闭措施。

2)将工程超压值调整到设计超压值的低限。在工程密闭状态下,启动平时进风机,调节进风管上的阀门开度,使进风量接近于过滤式通风状态下的设计进风量,粗调出一个略大于设计超压值低限的初始超压值。

自动排气活门的启动压力调整,与通风状态并没有直接关系,所以允许使用平时进风机模拟战时过滤式通风时的进风。此外,工程超压值的调整要借助于超压测量装置,并且是一个耗费时间的过程。

3)调整自动排气活门启动压力。在工程超压值调整完成后,接下来对自动排气活门的启动压力进行调节。

先将调节重锤置于最小启动压力位置,然后松开闭锁装置,逐步地将调节重锤调至阀门能开启的位置,最后锁紧调节重锤作好记号。

自动排气活门的最小启动压力和最大启动压力,分别对应调节重锤的最轻与最重位置,设计超压值低限应介于二者之间。如果设计超压值低限小于活门的最小启动压力,那么设计超压值低限将不能得到保证,而工程实际超压值低限将是活门的最小启动压力。

3. 防毒通道通风换气次数测试

(1)测试的必要性

防毒通道通风换气是对防毒通道内染毒空气进行稀释以控制染毒浓度的主要方法，目的是保证出入防毒通道人员及工程内部人员的安全。设计规范对防毒通道换气次数有一个最低必须满足的要求，并根据这一要求来确定自动排气活门至防爆波活门各部件的规格与数量。

(2)测试方法步骤

1)完成工程气密性试验，完善临时密闭措施。

2)完成自动排气活门启动压力调整，并锁紧重锤，做好标记。

3)将工程回复到密闭状态，启动平时进风机，但是要将进风量调小到滤毒风量。

防毒通道最小换气次数测试时，可以使用平时进风机替代战时风机，如果使用战时进风机也要注意不能启用除尘滤毒设备。

在通风空调系统调试过程中，战时进风系统的调试要注意在管网平衡调整后，将进风机的送风量调整到设计进风量，作为进风系统的初始状态。在战时系统进入过滤式通风状态后，再根据除尘滤毒设备投入使用后的阻力变化来调整进风阀的开度，以保证除尘滤毒设备在额定风量下工作。

4)测量并计算最小防毒通道的体积，在最小防毒通道的连通管口检测防毒通道总通风量，计算换气次数。

在检测防毒通道总通风量时，应将最小防毒通道密闭门关闭，并将工程管理门的门缝临时封堵(门上若带百叶也一并封堵)。为了减小检测误差，可以在工程内侧连通管两端分别检测再取平均。最小防毒通道通风换气次数按下式计算：

$$\text{最小防毒通道风换气次数}=\frac{\text{实测防毒通道总通风量}(\mathrm{m^3/h})}{\text{最小防毒通道体积}(\mathrm{m^3})}\quad(\text{次}/\mathrm{h})$$

该项检测合格的标准是最小防毒通道实测换气次数大于等于设计要求保证的次数。

4. 工程漏风量测试

(1)目的

通过此项测试，验证工程气密性试验。如果漏风量在规范或设计允许的范围内，那么工程缺陷综合结果不影响工程整体密闭；如果漏风量超出规范或设计允许范围，那么需要对气密性试验中主要缺陷类型进行整改，以提高工程整体密闭性。

(2)测试方法步骤

1)完成工程气密性试验，完善临时密闭措施。

2)完成自动排气活门启动压力调整，并锁紧重锤，做好标记。

3)完成最小防毒通道换气次数测试，记录最小防毒通道总通风量。

4 计算工程漏风量。

在计算工程漏风量时，较为困难的是精确地计算清洁区的总体积。工程漏风率按下式计算：

$$\text{漏风率}=\frac{1\mathrm{h}\ \text{实测防毒通道总风量}(\mathrm{m^3})}{\text{清洁区总体积}(\mathrm{m^3})}\times100\%$$

式中的实测防毒通道总通风量，是指按设计进风量进风，工程超压满足要求的排风量。漏风率与工程气密性、设计进风量以及自动排气活门启动压力有关，必须经过上述 1)和 2)项的测试与调整后才能获得。

工程漏风量与工程规模、口部数量、内部设备配置等因素有关，规范给出了不同超压值下的漏风量控制标准。在评价工程漏风量时应该注意以下两点：

1)设计超压值给出的是一个范围，其低限是自动排气活门启动压力调整的依据。工程实际超压值是战时设计进风量下实测出来的压差，根据工程气密性的不同，该值可能在设计超压值范围内，也可能超出设计超压值的高限。

2)评价时应以工程实际超压值为依据，用插值法计算出评价标准(或按设计给出的允许标准，通常设计不给出此标准)，再与实测漏风量比较。在范围内的，说明工程密闭措施得当；超出范围的，应进一步完善密闭措施。

工程漏风率还应按下式计算，以积累不同工程漏风量与设计漏风量的关系：

$$漏风率=\frac{战时设计进风量-实测防毒通道总通风量}{战时设计进风量}\times 100\%$$

思考题与习题

1. 空调系统测定与调整的作用是什么?
2. 如何测定出风口的风量?
3. 如何测定风管风量?
4. 实测系统送风量与设计值不相符时，可能有哪些方面的原因?
5. 试比较“流量等比分配法”和“基准风口调整法”的主要优缺点?
6. 如何进行地下工程气密性实验?
7. 如何实现自动排气活门启动压力调整?
8. 如何进行防毒通道通风换气次数测试?

附　　录

附录 1　湿空气的密度、水蒸气压力、含湿量和焓(见附表 1)

附表 1　　　　(大气压 B=101 325 Pa)

空气温度 t/℃	干空气密度 $\rho/(\mathrm{kg \cdot m^{-3}})$	饱和空气密度 $\rho_b/(\mathrm{kg \cdot m^{-3}})$	饱和空气水蒸气分压力 $p_{q \cdot b}$/(mbar)*	饱和空气含湿量 $d_b/(\mathrm{g \cdot kg^{-1}})$	饱和空气焓 $h_b/(\mathrm{kJ \cdot kg^{-1}})$
−15	1.368	1.367	1.65	1.01	−12.60
−14	1.363	1.362	1.81	1.11	−11.35
−13	1.358	1.357	1.98	1.22	−10.05
−12	1.353	1.352	2.17	1.34	−8.75
−11	1.348	1.347	2.37	1.46	−7.45
−10	1.342	1.341	2.59	1.60	−6.07
−9	1.337	1.336	2.83	1.75	−4.73
−8	1.332	1.331	3.09	1.91	−3.31
−7	1.327	1.325	3.36	2.08	−1.88
−6	1.322	1.320	3.67	2.27	−0.42
−5	1.317	1.315	4.00	2.47	−1.09
−4	1.312	1.310	4.36	2.69	2.68
−3	1.308	1.306	4.75	2.94	4.31
−2	1.303	1.301	5.16	3.19	5.90
−1	1.298	1.295	5.61	3.47	7.62
0	1.293	1.290	6.09	3.78	9.42
1	1.288	1.285	6.56	4.07	11.14
2	1.284	1.281	7.04	4.37	12.89
3	1.279	1.275	7.57	4.70	14.74
4	1.275	1.271	8.11	5.03	16.58
5	1.270	1.266	8.70	5.40	18.51
6	1.265	1.261	9.32	5.79	20.51
7	1.261	1.256	9.99	6.21	22.61

* 1 mbar=10^2 Pa

续表

空气温度 t/℃	干空气密度 ρ/(kg·m^{-3})	饱和空气密度 ρ_b/(kg·m^{-3})	饱和空气水蒸气分压力 $p_{q \cdot b}$/(mbar)	饱和空气含湿量 d_b/(g·kg^{-1})	饱和空气焓 h_b/(kJ·kg^{-1})
8	1.256	1.251	10.70	6.65	24.70
9	1.252	1.247	11.46	7.13	26.92
10	1.248	1.242	12.25	7.63	29.18
11	1.243	1.237	13.09	8.15	31.52
12	1.239	1.232	13.99	8.75	34.08
13	1.235	1.228	14.94	9.35	36.59
14	1.230	1.223	15.95	9.97	39.19
15	1.226	1.218	17.01	10.6	41.78
16	1.222	1.214	18.13	11.4	44.80
17	1.217	1.208	19.32	12.1	47.73
18	1.213	1.204	20.59	12.9	54.01
19	1.209	1.200	21.92	13.8	50.66
20	1.205	1.195	23.31	14.7	57.78
21	1.201	1.190	24.80	15.6	61.13
22	1.197	1.185	26.37	16.6	64.06
23	1.193	1.181	28.02	17.7	67.83
24	1.189	1.176	29.77	18.8	72.01
25	1.185	1.171	31.60	20.0	75.78
26	1.181	1.166	33.53	21.4	80.39
27	1.177	1.161	35.56	22.6	84.57
28	1.173	1.156	37.71	24.0	89.18
29	1.169	1.151	39.95	25.6	94.20
30	1.165	1.146	42.32	27.2	99.65
31	1.161	1.141	44.82	28.8	104.67
32	1.157	1.136	47.43	30.6	110.11
33	1.154	1.131	50.18	32.5	115.97
34	1.150	1.126	53.07	34.4	122.25
35	1.146	1.121	56.10	36.6	128.95
36	1.142	1.116	59.26	38.8	135.65
37	1.139	1.111	62.60	41.1	142.35
38	1.135	1.107	66.09	43.5	149.47
39	1.132	1.102	69.75	46.0	157.42

续表

空气温度 t/℃	干空气密度 ρ/(kg·m^{-3})	饱和空气密度 ρ_b/(kg·m^{-3})	饱和空气水蒸气分 压力 $p_{q\cdot b}$/(mbar)	饱和空气含湿量 d_b/(g·kg^{-1})	饱和空气焓 h_b/(kJ·kg^{-1})
40	1.128	1.097	73.58	48.8	165.80
41	1.124	1.091	77.59	51.7	174.17
42	1.121	1.086	81.80	54.8	182.96
43	1.117	1.081	86.18	58.0	192.17
44	1.114	1.076	90.79	61.3	202.22
45	1.110	1.070	95.60	65.0	212.69
46	1.107	1.065	100.61	68.9	223.57
47	0.103	1.059	105.87	72.8	235.30
48	1.100	1.054	111.33	77.0	247.02
49	1.096	1.048	117.07	81.5	260.00
50	1.093	1.043	123.04	86.2	273.40
55	1.076	1.013	156.94	114	352.11
60	1.064	0.981	198.70	152	456.36
65	1.044	0.946	249.38	204	598.71
70	1.029	0.909	310.82	276	795.50

附录 2 部分城市室外气象参数(见附表 2)

附表 2

序号	地名	台站位置			大气压力/hPa		年平均	室外计算(干球)温度/℃								夏季空调室外
								冬季				夏季				
		北纬	东经	海拔/m	冬季	夏季	温度/℃	采暖	空气调节	最低日平均	通风	通风	空气调节	空调日平均	计算日较差	计算湿球温度/℃
01	北京	39°48′	116°28′	31.2	1 020.4	998.6	11.4	−9	−12	−15.9	−5	30	33.2	28.6	8.8	20.9
02	天津	39°06′	117°10′	3.3	1 026.6	1 004.8	12.2	−9	−11	−13.1	−4	29	33.4	29.2	8.1	26.9
03	沈阳	41°46′	123°26′	41.6	1 020.8	1 007.7	7.8	−19	22	−24.9	−12	28	31.4	27.2	8.1	25.4
04	哈尔滨	45°41′	126″37′	171.7	1 001.5	985.1	3.6	−26	−29	−33.3	−26.0	27	30.3	26.0	8.3	23.4
05	上海	31°10′	121°26′	4.5	1 025.1	1 005.3	15.7	−2	−4	6.9	3	32	34.0	30.4	6.9	28.2
06	南京	32°00′	118°48′	8.9	1 025.2	1 004.0	15.3	−3	−6	−9.0	2	32	35.0	31.4	6.9	28.3
07	武汉	30°37′	114°08′	23.3	1 023.3	1 001.7	16.3	−2	−5	−11.3	3	33	35.2	31.9	6.3	28.2
08	广州	23°03′	113°19′	6.6	1 019.5	1 004.5	21.8	7	5	2.9	13	31	33.5	30.1	6.5	27.7
09	重庆	29°35′	106°28′	259.1	991.2	973.2	18.3	4	2	0.9	7	33	36.5	32.5	7.7	27.3
10	昆明	25°01′	102″41′	1 891	811.5	808.0	14.7	3	1	−3.5	8	23	25.8	22.2	6.9	19.9
11	西安	34°18′	108°56′	396.9	978.7	959.2	13.3	−5	−8	−12.3	−1	31	35.2	30.7	8.7	26.0
12	兰州	36°03′	103°53′	1 517	851.4	843.1	9.1	−11	−13	−15.8	−7	26	30.5	25.8	9.0	20.2
13	乌鲁木齐	43°47′	87°37′	917.9	919.9	906.7	5.7	−22	−27	−33.3	−15	29	34.1	29.0	9.8	18.5

附录 3　全国主要城市实测地温(±0.0～−3.2m)(见附表 3)

附表 3

(单位:℃)

地名	深度/m	1月	2月	3月	4月	5月	6月	7月	8月	9月	10月	11月	12月
北京	±0.0	−5.3	−1.5	5.8	16.1	23.7	28.2	29.1	27.0	21.5	13.1	3.5	−3.6
	−0.8	2.6	1.7	3.6	9.4	15.1	20.2	22.8	23.9	21.5	16.9	11.2	5.6
	−1.6	7.4	5.6	5.4	8.0	11.9	15.6	18.6	21.0	20.6	18.3	14.7	10.6
	−3.2	12.7	11.0	9.8	9.5	10.4	12.1	13.9	16.3	17.3	17.3	16.4	14.8
上海	±0.0	4.4	6.2	9.5	15.2	20.2	25.1	30.4	29.9	25.0	18.9	12.8	6.7
	−0.8	9.7	8.9	10.2	13.4	16.7	20.3	24.2	25.9	25.0	21.5	17.5	13.0
	−1.6	13.2	11.4	11.4	12.8	15.2	17.7	20.7	22.9	23.4	21.9	19.4	16.2
	−3.2	17.2	14.8	14.8	14.4	14.8	15.5	16.7	18.2	19.4	19.9	19.7	18.8
天津	±0.0	−5.0	−1.0	5.8	16.2	23.2	28.0	29.4	27.2	22.4	13.5	4.0	−2.4
	−0.8	3.2	2.3	4.5	10.3	15.5	19.9	23.0	23.9	21.9	17.8	12.4	−7.3
	−1.6	8.1	6.2	6.3	8.9	12.5	16.1	18.9	20.6	20.4	18.7	15.6	11.7
	−3.2	12.9	11.3	10.1	9.8	10.6	12.0	13.7	15.2	16.3	16.7	16.2	14.8
哈尔滨	±0.0	−20.8	−15.4	−4.8	6.9	16.8	23.2	25.9	24.1	15.7	5.9	−6.2	−16.7
	−0.8	−4.3	−4.8	−2.9	−0.6	2.4	9.7	15.1	17.3	15.4	10.4	(4.8)	0.3
	−1.6	2.0	0.3	−0.2	0.1	0.2	3.1	8.8	12.2	(12.9)	11.1	7.9	4.5
	−3.2	6.0	4.7	3.0	2.4	2.1	2.1	4.0	6.6	8.5	9.2	8.6	7.3
长春	±0.0	−17.3	−12.7	−3.7	7.4	16.7	22.7	26.0	23.7	16.3	7.2	−4.0	−13.5
	−0.8	−1.3	−2.0	−1.0	0.0	5.2	12.2	17.1	18.9	16.7	(12.1)	6.4	2.1
	−1.6	3.3	1.6	1.0	1.0	2.5	7.3	11.5	14.5	14.6	12.7	9.4	6.1
	−3.2	7.2	5.8	4.7	4.0	3.8	4.6	6.5	8.6	10.2	10.6	10.1	8.8

续 表

（单位:℃）

地名	深度/m	1月	2月	3月	4月	5月	6月	7月	8月	9月	10月	11月	12月
沈阳	±0.0	−12.5	−7.8	−0.1	9.8	18.2	23.9	26.9	25.7	18.5	9.6	−0.6	−9.4
	−0.8	1.0	0.7	−0.6	0.9	7.8	14.5	18.8	20.7	18.6	13.8	8.3	3.9
	−1.6	5.0	3.2	2.3	2.6	5.4	10.6	14.5	17.2	17.3	14.8	11.3	7.6
	−3.2	9.2	7.8	6.8	6.2	6.3	7.9	10.0	12.4	14.0	14.1	12.9	11.0
石家庄	±0.0	−3.5	0.2	8.5	18.1	24.5	28.8	29.7	27.6	23.4	14.9	5.1	−2.0
	−0.8	3.4	3.5	7.0	12.9	18.2	22.8	25.6	25.6	23.1	18.2	11.9	6.5
	−1.6	8.0	6.5	7.5	11.1	15.2	19.0	22.0	23.5	22.7	20.2	11.1	11.6
	−3.2	13.9	12.1	11.2	11.4	12.7	14.4	16.3	18.1	18.1	18.9	17.8	16.0
呼和浩特	±0.0	−12.8	−7.9	1.8	9.9	18.4	24.4	26.5	23.6	16.5	7.9	−2.4	−10.7
	−0.8	1.3	0.6	0.9	1.4	8.3	14.2	17.6	17.7	16.8	12.9	7.8	3.8
	−1.6	4.1	2.6	1.9	1.7	4.6	9.1	12.1	14.2	14.1	12.5	9.6	6.5
	−3.2	7.8	6.5	5.4	4.6	4.6	6.0	7.8	9.5	10.8	11.3	10.8	9.5
西安	±0.0	−0.6	3.6	10.4	17.6	22.4	28.8	30.5	28.6	22.8	15.3	7.4	0.6
	−0.8	4.6	5.0	8.4	12.9	17.0	21.4	24.2	25.1	12.6	18.5	13.2	8.2
	−1.6	8.9	7.6	8.7	11.3	14.4	17.7	20.5	22.4	21.9	19.8	16.5	12.3
	−3.2	14.4	12.8	11.9	12.0	12.9	14.3	15.9	17.7	18.8	18.9	18.1	16.3
银川	±0.0	−9.4	−3.8	4.4	12.8	20.6	27.1	30.2	26.9	20.0	10.3	−0.2	5.9
	−0.8	1.7	0.4	1.4	6.5	11.9	16.8	20.1	20.9	19.4	15.5	9.5	4.3
	−1.6	5.6	3.9	3.4	5.3	8.8	12.4	15.4	17.3	17.4	15.9	12.5	8.5
	−3.2	10.1	8.6	7.4	6.9	7.6	9.1	10.9	12.6	13.8	14.2	13.6	12.1
西宁	±0.0	−8.2	−2.5	6.1	12.2	16.6	21.1	22.2	20.0	15.9	8.6	0.6	−5.8
	−0.8	−0.7	−0.9	2.0	7.1	11.4	15.0	17.0	17.1	15.4	12.0	6.8	2.5
	−1.6	3.4	1.9	2.5	5.3	8.8	11.5	13.7	14.8	14.4	12.8	9.7	6.3
	−3.2	7.9	6.4	5.6	5.8	7.0	8.4	9.8	11.0	11.7	11.7	11.0	9.7

续　表

（单位:℃）

地名	深度/m	1月	2月	3月	4月	5月	6月	7月	8月	9月	10月	11月	12月
兰州	±0.0	−7.4	−1.0	7.9	16.3	20.5	25.7	27.3	24.3	19.5	10.8	2.0	−6.2
	−0.8	1.4	0.7	4.4	10.6	14.4	18.1	20.9	21.1	19.1	15.1	9.4	4.1
	−1.6	6.2	4.6	5.1	8.4	11.4	14.0	16.5	17.9	17.6	15.9	12.6	8.9
	−3.2	10.7	9.2	8.3	8.5	9.7	11.0	12.3	13.8	14.6	14.7	13.9	12.5
乌鲁木齐	±0.0	−18.3	−12.7	−3.0	10.4	17.5	202	27.2	24.8	17.9	7.7	−3.8	−12.4
	−0.8	−0.1	−0.7	0.4	5.0	10.5	15.2	18.4	19.6	17.6	12.7	7.0	2.8
	−1.6	4.6	3.2	2.7	4.3	7.6	11.1	14.0	16.1	16.1	14.0	10.7	7.4
	−3.2	8.8	7.3	6.1	5.6	6.4	7.9	9.9	11.9	13.1	(3.2)	12.7	11.0
济南	±0.0	−1.8	1.5	8.3	17.7	24.9	29.5	30.3	28.8	24.2	16.6	7.4	0.3
	−0.8	5.1	4.8	7.6	13.5	19.0	23.0	26.0	26.4	23.9	20.1	14.8	8.8
	−1.6	10.7	9.4	10.1	12.5	16.6	20.5	22.8	24.5	23.9	21.3	18.3	15.2
	−3.2	16.1	14.4	13.5	13.5	14.7	16.6	18.5	19.9	20.9	20.7	19.7	18.3
南京	±0.0	2.7	4.6	10.2	16.2	21.1	27.7	32.6	31.4	24.7	18.4	1.2	5.4
	−0.8	8.8	8.2	9.9	13.7	17.3	21.5	25.0	26.7	25.3	21.6	17.2	12.3
	−1.6	12.6	10.8	11.0	12.9	15.5	18.5	21.4	23.7	24.0	22.1	19.3	15.7
	−3.2	16.9	15.3	14.2	14.0	14.6	15.7	17.2	18.8	20.1	20.5	20.0	18.6
蚌埠	±0.0	1.7	5.8	11.5	17.5	22.9	30.1	33.5	32.1	26.0	17.8	10.0	4.2
	−0.8	7.7	8.2	10.4	13.3	16.9	21.3	24.7	25.5	24.1	21.1	16.1	10.4
	−1.6	12.0	10.7	11.5	12.8	15.1	18.0	21.0	22.7	22.0	21.6	18.6	15.3
	−3.2	16.5	15.0	14.1	14.0	14.5	15.5	17.0	18.6	19.7	20.0	19.5	18.2
杭州	±0.0	4.8	6.5	11.5	17.6	21.0	27.3	33.9	30.8	25.1	19.0	12.7	7.4
	−0.8	10.1	9.3	11.3	14.8	18.1	21.9	25.7	27.0	25.6	22.2	18.1	13.6
	−1.6	13.9	12.1	12.1	13.9	16.4	19.1	22.1	24.2	24.4	22.7	20.2	16.9
	−3.2	18.2	16.8	15.6	15.2	15.7	16.6	18.0	19.5	20.8	21.2	20.8	19.8

续 表

（单位：℃）

地名	深度/m	1月	2月	3月	4月	5月	6月	7月	8月	9月	10月	11月	12月
南昌	±0.0	5.4	7.5	12.5	18.7	22.5	29.2	35.0	33.4	29.3	21.3	14.3	8.3
	−0.8	10.9	10.4	12.5	16.4	19.5	23.9	28.1	29.2	27.6	23.7	18.9	14.5
	−1.6	15.1	13.3	13.5	15.4	18.0	20.9	24.0	26.0	26.0	24.2	21.5	18.2
	−3.2	19.0	17.3	16.3	16.2	17.0	18.3	20.1	21.9	23.0	23.3	22.6	21.1
郑州	±0.0	−0.4	4.0	8.6	17.4	24.2	29.5	30.4	28.3	24.0	16.1	7.8	2.1
	−0.8	6.1	6.4	8.6	12.8	17.5	22.2	24.6	25.3	23.4	19.6	14.3	9.5
	−1.6	10.2	9.0	9.6	11.6	14.8	18.4	21.0	22.6	22.3	20.4	17.1	13.4
	−3.2	14.7	13.2	12.4	12.4	13.3	14.9	16.6	18.3	19.3	19.3	18.8	16.8
汉口	±0.0	3.0	6.6	11.7	18.6	22.5	29.5	34.0	33.3	28.4	20.3	12.3	6.8
	−0.8	10.0	9.3	11.0	14.6	17.8	21.9	25.0	26.5	25.8	22.3	18.2	13.5
	−1.6	14.3	12.4	12.3	13.9	16.1	18.7	21.4	23.4	23.9	22.7	20.3	17.2
	−3.2	18.3	16.9	15.9	15.5	15.7	16.4	17.5	18.7	19.8	20.4	20.3	19.6
长沙	±0.0	4.6	6.6	12.2	18.6	21.6	29.6	35.3	32.2	28.7	20.6	13.0	13.9
	−0.8	10.8	9.6	11.7	15.5	18.4	22.9	27.0	27.9	26.7	23.2	18.2	13.9
	−1.6	14.2	12.2	12.4	14.6	17.0	19.8	23.0	25.1	25.2	23.6	20.3	17.0
	−3.2	18.2	16.5	15.4	15.3	16.2	17.4	19.1	20.9	22.0	22.2	21.4	19.9
广州	±0.0	15.9	16.4	20.4	24.5	28.0	29.8	31.8	31.7	30.6	27.3	22.1	17.4
	−0.8	19.1	18.3	19.8	22.4	25.4	27.0	28.4	29.1	28.7	26.9	24.0	20.6
	−1.6	21.3	20.2	20.3	21.9	24.0	25.6	27.0	27.8	28.0	27.2	25.4	22.9
	−3.2	23.7	22.6	21.9	22.0	22.8	23.8	24.6	25.5	26.1	26.3	25.8	24.7
成都	±0.0	6.9	9.6	14.8	20.2	23.7	26.8	28.8	27.8	23.8	18.4	13.7	8.6
	−0.8	10.7	10.7	13.2	16.8	19.9	22.6	24.8	25.5	24.2	21.2	17.8	13.9
	−1.6	13.4	12.4	13.3	15.7	18.2	20.4	22.5	23.8	23.6	22.0	19.6	16.5
	−3.2	18.3	17.0	16.3	16.5	17.5	18.6	19.9	21.2	22.0	22.0	21.3	19.9

续 表

（单位：℃）

地名	深度/m	1月	2月	3月	4月	5月	6月	7月	8月	9月	10月	11月	12月
贵阳	±0.0	6.2	8.4	14.7	19.5	21.1	25.0	27.7	27.3	24.0	17.7	13.4	8.3
	−0.8	11.4	10.8	12.9	16.1	18.3	20.7	20.9	23.9	23.3	20.4	17.4	14.0
	−1.6	14.0	12.8	13.2	15.1	17.0	18.9	20.9	22.2	22.4	21.1	18.9	16.5
	−3.2	17.4	16.1	15.3	15.4	16.1	17.1	18.3	19.6	20.3	20.5	19.9	18.8
昆明	±0.0	9.7	12.2	17.0	22.1	24.3	22.6	23.0	22.7	21.6	17.2	13.7	10.0
	−0.8	12.4	12.6	14.1	16.4	18.8	19.7	20.6	21.2	21.2	19.4	16.9	14.1
	−1.6	14.7	14.0	14.2	15.3	16.9	18.1	19.0	19.8	20.2	19.6	18.2	16.4
	−3.2	17.4	16.7	16.2	16.0	16.2	16.5	17.0	17.4	17.8	18.1	18.2	17.8
拉萨	±0.0	−1.0	3.3	8.4	14.2	20.0	22.6	19.0	18.1	16.2	10.2	3.5	−0.7
	−0.8	2.8	3.4	6.2	9.9	13.1	16.1	6.7	16.6	15.5	12.8	8.1	4.7
	−1.6	4.8	4.4	6.1	8.7	11.4	14.0	15.2	15.6	15.1	13.4	9.9	6.8
	−3.2												
台北	±0.0	11.7	16.3	18.2	21.9	26.3	28.2	30.4	30.0	28.3	24.6	21.2	18.0
	−0.8	19.8	18.7	19.2	20.7	23.4	25.5	27.5	28.2	28.1	26.4	24.2	21.7
	−1.6	23.1	22.2	21.6	21.3	21.6	22.4	23.3	24.3	25.0	25.2	24.9	24.2
	−3.2	23.6	23.4	23.0	22.7	22.4	22.3	22.5	22.6	22.9	23.3	23.6	23.7

附录 4　湿空气焓湿图

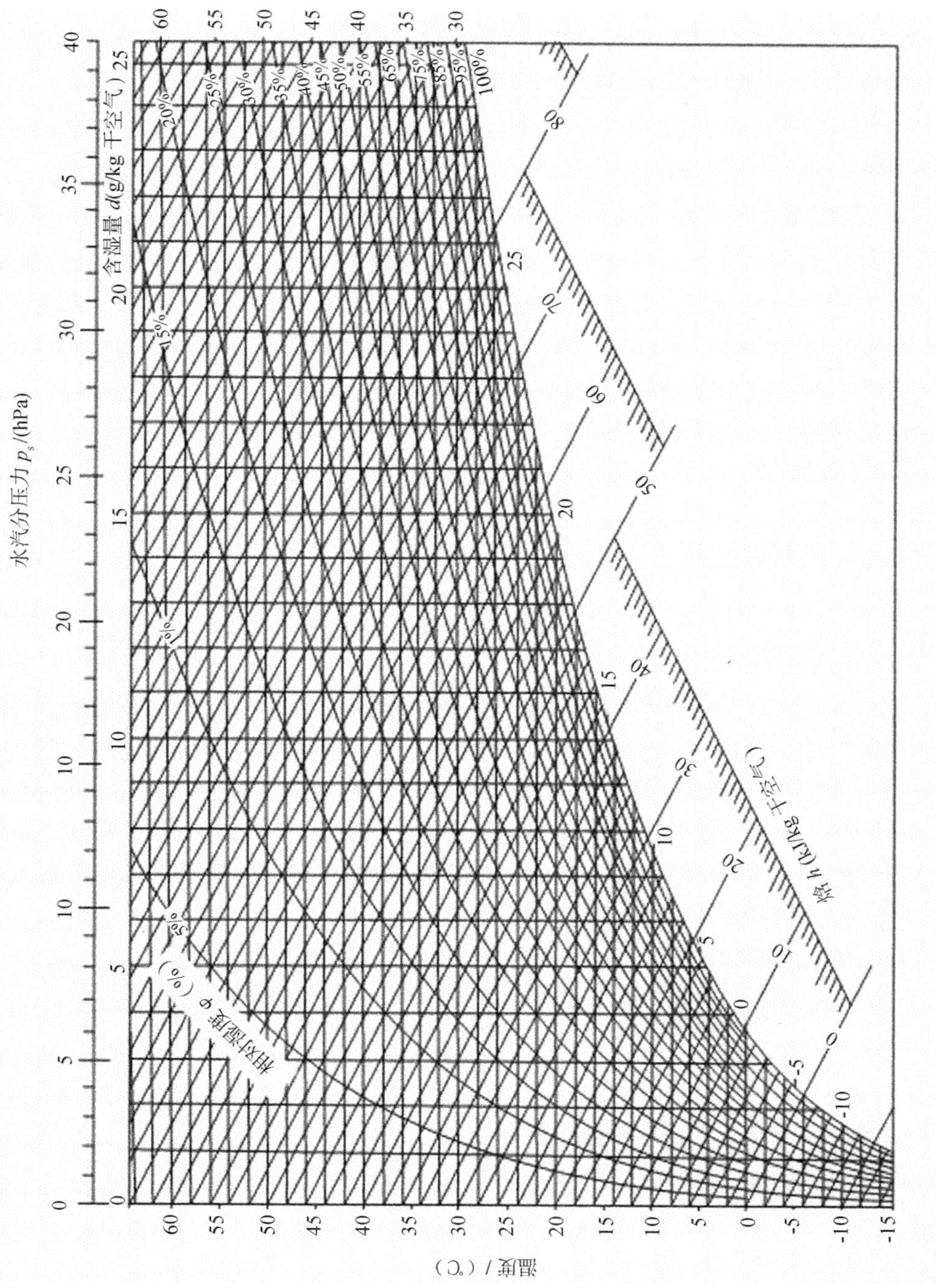

参 考 文 献

[1] 马吉民，朱培根，耿世彬，等．人民防空工程通风空调设计[M]．北京：中国计划出版社，2006．

[2] 陆亚俊，马最良，邹平华．暖通空调[M]．2版．北京：中国建筑工业出版社，2007．

[3] 陆耀庆．实用供热空调设计手册[M]．2版．北京：中国建筑工业出版社，2008．

[4] 赵荣义，范存养，薛殿华，等．空气调节[M]．4版．北京：中国建筑工业出版社，2009．

[5] 中国建筑标准设计研究院．防空地下室通风设计：2007年合订本[M]．北京：中国计划出版社，2007．

[6] 卫生部卫生法制与监督司．室内空气质量标准实施指南[M]．北京：中国标准出版社，2003．

[7] 中国建筑标准设计研究院．人民防空地下室设计规范图示：通风专业[M]．北京：中国计划出版社，2010．

[8] 中国建筑标准设计研究院．防空地下室固定柴油电站[M]．北京：中国计划出版社，2008．

[9] 胡定玺，等．地下建筑暖通空调设计手册[M]．北京：中国建筑工业出版社，1983．

[10] 茅靳丰，韩旭．地下工程热湿理论与应用[M]．北京：中国建筑工业出版社，2009．

[11] 陈志龙．人民防空工程技术与管理[M]．北京：中国建筑工业出版社，2004．

[12] 《民用建筑供暖通风与空气调节设计规范》编写组．民用建筑供暖通风与空气调节设计规范宣贯辅导教材[M]．北京：中国建筑工业出版社，2012．

[13] 姚杨．城市地下空间环境质量保障关键技术[M]．北京：中国建筑工业出版社，2010．

[14] 胡汉华，吴超，李茂楠．地下工程通风与空调[M]．长沙：中南大学出版社，2005．